#홈스쿨링
#혼자공부하기

우등생
과학

Chunjae
Makes
Chunjae

▼

우등생 과학 4-2

기획총괄   박상남

편집개발   김성원, 박나현, 배정이

디자인총괄   김희정

표지디자인   윤순미, 김효민

내지디자인   박희춘

본문 사진 제공   야외생물연구회, 셔터스톡, 극지연구소 극지미디어, 극지연구소,
게티이미지뱅크, 게티이미지코리아, 뉴스뱅크, 연합뉴스

제작   황성진, 조규영

발행일   2023년 6월 1일 2판   2023년 6월 1일 1쇄

발행인   (주)천재교육

주소   서울시 금천구 가산로9길 54

신고번호   제2001-000018호

고객센터   1577-0902

스마트폰으로 QR코드를 스캔해 주세요

우등생 온라인 학습 활용법

01 학년, 학기 선택

02 과목 선택

마이페이지

과학

스케줄표

온라인 학습북
개념 강의
서술형 논술형 강의
단원평가

학습 자료실
정답
개념 용어 사전
실험 동영상
개념 웹툰

검정 교과서 자료

· 학년별, 과목별로 제공되는 서비스 내용에는 차이가 있습니다.

마이페이지에서 첫 화면에 보일
스케줄표의 종류를 선택할 수 있어요.

통합 스케줄표
우등생 국어, 수학, 사회, 과학 과목이 함께 있는 12주 스케줄표

꼼꼼 스케줄표
과목별 진도를 회차에 따라 나눈 스케줄표

스피드 스케줄표
온라인 학습북 전용 스케줄표

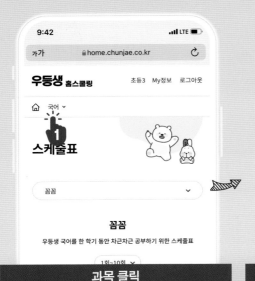

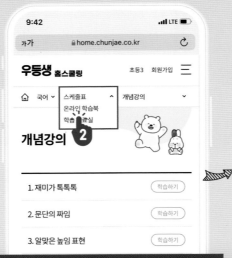

과목 클릭

온라인 학습북 클릭

개념강의 / 서술형 논술형 강의 / 단원평가

❶ 개념 강의

*온라인 학습북 단원별 주요 개념 강의

❷ 서술형 논술형 강의

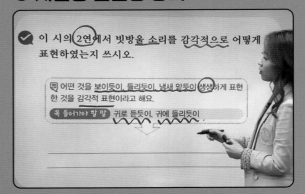

*온라인 학습북 서술형 논술형 강의

❸ 단원평가

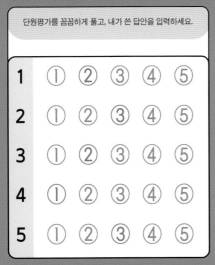

① 내가 푼 답안을 입력하면

② 채점과 분석이 한번에

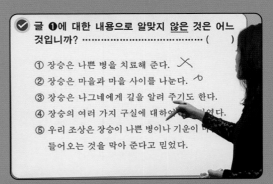

③ 틀린 문제는 동영상으로 꼼꼼히 확인하기!

· 스마트폰의 동영상 구동이 느릴 경우, 기본으로 설정된 비디오 재생 프로그램을 다른 앱으로 교체해 보세요.

· 사용자 사용 환경에 따라 서비스가 원활하지 않을 시에는 컴퓨터를 통한 접속을 권장합니다. 우등생 홈스쿨링 홈페이지(https://home.chunjae.co.kr)로 접속하거나 검색 엔진에서 우등생 홈스쿨링을 입력하여 접속해 주세요.

홈스쿨링 꼼꼼 스케줄표(24회)
우등생 과학 4-2

꼼꼼 스케줄표는 교과서 진도북과 온라인 학습북을
24회로 나누어 꼼꼼하게 공부하는 학습 진도표입니다.

● 교과서 진도북   ● 온라인 학습북

1. 식물의 생활

1회	교과서 진도북 8~13쪽	**2**회	교과서 진도북 14~23쪽	**3**회	온라인 학습북 4~11쪽
월 일		월 일		월 일	

1. 식물의 생활 / 2. 물의 상태 변화

4회	교과서 진도북 24~27쪽	**5**회	온라인 학습북 12~15쪽	**6**회	교과서 진도북 30~37쪽
월 일		월 일		월 일	

2. 물의 상태 변화

7회	교과서 진도북 38~45쪽	**8**회	온라인 학습북 16~23쪽	**9**회	교과서 진도북 46~49쪽
월 일		월 일		월 일	

2. 물의 상태 변화 / 3. 그림자와 거울

10회	온라인 학습북 24~27쪽	**11**회	교과서 진도북 52~59쪽	**12**회	교과서 진도북 60~67쪽
월 일		월 일		월 일	

● 교과서 진도북   ● 온라인 학습북

3. 그림자와 거울

13회	온라인 학습북 28~35쪽	**14**회	교과서 진도북 68~71쪽	**15**회	온라인 학습북 36~39쪽
월 일		월 일		월 일	

4. 화산과 지진

16회	교과서 진도북 74~81쪽	**17**회	교과서 진도북 82~89쪽	**18**회	온라인 학습북 40~47쪽
월 일		월 일		월 일	

4. 화산과 지진 / 5. 물의 여행

19회	교과서 진도북 90~93쪽	**20**회	온라인 학습북 48~51쪽	**21**회	교과서 진도북 96~103쪽
월 일		월 일		월 일	

5. 물의 여행 / 전체 범위

22회	교과서 진도북 104~107쪽	**23**회	온라인 학습북 52~59쪽	**24**회	온라인 학습북 60~63쪽
월 일		월 일		월 일	

절취선

온라인 학습이
강화된

우등생 과학 사용법

QR로 학습 스케줄을 편하게 관리!

공부하고 나서 날개에 있는 QR 코드를 스캔하면
온라인 스케줄표에 학습 완료 자동 체크!

학습
완료!

6회

과학
2. 물질의 성질

7회

과학
2. 물질의 성질

온라인 학습북 16~19쪽

서술형 평가 강의   ⊙
단원평가   ⊙

※ 스케줄표에 따라 해당 페이지 날개에
[진도 완료 체크] QR 코드가 있어요!

동영상 강의
개념 / 서술형 · 논술형 평가 / 단원평가

온라인 채점과 성적 피드백
정답을 입력하면 채점과 성적 분석이 자동으로

온라인 학습 스케줄 관리
나에게 맞는 내 스케줄표로 꼼꼼히 체크하기

우등생 온라인 학습

구성과 특징

교과서 진도북

1 쉽고 재미있게 개념을 익히고 다지기

검정 교과서 완벽 반영

내 교과서 살펴보기 / 금성

식물이 겨울을 넘기는 방법
· 한해살이풀: 씨로만 겨울을 넘깁니다.
  예 강낭콩, 나팔꽃 등
· 여러해살이풀: 씨와 땅속 부분으로 겨울을
  넘깁니다. 예 연꽃, 갈대 등
· 나무: 땅속의 뿌리와 땅 위의 줄기로 겨울을
  넘깁니다. 예 무궁화, 동백나무 등

2 Step ❶, ❷, ❸단계로 단원 실력 쌓기

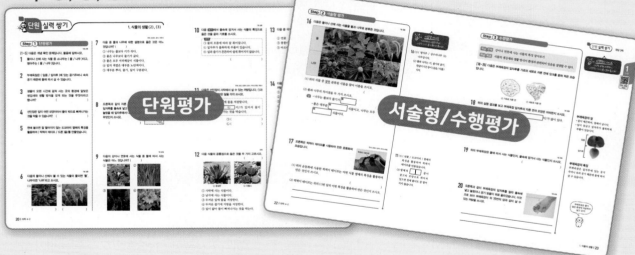

단원평가

서술형/수행평가

3 대단원 평가로 단원 마무리하기

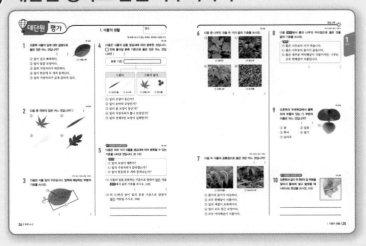

온라인 학습북

1 온라인 개념 강의

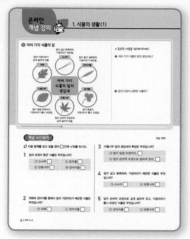

2 실력 평가

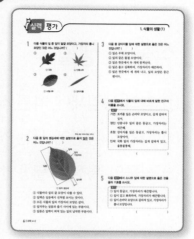

3 온라인 서술형·논술형 강의

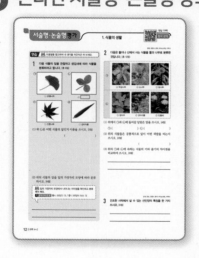

4 단원평가 온라인 피드백

✓ 채점과 성적 분석이 한번에!

틀린 문제

85점
100점

①
문제 풀고
QR 코드 스캔

②
온라인으로
정답 입력

③
제출하기
클릭

차례

등장인물 소개

페리

앵무새. 테일에게 정보를 전달해
주는 역할을 한다.

크로코

중년의 악어. 악덕 기업 사장으로
자기 일을 방해하는 테일을 없애
려고 한다.

테일

고양이 소녀. 세계 제일의
도둑으로 빠른 판단력을 통해
난관을 헤쳐 나간다. 장난을
좋아한다.

바우

강아지 소년. 세계 제일의 요원
으로 테일을 곤란에 빠뜨리지만
테일과 협력해서 크로코를
상대한다. 우직한 성격이다.

🌸 연관 학습 안내

초등 4학년 1학기	이 단원의 학습	초등 6학년
식물의 한살이 식물이 어떠한 한살이를 거쳐 자라는지 배웠어요.	식물의 생활 사는 곳에 따른 식물의 생김새와 생활 방식을 배워요.	식물의 구조와 기능 식물을 이루고 있는 각 부분이 하는 일에 대해 배울 거예요.

만화로 단원 미리보기

테일의 이번 목표는 크로코 재단의 식물 연구실.

드드득

페리, 들어왔어.

잎의 생김새에 따라 식물을 분류할 수 있어. 찾아야 할 잎의 정보를 보내줄게.

끄덕 끄덕

잎의 전체적인 모양은 길쭉하지 않고, 끝 모양은 뾰족해.

두리번   두리번

단풍나무 잎이네. 찾았다.

보기엔 평범한 단풍나무 잎 같은데.

크로코가 변형한 거니까 분명 무슨 음모가 있을 거야.

페리, 돌아왔어.

어서 식물을 분석해 보자.

식물의 생활

1

🌸 **단원 안내**

(1) 잎의 생김새에 따른 식물 분류
(2) 다양한 환경에 사는 식물
(3) 식물의 특징을 활용한 예

앗! 이 잎을 가진 식물은 엄청 위험한 거야.

얼마나?

줄기와 잎이 잘 구분된다.

땅에 뿌리를 내린다.

식물은 오랜 기간에 걸쳐 환경에 적응하거든.

강이나 연못에 사는 식물, 사막에 사는 식물 모두 마찬가지야.

부레옥잠   선인장

그런데 이 식물은 물과 양분을 끝없이 빨아들여서 땅을 망가뜨려.

그럼 농사를 못 짓잖아.

농사를 못 지으면 크로코 재단이 식량을 비싸게 팔 수 있겠지?

역시 악덕 기업이야.

위이잉~ 거기 수상한 차! 멈춰라!

애 앵

크로코 경비대다. 도망가자.

이어서 개념 웹툰

6 잎의 생김새에 따른 식물 분류

개념 1 여러 가지 식물의 잎

국화
→ 잎맥이 그물 모양입니다.
잎의 가장자리가 깊게 갈라져 있고, 울퉁불퉁함.

소나무
→ 잎이 한곳에 두 개씩 뭉쳐납니다.
잎이 길고 뾰족하며, 가장자리가 매끈함.

사철나무
잎이 세 개씩 붙어 있습니다.
잎이 달걀 모양이고, 끝이 둥글며 가장자리가 톱니 모양임.

토끼풀
잎이 둥글고, 가장자리가 톱니 모양임.

단풍나무
잎이 손바닥 모양으로 깊게 갈라져 있고, 가장자리가 톱니 모양임.

강아지풀
→ 잎맥이 나란합니다.
잎이 좁고 길쭉하며, 가장자리가 매끈하고 털이 있음.

내 교과서 살펴보기 / **천재, 금성, 아이스크림, 지학사**

잎의 생김새
잎의 가장자리
잎맥: 잎몸에서 선처럼 보이는 것
잎자루: 잎몸과 줄기 사이에 있는 부분
잎몸: 잎맥이 퍼져 있는 잎의 납작한 부분

☑ 잎의 생김새

식물의 종류에 따라 잎의 생김새가 ❶(같습 / **다릅**)니다.

식물의 종류에 따라 잎이 다르게 생겼어.

개념 2 잎의 생김새에 따른 식물 분류

1. **식물을 잎의 생김새에 따라 분류할 수 있는 기준:** 잎의 전체적인 모양, 끝 모양, 가장자리 모양, 잎맥의 모양 등

분류 기준으로 알맞은 것 예	분류 기준으로 알맞지 않은 것 예
• 잎의 모양이 둥근가? • 잎의 가장자리가 갈라졌는가?	• 잎의 크기가 큰가? • 잎의 가장자리가 예쁜가?
↓	↓
누가 분류해도 같은 결과가 나오는 것	사람에 따라 분류 결과가 달라지는 것

☑ 잎의 분류 기준

누가 분류해도 ❷(**같은** / 다른) 결과가 나오는 것이 잎의 분류 기준으로 알맞습니다.

난 이쪽!   잎의 모양이 둥근가?   난 저쪽!

2. **분류 기준에 따라 잎 분류하기** 예

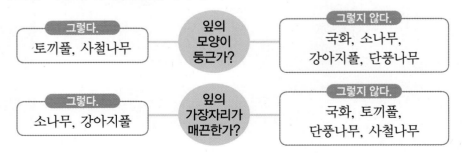

그렇다. **토끼풀, 사철나무** — 잎의 모양이 둥근가? — 그렇지 않다. **국화, 소나무, 강아지풀, 단풍나무**

그렇다. **소나무, 강아지풀** — 잎의 가장자리가 매끈한가? — 그렇지 않다. **국화, 토끼풀, 단풍나무, 사철나무**

정답 ❶ 다릅 ❷ 같은

개념 다지기

7종 공통

1 다음은 어떤 식물의 잎을 관찰한 내용입니까?
( )

- 잎의 가장자리가 톱니 모양입니다.
- 잎이 손바닥 모양으로 깊게 갈라져 있습니다.

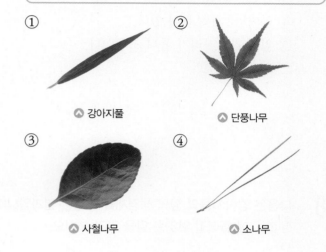

① 강아지풀

② 단풍나무

③ 사철나무

④ 소나무

천재, 금성, 아이스크림, 지학사

2 다음 식물의 잎에서 각 부분을 이름에 맞게 줄로 바르게 이으시오.

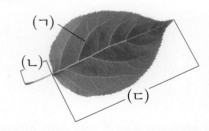

(1) (ㄱ) • • (가) 잎몸

(2) (ㄴ) • • (나) 잎맥

(3) (ㄷ) • • (다) 잎자루

7종 공통

3 다음 중 잎이 한곳에 두 개씩 뭉쳐나는 식물은 어느 것입니까? ( )

① 국화
② 토끼풀
③ 소나무
④ 강아지풀
⑤ 사철나무

7종 공통

4 다음 보기에서 식물의 잎을 분류하는 기준으로 알맞지 않은 것을 골라 기호를 쓰시오.

보기
ㄱ 잎의 끝이 뾰족한가?
ㄴ 잎의 끝 모양이 예쁜가?
ㄷ 잎의 가장자리가 매끈한가?

( )

7종 공통

5 다음은 식물의 잎을 생김새에 따라 분류한 것입니다. □ 안에 들어갈 알맞은 말을 쓰시오.

분류 기준: 잎의 모양이 [   ]?

그렇다.
토끼풀   사철나무

그렇지 않다.
국화   강아지풀

( )

Step 1 단원평가

7종 공통

[1~5] 다음은 개념 확인 문제입니다. 물음에 답하시오.

1 토끼풀의 잎은 모양이 둥글고, (두 개 / 세 개)씩 붙어 있습니다.

2 소나무의 잎은 한곳에 몇 개씩 뭉쳐납니까?

(   ) 개

3 잎의 끝 모양과 잎의 예쁜 정도 중 잎의 분류 기준으로 알맞은 것은 무엇입니까? (   )

4 사철나무와 강아지풀 중 잎이 달걀 모양인 것은 무엇 입니까? (   )

5 토끼풀과 소나무 중 잎의 가장자리가 매끈한 것은 무엇 입니까? (   )

7종 공통

6 다음 중 소나무의 잎은 어느 것입니까? (   )

①   ②   ③   ④

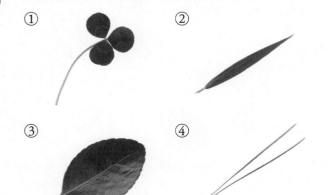

7종 공통

7 다음 중 단풍나무 잎에 대한 설명으로 옳은 것을 두 가지 고르시오. (,   )

① 잎이 좁고 길쭉하다.

② 잎이 바늘 모양이다.

③ 잎이 손바닥 모양이다.

④ 잎이 세 개씩 붙어 있다.

⑤ 잎의 가장자리가 톱니 모양이다.

7종 공통

8 다음은 강아지풀의 잎의 생김새를 관찰한 결과입니다. ㉠과 ㉡에 들어갈 알맞은 말을 각각 쓰시오.

> 강아지풀의 잎은 ㉠ 길쭉한 모양이며, 잎의 가장자리가 ㉡ 합니다.

㉠ (   ) ㉡ (   )

7종 공통

9 다음 보기에서 식물의 잎에 대한 설명으로 옳은 것을 골라 기호를 쓰시오.

> **보기**
> ㉠ 식물의 잎은 모두 둥근 모양입니다.
> ㉡ 식물은 종류에 따라 잎의 생김새가 다릅니다.
> ㉢ 식물의 잎의 가장자리는 모두 톱니 모양입니다.

(   )

7종 공통

10 다음 두 식물의 잎의 공통점으로 옳은 것은 어느 것입니까? (   )

🔺 단풍나무   🔺 국화

① 잎의 모양이 둥글다.
② 잎이 세 개씩 붙어 있다.
③ 잎의 가장자리가 매끈하다.
④ 잎이 바늘처럼 길고 뾰족하다.
⑤ 잎의 가장자리가 깊게 갈라져 있다.

천재, 금성, 아이스크림, 지학사

11 오른쪽 잎의 생김새에서 ㉠ 부분의 이름으로 옳은 것은 어느 것입니까?

(   )

① 잎몸   ② 잎맥
③ 떡잎   ④ 잎자루
⑤ 잎 가장자리

7종 공통

12 다음 중 식물을 잎의 생김새에 따라 분류할 때 분류 기준에 대해 바르게 말한 친구를 골라 이름을 쓰시오.

> 진성: '잎의 크기가 큰가?'는 알맞은 분류 기준이야.
> 대휘: 누가 분류해도 같은 결과가 나오는 것을 분류 기준으로 정해야 해.
> 아영: 사람에 따라 분류 결과가 달라지는 것을 분류 기준으로 정해야 해.

(   )

7종 공통

13 다음을 잎의 모양이 둥근 것과 둥글지 않은 것으로 분류할 때 같은 무리에 속하는 것끼리 줄로 바르게 이으시오.

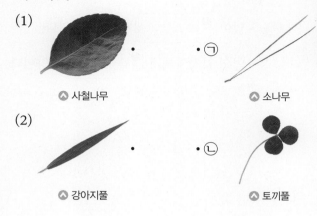

(1) 🔺 사철나무   ㉠ 🔺 소나무
(2) 🔺 강아지풀   ㉡ 🔺 토끼풀

7종 공통

14 다음 식물의 잎을 분류 기준에 따라 바르게 분류하여 기호를 쓰시오.

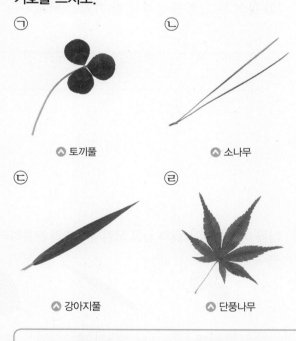

㉠ 🔺 토끼풀   ㉡ 🔺 소나무
㉢ 🔺 강아지풀   ㉣ 🔺 단풍나무

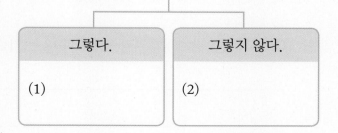

분류 기준: 잎의 가장자리가 톱니 모양인가?	
그렇다.	그렇지 않다.
(1)	(2)

7종 공통

15 오른쪽 토끼풀의 잎을 관찰하고, 생김새의 특징을 두 가지 쓰시오.

> **답** · 잎이 **❶** [   ] 개씩 붙어 있다.
>
> · 잎의 가장자리가 **❷** [   ] 모양이다.

7종 공통

16 오른쪽은 강아지풀과 소나무의 잎의 모습입니다.

(1) 위의 ㉠, ㉡은 각각 어느 식물의 잎인지 쓰시오.

㉠ (   ) ㉡ (   )

(2) 위의 두 잎의 공통점을 한 가지 쓰시오.

_____

_____

7종 공통

17 다음 여러 가지 식물의 잎을 생김새에 따라 분류하려고 합니다.

㉠ ⬆ 토끼풀 ㉡ ⬆ 강아지풀 ㉢ ⬆ 사철나무 ㉣ ⬆ 단풍나무

(1) 위에서 손바닥 모양인 잎의 기호를 쓰시오.

(   )

(2) 위의 잎을 생김새에 따라 분류할 수 있는 기준을 두 가지 쓰시오.

_____

_____

서술형 가이드
어려워하는 서술형 문제!
서술형 가이드를 이용하여 풀어 봐!

15 · 잎이 세 개씩 붙어 있는 것은 (소나무 / 토끼풀)입니다.

· 토끼풀은 잎의 가장자리가 (톱니 / 매끈한) 모양입니다.

16 (1) (강아지풀 / 소나무)은/는 잎이 한곳에 두 개씩 뭉쳐 납니다.

(2) 강아지풀과 소나무 잎의 가장자리가 [ ][ ]합니다.

17 (1) 잎이 손바닥 모양으로 깊게 갈라져 있는 것은 (사철 / 단풍)나무입니다.

(2) 잎을 생김새에 따라 분류할 때 잎의 전체적인 모양, 끝 모양, [ ][ ]자리 모양 등이 기준이 될 수 있습니다.

학습 주제	식물을 잎의 생김새에 따라 분류하기
학습 목표	여러 가지 식물의 잎을 관찰하고 잎의 생김새에 따라 분류할 수 있다.

[18~20] 다음은 여러 가지 식물의 잎입니다.

7종 공통

18 위의 각 잎과 그 잎을 가진 식물의 이름을 줄로 바르게 이으시오.

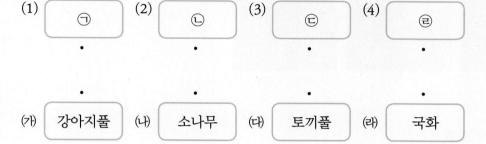

식물의 잎

식물의 종류에 따라 잎의 전체적인 모양, 끝 모양, 가장자리 모양, 잎맥의 모양 등이 다릅니다.

7종 공통

19 위에서 가장자리가 깊게 갈라져 있는 잎의 기호를 쓰시오.

(   )

식물의 종류에 따라 잎의 가장자리가 매끈한 것이 있고, 깊게 갈라져 있는 것이 있어.

7종 공통

20 위의 잎을 다음의 두 가지 분류 기준에 따라 바르게 분류하시오.

분류 기준	분류 결과
잎이 한곳에 두 개씩 뭉쳐나는가?	(1)
잎의 가장자리가 매끈한가?	(2)

잎의 분류 기준

'잎이 한곳에 두 개씩 뭉쳐나는가?' 와 '잎의 가장자리가 매끈한가?'는 누가 분류해도 같은 결과가 나오므로 알맞은 분류 기준입니다.

6 다양한 환경에 사는 식물

개념❶ 들이나 산에 사는 식물

1. 들이나 산에 사는 식물

△ 토끼풀   △ 민들레   △ 명아주   △ 강아지풀

△ 소나무   △ 단풍나무   △ 밤나무   △ 상수리나무

2. 들이나 산에 사는 식물을 풀과 나무로 분류하기

① 풀: 토끼풀, 민들레, 명아주, 강아지풀 등
② 나무: 소나무, 단풍나무, 밤나무, 상수리나무 등

3. 풀과 나무의 공통점과 차이점

나무는 해마다 조금씩 자랍니다.

구분	풀	나무
공통점	• 대부분 잎이 초록색임. • 대부분 땅에 뿌리를 내리고 삶. • 대부분 뿌리, 줄기, 잎이 구분됨.	
차이점	• 나무보다 키가 작음. • 나무보다 줄기가 가늚. • 대부분 한해살이 식물임.	• 풀보다 키가 큼. • 풀보다 줄기가 굵음. • 모두 여러해살이 식물임.

→ 토끼풀과 민들레는 여러해살이 식물입니다.

내 교과서 살펴보기 / 금성

식물이 겨울을 넘기는 방법
• 한해살이풀: 씨로만 겨울을 넘깁니다.
　㉎ 강낭콩, 나팔꽃 등
• 여러해살이풀: 씨와 땅속 부분으로 겨울을
　넘깁니다. ㉎ 연꽃, 갈대 등
• 나무: 땅속의 뿌리와 땅 위의 줄기로 겨울을
　넘깁니다. ㉎ 무궁화, 동백나무 등

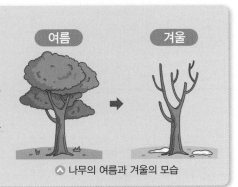

△ 나무의 여름과 겨울의 모습

여름   겨울

☑ **들이나 산에 사는 식물**

들이나 산에 사는 식물은 풀과
❶ [ㄴ][ㅁ]로 구분할 수 있습니다.

우리는 풀!

우리는 나무!

☑ **풀과 나무의 차이점**

풀은 나무보다 키가 ❷(작고 / 크고)
줄기가 가늡니다.

쳐다보기 목 아파~

나는 풀보다 키가 커.

개념② 강이나 연못에 사는 식물

1. 부레옥잠의 생김새와 특징 알아보기

└→ 뿌리는 수염처럼 생겼습니다.

 실험 동영상

내 교과서 살펴보기 / 천재

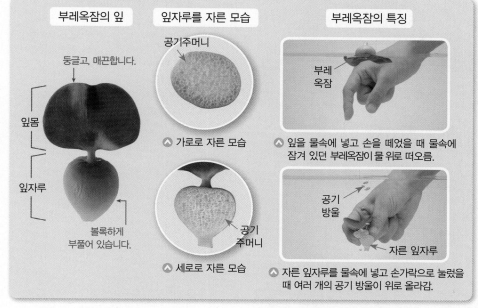

부레옥잠의 잎	잎자루를 자른 모습	부레옥잠의 특징

부레옥잠의 잎
- 둥글고, 매끈합니다.
- 잎몸
- 잎자루
- 볼록하게 부풀어 있습니다.

잎자루를 자른 모습
- 공기주머니
- ⚠ 가로로 자른 모습
- 공기주머니
- ⚠ 세로로 자른 모습

부레옥잠의 특징
- 부레옥잠
- ⚠ 잎을 물속에 넣고 손을 떼었을 때 물속에 잠겨 있던 부레옥잠이 물 위로 떠오름.
- 공기 방울
- 자른 잎자루
- ⚠ 자른 잎자루를 물속에 넣고 손가락으로 눌렀을 때 여러 개의 공기 방울이 위로 올라감.

부레옥잠이 물에 떠서 살 수 있는 까닭	➡	잎자루에 있는 공기주머니 속의 공기 때문에 물에 떠서 살 수 있음.

2. 강이나 연못에 사는 식물의 생김새와 특징

└→ 줄기가 단단하며, 키가 크게 자랍니다.

잎이 물 위로 높이 자라는 식물	잎이 물에 떠 있는 식물	물에 떠서 사는 식물	물속에 잠겨서 사는 식물
갈대, 부들, 연꽃	마름, 가래, 수련	부레옥잠, 물상추, 개구리밥, 물질경이	검정말, 나사말
⚠ 물가나 물속의 땅에 뿌리를 내리고, 잎이 물 위로 높이 자람.	⚠ 물속의 땅에 뿌리를 내리고 잎과 꽃이 물 위에 떠 있음.	⚠ 물에 떠서 살며, 수염처럼 생긴 뿌리가 물속에 뻗어 있음.	⚠ 물속에 잠겨서 살며, 물의 흐름에 따라 잘 휘어짐.

3. 식물의 생김새, 생활 방식과 사는 곳의 관계: 식물은 사는 곳의 환경에 적응하여 생김새와 생활 방식이 사는 곳의 환경에 따라 다릅니다.

└ ○용어 오랜 기간에 걸쳐 사는 곳의 환경에 알맞은 생김새와 생활 방식을 갖게 되는 것

☑ 부레옥잠의 특징

잎자루에 있는 공기주머니 속의 ❸ [ㄱ][ㄱ] 때문에 물에 떠서 살 수 있습니다.

난 튜브 없이도 물에 잘 뜰 수 있다고!

☑ 강이나 연못에 사는 식물

강이나 연못에 사는 식물 중에서 ❹(검정말 / 수련)은 물속에 잠겨서 사는 식물입니다.

나는 물의 흐름에 따라 잘 휘어져.

개념 ③ 특수한 환경에 사는 식물

실험 동영상

1. 사막에 사는 식물

① 사막의 환경: 햇빛이 강하고 물이 적습니다. → 낮과 밤의 기온 차이가 큽니다.

중요
② 선인장의 생김새 관찰하기

• 가시 모양의 잎이 있음.
• 줄기는 굵고 통통함.
• 줄기의 색깔은 초록색임.
• 줄기를 자른 면이 미끄럽고 축축함.

줄기를 자른 면에 마른 화장지를 대면 물이 묻습니다.

△ 선인장

△ 줄기를 가로로 자른 모습

| 선인장이 사막에서 살 수 있는 까닭 | ➡ | • 굵은 줄기에 물을 저장함.
• 잎이 가시 모양이어서 물이 밖으로 빠져나가는 것을 막음. |

③ 사막에 사는 식물의 생김새와 특징

바오바브나무

용설란

리돕스

| • 굵은 줄기에 물을 저장함.
• 잎이 작아서 물이 밖으로 빠져나가는 것을 막음. | 잎의 가장자리에 날카로운 가시가 있음. | 줄기가 거의 없고 돌을 닮음. |
| | 두꺼운 잎에 물을 저장함. | |

2. 극지방에 사는 식물

용어 남극과 북극 지역

내 교과서 살펴보기 / 천재, 금성, 아이스크림

① 극지방의 환경: 온도가 낮고 바람이 많이 붑니다.
② 극지방에 사는 식물의 생김새와 특징: 키가 작아서 추위와 바람의 영향을 적게 받습니다.

극지방은 일 년 내내 얼어 있고, 여름에 햇볕을 받아 땅의 표면만 살짝 녹아서 땅에 뿌리를 깊이 내리는 키가 큰 나무는 극지방에 살 수 없어.

△ 남극구슬이끼

△ 북극버들

개념 다지기

7종 공통

1 다음의 들이나 산에 사는 식물 중 풀은 어느 것입니까?

( )

①
강아지풀

②
단풍나무

③
상수리나무

④
소나무

7종 공통

2 다음 중 부레옥잠의 잎을 물속에 넣고 손을 떼었을 때 부레옥잠의 움직임으로 옳은 것은 어느 것입니까?

( )

① 물 위로 떠오른다.
② 물속으로 가라앉는다.
③ 물속으로 가라앉아서 부푼다.
④ 물 위로 떠올랐다가 가라앉는다.
⑤ 물속에 잠겨서 위아래로 움직인다.

7종 공통

3 다음은 부레옥잠이 물에 떠서 살 수 있는 까닭을 나타낸 것입니다. ☐ 안에 들어갈 알맞은 말을 쓰시오.

부레옥잠은 ☐☐☐에 있는 공기주머니 속의 공기 때문에 물에 떠서 살 수 있습니다.

( )

7종 공통

4 다음의 식물을 강이나 연못에서 살고 있는 모습에 맞게 줄로 바르게 이으시오.

(1) 수련, 마름 ·

· ㉠ 물속에 잠겨서 사는 식물

(2) 검정말, 나사말 ·

· ㉡ 잎이 물에 떠 있는 식물

천재, 김영사, 아이스크림, 지학사

5 다음 보기 에서 사막에서 살고 있는 식물을 두 가지 골라 기호를 쓰시오.

보기
㉠ ⬆ 민들레
㉡ ⬆ 선인장
㉢ ⬆ 용설란
㉣ ⬆ 토끼풀

(,)

천재, 금성, 아이스크림

6 오른쪽의 식물이 극지방에서 살기에 알맞게 적응한 점으로 옳은 것은 어느 것입니까?

( )

⬆ 남극구슬이끼

① 잎이 없다.
② 키가 작다.
③ 뿌리가 땅 위로 자란다.
④ 잎에 공기주머니가 있다.
⑤ 굵은 줄기에 물을 저장한다.

6 식물의 특징을 활용한 예

개념 체크

개념 ① 도꼬마리 열매의 특징을 활용한 예

→ 운동화나 캐치볼 등에 이용합니다.

도꼬마리 열매는 갈색을 띠는 길쭉한 공 모양으로, 가시가 많고 가시 끝이 갈고리 모양으로 휘어 있어.

도꼬마리 열매   찍찍이 테이프

부직포나 천에 붙으면 잘 떨어지지 않는 도꼬마리 열매의 특징을 활용하여 찍찍이 테이프를 만듦.

☑ 찍찍이 테이프

찍찍이 테이프는 천에 붙으면 잘 떨어지지 않는 ❶ ☐ ㄷ ☐ ㄱ ☐ ㅁ ☐ ㄹ 열매의 특징을 활용해 만든 것입니다.

난 도꼬마리 열매의 특징을 활용해 만들었어!

개념 ② 식물의 특징을 생활 속에서 활용한 다른 예

단풍나무 열매 → 단풍나무 열매의 생김새를 활용하여 헬리콥터의 프로펠러도 만들었습니다.

⬆ 드론

드론

바람을 타고 빙글빙글 돌며 떨어지는 단풍나무 열매의 특징을 활용하여 바람을 타고 회전하며 떨어지는 드론을 만듦.

└ 용어 조종사 없이 비행하는 비행기나 헬리콥터 모양의 물체

연잎

⬆ 물이 스며들지 않는 옷감

물이 스며들지 않는 옷감

물에 젖지 않는 연잎의 특징을 활용하여 물이 스며들지 않는 옷감을 만듦.

지느러미엉겅퀴

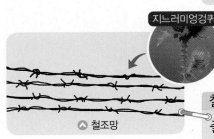

⬆ 철조망

철조망

줄기와 잎에 가시가 있는 지느러미엉겅퀴의 특징을 활용하여 철조망을 만듦.

내 교과서 살펴보기 / 지학사

☑ 식물의 특징을 활용한 예

물에 젖지 않는 ❷(연 / 엉겅퀴)잎의 특징을 활용하여 물이 스며들지 않는 옷감을 만들었습니다.

으아아~ 미끄러워. 그냥 떨어진다아아.

정답 ❶ 도꼬마리 ❷ 연

천재, 김영사, 동아, 아이스크림

1 다음 보기 에서 핀셋으로 도꼬마리 열매를 집어 부직포에 붙였다가 떼어보았을 때의 결과로 옳은 것을 골라 기호를 쓰시오.

보기
㉠ 도꼬마리 열매가 잘 떨어집니다.
㉡ 도꼬마리 열매가 부풀어 커집니다.
㉢ 도꼬마리 열매가 부직포에 붙어서 잘 떨어지지 않습니다.

(   )

천재, 금성, 동아, 아이스크림, 지학사

4 다음의 바람을 타고 회전하며 떨어지는 드론은 어떤 식물의 특징을 활용한 예입니까? (   )

① 줄기에 가시가 있는 장미
② 털이 달려 있어 바람에 잘 날리는 민들레씨
③ 물에 젖으면 오므라들고 마르면 벌어지는 솔방울
④ 잎자루에 공기주머니가 있어 물에 뜨는 부레옥잠
⑤ 바람을 타고 빙글빙글 돌며 떨어지는 단풍나무 열매

천재, 김영사, 동아, 아이스크림

2 다음 중 확대경으로 도꼬마리 열매를 관찰한 결과로 옳은 것은 어느 것입니까? (   )

⬆ 도꼬마리 열매

① 털이 많다.
② 가시가 많다.
③ 얇고 납작하다.
④ 매끈하고 공처럼 둥글다.
⑤ 끈적끈적한 액체가 묻어 있다.

지학사

5 다음을 각 식물과 그 식물의 특징을 활용한 예에 맞게 줄로 바르게 이으시오.

(1)

⬆ 지느러미엉겅퀴

⬆ ㉠
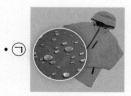
⬆ 물이 스며들지 않는 옷감

(2)

⬆ 연잎

⬆ ㉡
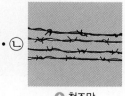
⬆ 철조망

천재, 김영사, 동아, 아이스크림

3 다음 중 도꼬마리 열매의 특징을 생활 속에서 활용한 예를 골라 기호를 쓰시오.

㉠

⬆ 헬리콥터 프로펠러

㉡

⬆ 찍찍이 테이프

(   )

천재, 김영사, 동아, 지학사

Step 1 단원평가

7종 공통

[1~5] 다음은 개념 확인 문제입니다. 물음에 답하시오.

1 들이나 산에 사는 식물 중 소나무는 (풀 / 나무)이고, 명아주는 (풀 / 나무)입니다.

2 부레옥잠은 (잎몸 / 잎자루)에 있는 공기주머니 속의 공기 때문에 물에 떠서 살 수 있습니다.

3 생물이 오랜 시간에 걸쳐 사는 곳의 환경에 알맞은 생김새와 생활 방식을 갖게 되는 것을 무엇이라고 합니까?   (   )

4 선인장은 잎이 어떤 모양이어서 물이 밖으로 빠져나가는 것을 막을 수 있습니까? (   )

5 천에 붙으면 잘 떨어지지 않는 도꼬마리 열매의 특징을 활용하여 (찍찍이 테이프 / 드론)을/를 만들었습니다.

7종 공통

6 다음의 들이나 산에서 볼 수 있는 식물이 풀이면 '풀', 나무이면 '나무'라고 쓰시오.

(1)
밤나무

(2)
강아지풀

(   )   (   )

7 다음 중 풀과 나무에 대한 설명으로 옳은 것은 어느 것입니까? (   )

① 나무는 풀보다 키가 작다.
② 풀은 나무보다 줄기가 굵다.
③ 풀은 모두 여러해살이 식물이다.
④ 잎의 색깔은 대부분 노란색이다.
⑤ 대부분 뿌리, 줄기, 잎이 구분된다.

7종 공통

8 오른쪽과 같이 자른 부레옥잠의 잎자루를 물속에 넣고 손가락으로 눌렀을 때 잎자루에서 나오는 ㉠은 무엇인지 쓰시오.

㉠

(   )

7종 공통

9 다음의 강이나 연못에 사는 식물 중 물에 떠서 사는 식물은 어느 것입니까? (   )

①
마름

②
부들

③
검정말

④
부레옥잠

7종 공통

10 다음 보기 에서 물속에 잠겨서 사는 식물의 특징으로 옳은 것을 골라 기호를 쓰시오.

보기
ㄱ 물의 흐름에 따라 잘 휘어집니다.
ㄴ 잎자루가 볼록하게 부풀어 있습니다.
ㄷ 잎과 줄기가 튼튼하여 쉽게 휘어지지 않습니다.

(   )

천재, 금성, 김영사, 동아, 아이스크림, 지학사

11 다음은 선인장이 사막에서 살 수 있는 까닭입니다. ㉠과 ㉡에 들어갈 알맞은 말을 각각 쓰시오.

• 굵은 [㉠]에 물을 저장합니다.
• 가시 모양의 [㉡]이/가 있어서 물이 밖으로 빠져나가는 것을 막습니다.

㉠ (   )
㉡ (   )

천재

12 다음 식물의 공통점으로 옳은 것을 두 가지 고르시오.
(,   )

△ 용설란

△ 리돕스

① 사막에 사는 식물이다.
② 남극에 사는 식물이다.
③ 두꺼운 잎에 물을 저장한다.
④ 두꺼운 줄기에 지방을 저장한다.
⑤ 잎이 얇아 물이 빠져나가는 것을 막는다.

천재, 금성, 아이스크림

13 다음 중 극지방에 사는 식물은 어느 것입니까?
(   )

① 연꽃
② 명아주
③ 퉁퉁마디
④ 남극구슬이끼
⑤ 바오바브나무

천재, 김영사, 동아, 아이스크림

14 다음 중 도꼬마리 열매가 천에 붙으면 잘 떨어지지 않는 까닭으로 옳은 것은 어느 것입니까? (   )

① 열매가 갈색이기 때문이다.
② 열매의 무게가 무겁기 때문이다.
③ 열매에 털이 달려있기 때문이다.
④ 열매에 공기주머니가 많이 있기 때문이다.
⑤ 열매의 가시 끝이 갈고리 모양으로 휘어져 있기 때문이다.

7종 공통

15 다음 중 물에 젖지 않는 연잎의 특징을 활용하여 만든 것을 골라 기호를 쓰시오.

㉠
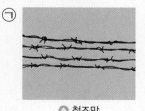
△ 철조망

㉡

△ 드론

㉢

△ 물이 스며들지 않는 옷감

㉣

△ 헬리콥터 프로펠러

(   )

7종 공통

16 다음은 들이나 산에 사는 식물을 풀과 나무로 분류한 것입니다.

(1) 위의 식물 중 잘못 분류된 식물을 찾아 이름을 쓰시오.

(   )

(2) 풀과 나무의 차이점을 두 가지 쓰시오.

답 • 나무는 풀보다 줄기가 ❶ [   ] .

   • 풀은 대부분 ❷ [   ] 식물이고, 나무는 모두

   ❸ [   ] 식물이다.

서술형 가이드
어려워하는 서술형 문제!
서술형 가이드를 이용하여 풀어 봐!

16 (1) (명아주 / 상수리나무)는
    나무입니다.

   (2) 풀과 나무는 키, 줄기의 굵기,
    한살이 기간 등이 (같습 / 다릅)
    니다.

천재, 김영사, 동아, 아이스크림

17 오른쪽은 찍찍이 테이프를 사용하여 만든 운동화의
모습입니다.

찍찍이 테이프

(1) 위의 운동화에 사용한 찍찍이 테이프는 어떤 식물 열매의 특징을 활용하여
만든 것인지 쓰시오.

(   )

(2) 찍찍이 테이프는 위의 (1)번 답의 어떤 특징을 활용하여 만든 것인지 쓰시오.

_____

_____

17 (1) (연꽃 / 도꼬마리) 열매의
    특징을 활용하여 찍찍이
    테이프를 만들었습니다.

   (2) 열매의 [ ][ ] 끝이
    갈고리 모양으로 휘어져
    있으면 천에 붙어도 잘 떨어
    지지 않습니다.

수행평가 가이드
다양한 유형의 수행평가!
수행평가 가이드를 이용해 풀어 봐!

1
단원

진도 완료
체크

학습 주제 강이나 연못에 사는 식물의 특징 알아보기

학습 목표 식물의 생김새와 생활 방식이 환경과 관련되어 있음을 설명할 수 있다.

[18~20] 다음은 부레옥잠의 잎자루를 가로와 세로로 자른 면에 잉크를 묻혀 찍은 모습입니다.

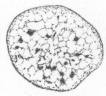 

▲ 가로로 자른 면　　▲ 세로로 자른 면

7종 공통

18 위의 실험 결과를 보고 부레옥잠 잎자루의 자른 면의 모양은 어떠한지 쓰시오.

답 속이 꽉 차 있지 않고, ⬚⬚⬚⬚⬚⬚⬚⬚ 이/가 많이 있다.

7종 공통

19 위의 부레옥잠은 물에 떠서 사는 식물인지, 물속에 잠겨서 사는 식물인지 쓰시오.

(　　　　　　　　　)

7종 공통

20 오른쪽과 같이 부레옥잠의 잎자루를 잘라 물속에 넣고 눌렀더니 공기 방울이 위로 올라갔습니다. 이것으로 보아 부레옥잠이 위 **19**번의 답과 같이 살 수 있는 까닭을 쓰시오.

_____

_____

부레옥잠의 잎
• 잎이 매끈하며, 광택이 납니다.
• 잎이 둥글고 잎자루가 볼록하게 부풀어 있습니다.

잎몸

잎자루

부레옥잠의 특징
부레옥잠은 잎자루에 있는 공기주머니 속의 공기 때문에 물에 떠서 살 수 있습니다.

부레옥잠은 물이 많은 환경에 적응하여 살고 있어!

Q 배점 표시가 없는 문제는 문제당 4점입니다.

1 오른쪽 식물의 잎에 대한 설명으로 옳은 것은 어느 것입니까?
( )

7종 공통

△ 사철나무

① 잎이 길고 뾰족하다.
② 잎이 달걀 모양이다.
③ 잎의 가장자리가 매끈하다.
④ 잎이 한곳에 두 개씩 뭉쳐난다.
⑤ 잎의 가장자리가 깊게 갈라져 있다.

2 다음 중 국화의 잎은 어느 것입니까? ( )

7종 공통

3 다음은 식물 잎의 구조입니다. 잎맥에 해당하는 부분의 기호를 쓰시오.

천재, 금성, 아이스크림, 지학사

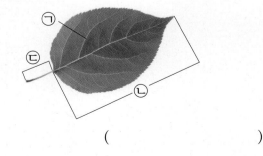

( )

4 다음은 식물의 잎을 생김새에 따라 분류한 것입니다. ☐ 안에 들어갈 분류 기준으로 옳은 것은 어느 것입니까? ( )

7종 공통

분류 기준: ☐

그렇다.	그렇지 않다.
△ 강아지풀 △ 소나무	△ 단풍나무 △ 토끼풀

① 잎의 모양이 둥근가?
② 잎이 손바닥 모양인가?
③ 잎의 끝 모양이 둥근가?
④ 잎의 가장자리가 톱니 모양인가?
⑤ 잎의 전체적인 모양이 길쭉한가?

📋 서술형·논술형 문제

7종 공통

5 다음은 여러 가지 식물을 생김새에 따라 분류할 수 있는 기준을 나타낸 것입니다. [총 12점]

보기
ㄱ 잎의 모양이 예쁜가?
ㄴ 잎의 가장자리가 갈라졌는가?
ㄷ 잎이 한곳에 두 개씩 뭉쳐나는가?

(1) 식물의 잎을 분류하는 기준으로 알맞지 않은 것을 보기 에서 골라 기호를 쓰시오. [4점]

( )

(2) 위 (1)번의 답이 잎의 분류 기준으로 알맞지 않은 까닭을 쓰시오. [8점]

_____

_____

6 다음 중 나무인 것을 두 가지 골라 기호를 쓰시오.

ㄱ
⚠ 명아주

ㄴ
⚠ 밤나무

ㄷ
⚠ 단풍나무

ㄹ
⚠ 토끼풀

(,   )

---

8 다음 보기 에서 풀과 나무의 차이점으로 옳은 것을 골라 기호를 쓰시오.

보기
ㄱ 풀은 나무보다 키가 작습니다.
ㄴ 풀은 나무보다 줄기가 굵습니다.
ㄷ 풀은 대부분 여러해살이 식물이지만, 나무는 모두 한해살이 식물입니다.

(   )

---

9 오른쪽의 부레옥잠에서 볼록하게 부풀어 있는 ㉠ 부분의 이름은 어느 것입니까?

(   )

㉠

① 꽃   ② 잎몸
③ 뿌리   ④ 줄기
⑤ 잎자루

---

7 다음 두 식물의 공통점으로 옳은 것은 어느 것입니까?
(   )

⚠ 강아지풀

⚠ 상수리나무

① 줄기의 굵기가 비슷하다.
② 모두 한해살이 식물이다.
③ 잎의 색깔이 초록색이다.
④ 잎이 모두 둥근 모양이다.
⑤ 모두 여러해살이 식물이다.

🗂 **서술형·논술형 문제**

10 오른쪽과 같이 위 **9**번의 답 부분을 잘라서 물속에 넣고 눌렀을 때 나타나는 현상을 쓰시오. [8점]

_____

_____

11 다음 중 물속에 잠겨서 사는 식물은 어느 것입니까?

( )

①
⚊ 마름

②
⚊ 갈대

③
⚊ 물상추

④
⚊ 검정말

⑤
⚊ 개구리밥

서술형·논술형 문제

12 다음은 강과 연못에서 볼 수 있는 식물입니다. [총 12점]

나사말 수련 연꽃

(1) 위에서 잎이 물 위로 높이 자라는 식물의 이름을 쓰시오. [4점]

( )

(2) 잎이 물 위로 높이 자라는 식물의 특징을 두 가지 쓰시오. [8점]

---

13 다음은 식물의 생김새, 생활 방식과 사는 곳의 관계에 대한 설명입니다. ☐ 안에 들어갈 알맞은 말을 쓰시오.

식물은 사는 곳의 환경에 ☐하여 식물의 생김새와 생활 방식이 사는 곳의 환경에 따라 다릅니다.

( )

14 다음 중 사막에서 사는 식물을 골라 기호를 쓰시오.

⚊ 갯메꽃 ⚊ 선인장 ⚊ 민들레

( )

15 다음 중 위 **14**번 답의 식물이 사막에서 살 수 있는 특징으로 옳은 것을 두 가지 고르시오. (,)

① 잎이 가시 모양이다.
② 잎에 공기주머니가 있다.
③ 뿌리가 땅 위로 드러나 있다.
④ 줄기가 땅 위를 기어서 자란다.
⑤ 굵은 줄기에 물을 저장하고 있다.

16 다음의 각 사막에 사는 식물과 그 식물의 특징을 줄로 바르게 이으시오.

(1)

△ 리톱스

· · ㉠ 두꺼운 잎에 물을 저장함.

(2)

△ 바오바브나무

· · ㉡ 굵은 줄기에 물을 저장함.

(3)

△ 용설란

· · ㉢ 얇은 줄기에 물을 저장함.

17 다음의 북극버들에 대한 설명으로 옳은 것은 어느 것입니까? (   )

① 갯벌에서 산다.
② 굵은 줄기에 물을 저장한다.
③ 염분을 몸에 저장할 수 있다.
④ 키가 작아서 추위와 바람의 영향을 적게 받는다.
⑤ 키가 크고 줄기가 단단해서 바람의 영향을 적게 받는다.

18 다음의 물이 스며들지 않는 옷감은 어떤 식물의 특징을 활용하여 만든 것입니까? (   )

① 연잎 ② 해바라기꽃
③ 선인장 가시 ④ 민들레 열매
⑤ 도꼬마리 열매

19 다음 중 물이 스며들지 않는 옷감은 위 18번 답의 식물의 어떤 특징을 활용하여 만든 것입니까?
(   )

① 물에 젖지 않는 특징을 활용하였다.
② 잎에 가시가 있는 특징을 활용하였다.
③ 천에 붙으면 잘 떨어지지 않는 특징을 활용하였다.
④ 털이 달려있어 바람에 잘 날아가는 특징을 활용하였다.
⑤ 바람을 타고 빙글빙글 돌며 떨어지는 특징을 활용하였다.

20 다음 보기에서 단풍나무 열매의 특징을 활용한 예를 골라 기호를 쓰시오.

보기
㉠ 철조망
㉡ 찍찍이 테이프
㉢ 바람을 타고 회전하는 드론

(   )

1 단원

진도 완료 체크

연관 학습 안내

초등 3학년	이 단원의 학습	중학교
물질의 상태 고체, 액체, 기체 상태에 대해 배웠어요.	물의 상태 변화 물이 얼 때, 얼음이 녹을 때, 증발, 끓음, 응결 등을 배워요.	물질의 상태 변화 물질의 상태 변화와 입자 배열에 대해 배울 거예요.

만화로 단원 미리보기

물의 상태 변화

2

 단원 안내

(1) 물의 세 가지 상태 / 물이 얼거나 얼음이 녹을 때의 변화
(2) 증발 / 끓음 / 응결

개념① 물의 상태 관찰하기 탐구활동

1. 페트리 접시에 담긴 물과 얼음 관찰하기

구분	물	얼음
모습		
특징	• 모양이 일정하지 않음. • 손에 잡히지 않음. • 흐름.	• 모양이 일정함. • 손에 잡힘. • 차갑고 단단함.

2. 붓에 물을 묻혀 종이에 글씨를 적어 보기 내 교과서 살펴보기 / 천재

넌 참
친절해 ➡ 넌 참
친절해.

시간이 지나면서 물이 마르고 점차 글씨가 사라짐. ➡ 종이에 묻은 물이 공기 중으로 날아갔기 때문임.
└ 액체인 물이 기체인 수증기로 변해 공기 중에 있습니다.

⌃ 글씨가 사라지고 있는 종이

개념② 물의 세 가지 상태

1. 물의 세 가지 상태: 고체인 얼음, 액체인 물, 기체인 수증기입니다.

얼음(고체)	물(액체)	수증기(기체)
차갑고, 단단함.	흐르는 성질이 있음.	눈에 보이지 않고, 일정한 모양이 없음.

2. 물의 상태 변화: 물은 서로 다른 상태로 변할 수 있습니다.

내 교과서 살펴보기 / 김영사, 동아, 지학사

손에 묻은 물과 손바닥에 올려놓은 얼음 관찰하기
• 손에 묻은 물은 시간이 지나면 점점 사라집니다. ➡ 물이 수증기로 상태가 변합니다.
• 손바닥에 올려놓은 얼음은 시간이 지나면 점점 크기가 작아지고, 얼음이 녹으면서 물이 생깁니다.
└ 얼음이 물로 상태가 변합니다.

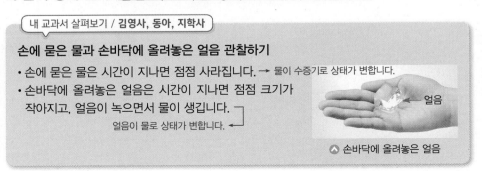

⌃ 손바닥에 올려놓은 얼음 · 얼음

개념③ 물이 얼 때의 부피와 무게 변화

1. 물이 얼 때의 부피와 무게 변화 비교하기 [탐구활동]

[실험 방법]

1️⃣ 시험관에 물을 반 정도 넣고 마개로 막은 뒤 검은색 펜으로 물의 높이를 표시하기

2️⃣ 전자저울로 시험관의 무게를 측정하기

3️⃣ 소금을 섞은 얼음이 든 비커의 가운데에 시험관을 꽂아 물을 얼리기

4️⃣ 물이 완전히 얼면 시험관을 꺼내 표면의 물기를 닦은 뒤 무게를 측정하기

5️⃣ 빨간색 펜으로 얼음의 높이를 표시하기

소금을 섞은 얼음

⚠ 시험관의 물을 얼리기

[실험 결과]

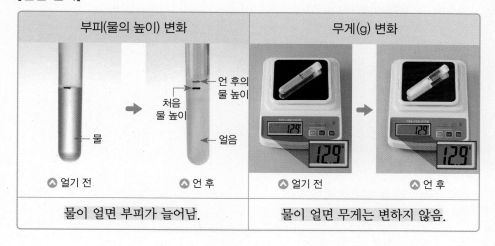

부피(물의 높이) 변화	무게(g) 변화
물 / 언 후의 물 높이 / 처음 물 높이 / 얼음	129 / 129
⚠ 얼기 전 ⚠ 언 후	⚠ 얼기 전 ⚠ 언 후
물이 얼면 부피가 늘어남.	물이 얼면 무게는 변하지 않음.

2. 물이 얼 때 부피가 늘어나는 현상과 관련된 예

① 날씨가 추워지면 수도 계량기가 터지기도 합니다.

② 페트병에 물을 가득 넣어 얼리면 페트병이 커집니다.

내 교과서 살펴보기 / 동아, 아이스크림

바위 쪼개기

추운 겨울철 바위에 구멍을 뚫고, 그 구멍 안에 물을 부으면 구멍 안의 물이 얼면서 부피가 늘어나므로 바위가 쪼개집니다.

☑ 물이 얼 때의 부피와 무게 변화

물이 얼면 ❻ ㅂㅍ 가 늘어나지만 ❼ ㅁㄱ 는 변하지 않습니다.

물을 얼렸더니 크기가 커졌어.

무게는 그대로야.

2 단원

☑ 물이 얼 때 부피 변화와 관련된 현상

물이 얼면 부피가 ❽(늘어납 / 줄어듭)니다.

할머니, 장독이 깨졌어요.

그건 장독 안의 물이 얼었기 때문이야.

정답 ❻ 부피 ❼ 무게 ❽ 늘어납

개념 4 얼음이 녹을 때의 부피와 무게 변화

요교 1. 얼음이 녹을 때의 부피와 무게 변화 비교하기 탐구활동

[실험 방법]

> 1 31쪽 탐구에서 물이 언 시험관의 부피와 무게를 확인하기
> 2 물이 언 시험관을 따뜻한 물이 담긴 비커에 넣기
> 3 얼음이 완전히 녹으면 시험관을 꺼내 표면의 물기를 닦은 뒤 무게를 측정하기
> 4 파란색 펜으로 물의 높이를 표시하기

따뜻한 물

△ 물이 언 시험관 녹이기

[실험 결과]

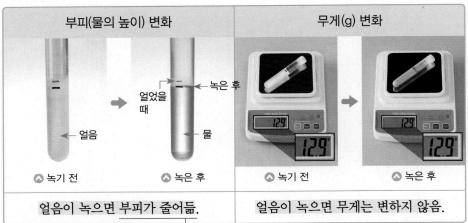

부피(물의 높이) 변화	무게(g) 변화
얼었을 때 / 얼음 → 녹은 후 / 물	129 → 129
△ 녹기 전 △ 녹은 후	△ 녹기 전 △ 녹은 후
얼음이 녹으면 부피가 줄어듦.	얼음이 녹으면 무게는 변하지 않음.

물이 얼 때 늘어난 부피와 같습니다. ←

2. 얼음이 녹을 때 부피가 줄어드는 현상과 관련된 예

내 교과서 살펴보기 / 천재, 김영사, 동아, 비상, 아이스크림, 지학사

① 물이 언 페트병을 냉동실에서 꺼내 놓으면 부피가 줄어듭니다.

② 꽁꽁 언 얼음과자를 냉동실에서 꺼내 놓으면 부피가 줄어듭니다.

얼음 → 물

녹기 전   녹은 후

△ 물이 든 페트병

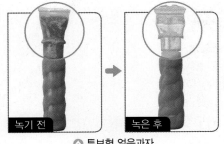

녹기 전   녹은 후

△ 튜브형 얼음과자

개념 체크

☑ 얼음이 녹을 때의 부피와 무게 변화

얼음이 녹으면 ⑨ ㅂ ㅍ 가 줄어들지만 ⑩ ㅁ ㄱ 는 변하지 않습니다.

내가 홀쭉해졌는데 왜 무게는 그대로지?

☑ 얼음이 녹을 때 부피 변화와 관련된 현상

얼음이 녹으면 부피가 ⑪(늘어납 / 줄어듭)니다.

빨리 먹을 걸, 작아졌잖아.

정답 ⑨ 부피 ⑩ 무게 ⑪ 줄어듦

개념 다지기

1 7종 공통
다음 중 물과 얼음에 대한 설명으로 옳지 <u>않은</u> 것은 어느 것입니까? (   )

① 물은 흐른다.
② 물은 손에 쉽게 잡힌다.
③ 얼음은 차갑고 단단하다.
④ 얼음은 모양이 일정하다.
⑤ 물은 모양이 일정하지 않다.

2 천재
다음과 같이 물로 쓰는 종이에 쓴 칭찬의 글이 시간이 지나면 어떻게 되는지 □ 안에 들어갈 알맞은 말을 쓰시오.

시간이 지나면서 □□□이/가 마르고, 칭찬의 글이 점차 사라집니다.

(   )

3 7종 공통
다음 중 플라스틱 시험관 안의 물이 완전히 언 후의 모습으로 옳은 것에 ○표를 하시오.

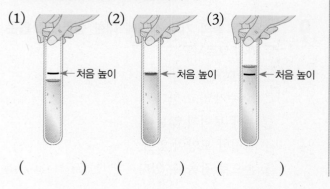

(1) ← 처음 높이   (2) ← 처음 높이   (3) ← 처음 높이

(   )   (   )   (   )

4 7종 공통
물의 무게가 15 g이었을 때 이 물이 얼어 얼음이 된 뒤의 무게로 옳은 것은 어느 것입니까? (   )

① 10 g   ② 12 g
③ 15 g   ④ 16 g
⑤ 20 g

5 7종 공통
다음과 같이 플라스틱 시험관 안의 얼음을 녹이면 물의 높이가 변하는 까닭은 어느 것입니까? (   )

⚠ 얼음이 녹기 전   ⚠ 얼음이 녹은 후

① 물의 온도가 낮아졌기 때문이다.
② 물의 부피가 늘어났기 때문이다.
③ 물의 무게가 늘어났기 때문이다.
④ 물의 부피가 줄어들었기 때문이다.
⑤ 물의 무게가 줄어들었기 때문이다.

6 천재, 김영사, 동아, 비상, 아이스크림, 지학사
오른쪽의 가득 채워져 있는 꽁꽁 언 튜브형 얼음과자가 녹은 후의 모습에 대한 설명으로 옳은 것에 ○표를 하시오.

(1) 용기 안에 빈 공간이 생깁니다.

(   )

(2) 얼음과자의 부피가 늘어납니다.

(   )

(3) 얼음과자의 무게가 줄어듭니다.   (   )

2 단원

Step 1 단원평가

7종 공통

[1~5] 다음은 개념 확인 문제입니다. 물음에 답하시오.

1 얼음, 물, 수증기 중 차갑고 모양이 일정한 것은 어느 것입니까? ( )

2 얼음, 물, 수증기 중 일정한 모양이 없고, 흐르는 성질이 있는 것은 어느 것입니까?
( )

3 물이 얼어 얼음이 될 때 무게는 어떻게 됩니까?
( )

4 얼음이 녹아 물이 될 때 부피는 어떻게 됩니까?
( )

5 페트병에 물을 가득 넣어 얼리면 페트병이 커집니까, 작아집니까? ( )

[6~7] 다음과 같이 페트리 접시에 얼음과 물을 각각 담고 관찰하였습니다. 물음에 답하시오.

△ 얼음

△ 물

7종 공통

6 위에서 손에 잡히지 않고, 페트리 접시를 기울일 때 흐르는 것을 골라 기호를 쓰시오.
( )

7종 공통

7 다음 중 얼음과 물을 관찰한 결과로 옳지 <u>않은</u> 것은 어느 것입니까? ( )

	얼음	물
①	차가움.	얼음보다 덜 차가움.
②	단단함.	단단하지 않음.
③	흐름.	흐르지 않음.
④	모양이 일정함.	모양이 일정하지 않음.
⑤	눈에 보임.	눈에 보임.

천재

8 다음은 물로 쓰는 종이에 쓴 칭찬의 글이 사라진 까닭입니다. ☐ 안에 들어갈 알맞은 말을 쓰시오.

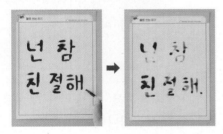

> 물로 쓰는 종이에 묻은 물이 ☐ 중으로 날아갔기 때문입니다.

( )

7종 공통

9 다음 중 물의 기체 상태에 대한 설명으로 옳은 것을 두 가지 고르시오. (,)

① 단단하다.
② '수증기'라고 한다.
③ 눈에 보이지 않는다.
④ 일정한 모양이 있다.
⑤ 손으로 잡을 수 있다.

[10~11] 다음은 물이 얼 때 부피와 무게 변화를 관찰한 결과입니다. 물음에 답하시오.

구분	부피(물의 높이)	무게(g)
얼기 전	←물	12.9
언 후	←얼음	㉠

10 다음은 위 실험의 결과를 보고 물의 부피 변화에 대해 알 수 있는 점입니다. ( ) 안의 알맞은 말에 ○표를 하시오.

> 액체인 물이 얼어 고체인 얼음이 될 때 부피는 (줄어듭 / 변화가 없습 / 늘어납)니다.

11 다음 중 위의 ㉠에 들어갈 무게로 옳은 것은 어느 것입니까? ( )

① 10.0 ② 12.9
③ 13.0 ④ 13.9
⑤ 알 수 없다.

12 다음은 겨울철에 물을 가득 담아 두었던 장독이 깨지는 까닭에 대한 설명입니다. ㉠, ㉡에 들어갈 알맞은 말을 각각 쓰시오.

> 기온이 내려가면 물이 ㉠ 부피가 ㉡ 때문입니다.

㉠ ( ) ㉡ ( )

13 다음과 같은 방법으로 얼음이 녹을 때의 부피 변화를 알아보았습니다. 이 실험에 대한 설명으로 옳은 것은 어느 것입니까? ( )

> **1** 물이 언 시험관의 물 높이를 확인한 뒤, 따뜻한 물이 담긴 비커에 넣습니다.
> **2** 시간이 충분히 지난 뒤 시험관 안의 물 높이를 관찰하고, 처음 높이와 비교합니다.

① 얼음이 녹으면 단단해진다.
② 얼음이 녹으면 부피가 늘어난다.
③ 얼음이 녹으면 물 높이가 낮아진다.
④ 얼음이 녹으면 물 높이가 높아진다.
⑤ 얼음이 녹아도 부피는 변하지 않는다.

14 다음은 물이 가득 든 상태로 얼어서 커진 페트병의 모습입니다. 페트병 안에 든 얼음이 모두 녹은 후의 모습에 대한 설명으로 옳은 것은 어느 것입니까?
( )

△ 물이 언 후   △ 얼음이 녹은 후

① 페트병이 녹아내린다.
② 페트병의 크기가 줄어든다.
③ 페트병의 크기가 더 커진다.
④ 페트병이 완전히 납작해진다.
⑤ 페트병에는 아무 변화도 나타나지 않는다.

7종 공통

15 다음 얼음과 물을 각각 손으로 만져 본 결과를 쓰시오.

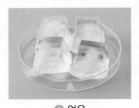

⚠ 얼음   ⚠ 물

답 얼음은 손으로 잡을 수 **❶**[   ], 물은 손에 **❷**[   ].

15 (얼음 / 물)은 모양이 일정하고, (얼음 / 물)은 모양이 일정하지 않습니다.

7종 공통

16 다음은 플라스틱 시험관 안의 물이 얼기 전과 언 후의 부피와 무게를 비교한 결과 입니다. 이것으로 보아 알 수 있는 점을 쓰시오.

구분	얼기 전	언 후
부피 (물의 높이)	← 물	← 얼음
무게(g)	12.9	12.9

_____

_____

16 물이 얼면 [ ][ ]는 늘어 나고, [ ][ ]는 변하지 않습 니다.

7종 공통

17 오른쪽과 같이 물이 얼어 있는 페트병의 무게를 재었더니 500 g이었습니다.

(1) 위 페트병 안의 얼음이 완전히 녹은 후에 페트병의 무게를 재면 몇 g일지 쓰시오.

(   ) g

(2) 위 (1)번 답과 같이 생각한 까닭을 쓰시오.

_____

_____

17 (1) 얼음이 녹기 전과 녹은 후의 무게는 (같습 / 다릅)니다.
(2) 얼음이 녹으면 (무게 / 부피)는 변하지 않습니다.

Step ③ 수행평가

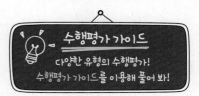

학습 주제 물이 얼 때의 부피와 무게 변화 알아보기

학습 목표 물이 얼 때의 부피와 무게 변화를 관찰할 수 있다.

[18~20] 다음과 같은 방법으로 물이 얼 때의 부피와 무게 변화를 관찰하였습니다.

> 1 시험관에 물을 반 정도 넣고 마개로 막은 뒤 검은색 펜으로 물의 (가) 을/를 표시하기
>
> 2 전자저울로 시험관의 (나) 을/를 측정하기
>
> 3 소금을 섞은 얼음이 든 비커의 가운데에 시험관을 꽂아 물을 얼리기
>
> 4 물이 완전히 얼면 시험관을 꺼내 표면에 묻은 물기를 닦은 뒤 무게를 측정하기
>
> 5 빨간색 펜으로 얼음의 높이를 표시하기

7종 공통

18 위의 실험 과정에서 (가), (나)에 들어갈 알맞은 말을 보기 에서 골라 각각 기호를 쓰시오.

> 보기
> ㉠ 무게   ㉡ 넓이   ㉢ 높이   ㉣ 색깔

(가) (   ) (나) (   )

부피
물건이 공간에서 차지하는 크기

무게
물건의 무거운 정도

7종 공통

19 다음은 위의 탐구 결과를 나타낸 것입니다. ☐ 안에 들어갈 알맞은 말을 각각 쓰시오.

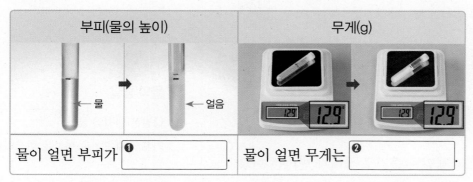

부피(물의 높이)	무게(g)
물 → 얼음	129 → 129
물이 얼면 부피가 ❶ [ ].	물이 얼면 무게는 ❷ [ ].

물이 얼 때 부피 변화 비교
물이 얼기 전의 높이(검은색 선)와 물이 언 후의 높이(빨간색 선)의 눈금 위치를 통해 부피를 비교할 수 있습니다.

7종 공통

20 생활 속에서 물이 얼 때 부피가 변하는 현상과 관련된 예를 한 가지 쓰시오.

_____

_____

얼음 틀에 물을 얼리면 표면이 볼록해지는 까닭은 물이 얼 때 부피가 늘어나기 때문이야.

개념 체크

개념① 물이 사라진 까닭

1. 물을 그대로 두었을 때의 변화 관찰하기 탐구활동

① 물에 젖은 화장지의 변화 관찰하기

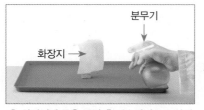

처음	물기가 가득하여 축축함.
5분 뒤	물기가 있지만 덜 축축함.
10분 뒤	물기가 거의 없음.
15분 뒤	바짝 마름.

결과

△ 화장지에 물을 뿌린 후 5분 간격으로 만져 보며 변화를 관찰하기

② 비커에 담긴 물의 변화 관찰하기

물이 점점 줄어들어 물의 높이가 처음보다 낮아짐.

△ 비커에 물을 반 정도 담아 높이를 표시한 뒤, 이틀 동안 관찰한 결과

③ 물에 젖은 화장지가 마르거나 비커에 담긴 물이 줄어드는 까닭: 물이 수증기로 변해 공기 중으로 날아갔기 때문입니다.

내 교과서 살펴보기 / 금성

운동장에 물로 그림 그리기
페트병에 담아 온 물로 운동장에 그림을 그리면 물이 수증기로 변해 공기 중으로 날아가므로 1~2시간 뒤 그림이 사라져 보이지 않습니다.

2. 물의 증발: 액체인 물이 표면에서 기체인 수증기로 상태가 변하는 현상

3. 증발 현상의 예 → 젖은 머리카락을 말리거나 고추를 말릴 때에도 증발 현상을 관찰할 수 있습니다.

△ 빨래 말리기

△ 물감 말리기

△ 감 말리기

☑ **물이 사라진 까닭**
물휴지의 물기가 마른 것은 물이 ❶ [ㅅ][ㅈ][ㄱ]로 변해 공기 중으로 날아갔기 때문입니다.

뚜껑을 꼭 안 닫아서 물휴지가 다 말랐잖아.

☑ **물의 증발**
증발은 액체인 물이 ❷ [ㅍ][ㅁ]에서 기체인 수증기로 변하는 현상입니다.

일주일 전에는 물이 가득 차 있었는데……

정답 ❶ 수증기 ❷ 표면

개념 ② 물이 끓는 모습

1. 물이 끓을 때의 특징 관찰하기 탐구활동

 실험 동영상

물이 끓기 전	물이 끓을 때

시간이 지나면 물속에 작은 기포가 조금씩 생김.	크고 작은 기포가 많이 생기고, 물 표면이 울퉁불퉁해짐.

물 / 쇠그물 / 알코올 램프 / 삼발이

기포 (수증기) / 물

① 물이 끓은 후 물의 높이가 끓기 전보다 낮아집니다.
② 물 높이가 변한 까닭: 물이 수증기로 변해 공기 중으로 날아갔기 때문입니다.

요 2. 물의 끓음: 물의 표면과 물속에서 모두 액체인 물이 기체인 수증기로 상태가 변하는 현상

3. 물의 증발과 끓음 비교

구분	증발	끓음
공통점	물이 수증기로 상태가 변함.	
차이점	• 물의 표면에서 물이 수증기로 변함. • 물의 양이 매우 천천히 줄어듦.	• 물의 표면과 물속에서 물이 수증기로 변함. • 증발할 때보다 물의 양이 빠르게 줄어듦.

내 교과서 살펴보기 / 비상

물이 수증기로 변하는 현상

→ 라면이나 국을 끓일 때, 채소를 데칠 때에도 물을 끓입니다.

증발		끓음	
🔺 빨래를 말릴 때	🔺 고추를 말릴 때	🔺 달걀을 삶을 때	🔺 유리병을 소독할 때

☑ 물의 끓음

끓음은 물의 ③ [ㅍ][ㅁ] 과 ④ [ㅁ][ㅅ] 에서 물이 수증기로 상태가 변하는 현상입니다.

기포가 마구 생겨서 물 표면이 울퉁불퉁해져.

보글 보글

☑ 물의 증발과 끓음

증발과 끓음은 모두 액체인 물이 기체인 ⑤ [ㅅ][ㅈ][ㄱ]로 상태가 변하는 현상입니다.

나는 물 표면과 물속에서 수증기가 돼.

나는 물 표면에서 수증기가 돼.

증발 / 끓음

개념 알기

개념 ③ 물체에 물방울이 맺히는 까닭

실험 동영상

1. 얼음이 담긴 병 표면의 변화 관찰하기 탐구활동

주스 + 얼음

접시

△ 플라스틱병에 주스와 얼음을 넣고 마개로 막은 뒤 변화를 관찰하고 무게를 측정하기

플라스틱병 표면에서 나타나는 현상
병 표면에 물방울이 맺히고, 물방울이 흘러내려 접시에 물이 고임.

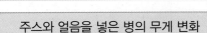

주스와 얼음을 넣은 병의 무게 변화	
처음 무게(g) ➡	나중 무게(g)
293.5	295.2

① 공기 중의 수증기가 차가운 플라스틱병 표면에 닿아 물로 맺힙니다.
② 맺힌 물방울의 무게만큼 무게가 늘어납니다.

2. 응결: 기체인 수증기가 액체인 물로 상태가 변하는 현상

3. 응결 현상의 예

가열한 냄비의 뚜껑 안쪽에 물방울이 생기는 것도 응결 현상이야.

△ 추운 겨울 유리창 안쪽에 맺힌 물방울 | △ 맑은 날 아침 풀잎에 맺힌 물방울 | △ 차가운 음료수병 표면에 맺힌 물방울

내 교과서 살펴보기 / **천재, 금성, 김영사, 동아, 아이스크림, 지학사**

일상생활에서 물의 상태 변화 이용

└ 얼음 조각 작품 만들기 등도 있습니다.   ┌ 스팀 청소기로 청소하기, 음식 찌기 등도 있습니다.

└ 물이 얼음으로 상태가 변하는 예   └ 물이 수증기로 상태가 변하는 예

△ 팥빙수 만들기 | △ 인공 눈 만들기 | △ 가습기 틀기 | △ 스팀다리미로 옷의 주름 펴기

개념 체크

☑ 수증기의 응결

응결은 기체인 ❻ ⬚ ⬚ ⬚ 가 액체인 ❼ ⬚ 로 변하는 현상입니다.

왜 이렇게 땀이 나지?   수증기가 응결한 거야.

☑ 응결 현상의 예

공기 중의 수증기가 찬 풀잎에 닿으면 ❽ ⬚ ⬚ 하여 물로 변합니다.

안녕? 난 공기 중의 수증기가 변한 물방울이야.

정답 ❻ 수증기 ❼ 물 ❽ 응결

개념 다지기

1 천재, 아이스크림

다음 보기에서 화장지에 물을 뿌려 적신 후 그대로 놓아두었을 때 나타나는 현상과 관련된 설명으로 옳은 것을 골라 기호를 쓰시오.

보기
㉠ 처음에는 바짝 말라 있습니다.
㉡ 시간이 지나면 점점 물기가 많아집니다.
㉢ 시간이 지나면 점점 물기가 없어지고 바짝 마릅니다.

( )

2 7종 공통

다음 중 생활에서 물의 증발과 관련된 예가 <u>아닌</u> 것은 어느 것입니까? ( )

① 빨래가 마른다.
② 고추를 말려서 보관한다.
③ 젖은 머리카락이 마른다.
④ 처마 끝에 고드름이 생긴다.
⑤ 비가 와서 젖었던 땅이 마른다.

3 7종 공통

오른쪽과 같이 물이 끓고 있을 때, 물속에서 생기는 기포는 무엇입니까? ( )

① 얼음
② 공기
③ 물방울
④ 수증기
⑤ 이산화 탄소

기포

4 7종 공통

다음 중 증발과 끓음의 공통점으로 옳은 것에 ○표, 옳지 않은 것에 ×표를 하시오.

(1) 얼음이 물로 상태가 변합니다. ( )
(2) 물이 수증기로 상태가 변합니다. ( )
(3) 물 표면에서만 상태 변화가 일어납니다.
( )

5 7종 공통

오른쪽의 주스와 얼음을 넣은 플라스틱병에 나타나는 현상으로 옳은 것은 어느 것입니까?
( )

① 플라스틱병 안의 주스가 끓는다.
② 플라스틱병 표면에서 연기가 난다.
③ 플라스틱병 표면에 물방울이 생긴다.
④ 플라스틱병 안의 주스가 새어 나온다.
⑤ 플라스틱병 표면에 얼음 알갱이가 생긴다.

← 주스 + 얼음

6 천재, 금성, 김영사, 동아

다음은 주스와 얼음을 넣은 플라스틱병의 무게에 대한 설명입니다. ( ) 안의 알맞은 말에 ○표를 하시오.

시간이 지나면 공기 중의 수증기가 차가운 플라스틱병 표면에 닿아 물로 맺혀 전체 무게가 처음보다 (줄어듭 / 늘어납)니다.

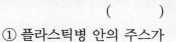

Step 1 단원평가

7종 공통

[1~5] 다음은 개념 확인 문제입니다. 물음에 답하시오.

1 액체인 물이 표면에서 기체인 수증기로 상태가 변하는 현상을 무엇이라고 합니까?

( )

2 젖은 빨래가 시간이 지나면 마르는 것은 액체인 물이 무엇으로 변하여 공기 중으로 날아가기 때문입니까?

( )

3 비커에 물을 붓고 끓이면 물은 고체, 액체, 기체 중 어떤 상태로 변합니까? ( )

4 물의 증발과 끓음 중 물의 양이 더 빠르게 줄어드는 것은 어느 것입니까? ( )

5 기체인 수증기가 액체인 물로 상태가 변하는 현상을 무엇이라고 합니까? ( )

천재, 비상, 지학사

6 다음은 오른쪽과 같이 비커에 물을 반 정도 넣고 검은색 유성 펜으로 물의 높이를 표시한 후 이틀이 지났을 때 변화를 나타낸 것입니다. ☐ 안에 들어갈 알맞은 말을 쓰시오.

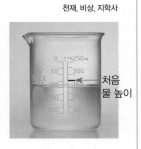
처음 물 높이

물이 점점 줄어들어 물의 높이가 ☐ .

( )

7종 공통

7 다음 중 앞 **6**번의 답과 같은 현상이 나타날 때 물의 상태 변화로 옳은 것은 어느 것입니까? ( )

① 얼음 → 물　　　　② 물 → 얼음
③ 물 → 수증기　　　④ 수증기 → 물
⑤ 얼음 → 수증기

7종 공통

8 다음 중 증발과 관련된 현상을 두 가지 고르시오.

(,)

①
△ 고추를 말림.

②
△ 고드름이 녹음.

③
△ 감을 말림.

④
△ 수도 계량기가 터짐.

7종 공통

9 오른쪽과 같이 물이 끓을 때의 변화에 대한 설명으로 옳은 것은 어느 것입니까? ( )

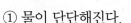

① 물이 단단해진다.
② 물의 양이 늘어난다.
③ 물의 높이가 높아진다.
④ 매우 작은 기포가 조금씩 생긴다.
⑤ 물 표면과 물속에서 물이 수증기가 된다.

7종 공통

10 다음 중 증발과 끓음에 대한 설명으로 옳지 <u>않은</u> 것은 어느 것입니까? ( )

① 모두 물이 수증기로 상태가 변한다.

② 증발은 물 표면에서 물이 수증기로 변한다.

③ 끓음은 물 표면과 물속에서 물이 수증기로 변한다.

④ 끓음은 증발보다 물의 양이 매우 천천히 줄어든다.

⑤ 달걀을 물에 넣어 삶는 것은 끓음을 볼 수 있는 예이다.

[11~12] 오른쪽과 같이 플라스틱 병에 주스와 얼음을 넣고 뚜껑을 덮은 후 접시에 올려놓고 전자 저울로 무게를 측정하였습니다. 물음에 답하시오.

→ 주스 + 얼음

7종 공통

11 위 실험에서 시간이 지난 뒤에 병 표면에 나타난 변화로 옳은 것은 어느 것입니까? ( )

① 투명한 물방울이 맺혀 있다.

② 보라색 액체 방울이 맺혀 있다.

③ 하얀색 얼음 알갱이가 붙어 있다.

④ 보라색 얼음 알갱이가 붙어 있다.

⑤ 아무런 변화가 없다.

천재, 금성, 김영사, 동아

12 얼음과 주스를 넣은 플라스틱병의 처음 무게가 293.5 g 이었을 때 시간이 지난 후에 플라스틱병의 무게를 잰 결과로 알맞은 것을 보기에서 골라 기호를 쓰시오.

보기
ㄱ 100.0 g   ㄴ 293.0 g
ㄷ 293.5 g   ㄹ 295.2 g

( )

7종 공통

13 다음 중 물의 응결과 관련된 예로 옳지 <u>않은</u> 것은 어느 것입니까? ( )

①
⌃ 물감이 마름.

②
⌃ 맑은 날 아침 풀잎에 맺힌 물방울

③
⌃ 차가운 음료수병 표면에 맺힌 물방울

④
⌃ 추운 겨울 유리창 안쪽에 맺힌 물방울

⑤
⌃ 주스와 얼음을 넣은 컵 표면에 맺힌 물방울

천재, 금성, 김영사, 동아, 아이스크림, 지학사

14 다음의 예에 이용된 물의 상태 변화와 같은 것끼리 줄로 바르게 이으시오.

(1)
⌃ 팥빙수 만들기

 · · ㉠
⌃ 스팀다리미로 옷의 주름 펴기

(2)
⌃ 가습기 틀기

 · · ㉡
⌃ 인공 눈 만들기

7종 공통

15 다음은 우리 주위에서 볼 수 있는 여러 가지 모습입니다.

 ⓒ
△ 고드름이 녹음.

 ⓒ
△ 감을 말림.

 ⓒ
△ 물이 끓음.

(1) 위에서 물의 증발과 관련된 예의 기호를 쓰시오.

( )

(2) 물의 증발이란 무엇인지 쓰시오.

답 액체인 물이 ❶[   ]에서 기체인 ❷[   ](으)로 상태가 변하는 것을 말한다.

7종 공통

16 물을 비커에 반쯤 담아 물의 높이를 표시하고 물을 끓였더니 오른쪽과 같은 결과가 나타났습니다. 물이 끓고 나면 끓기 전과 비교하여 물의 양이 줄어드는 까닭을 쓰시오.

← 끓기 전 물의 높이
← 끓고 난 후 물의 높이

_____

_____

천재, 금성, 김영사, 동아

17 오른쪽과 같이 플라스틱병에 주스와 얼음을 넣고 무게를 측정한 후, 일정 시간이 지난 뒤 플라스틱병의 무게를 다시 측정하였습니다.

주스 + 얼음
2935

(1) 일정 시간이 지난 뒤 플라스틱병의 무게를 측정하면 처음과 비교하여 무게가 어떻게 달라지는지 쓰시오.

( )

(2) 위 (1)번의 답과 같이 생각한 까닭을 쓰시오.

_____

_____

서술형 가이드
어려워하는 서술형 문제!
서술형 가이드를 이용하여 풀어 봐!

15 (1) 증발은 물이 액체 상태에서
[   ][   ] 상태로 변하는 것입니다.

(2) 증발은 물이 (표면 / 물속) 에서 (얼음 / 수증기)(으)로 상태가 변하는 것입니다.

16 물이 끓으면 액체인 물이 기체인 [   ][   ][   ]로 변해 공기 중으로 날아갑니다.

17 (1) 플라스틱병에 얼음과 주스를 넣고 일정 시간이 지나면 병 표면에 (얼음 / 물방울)이 맺힙니다.

(2) 수증기가 [   ][   ]하면 액체 상태인 물로 변합니다.

수행평가 가이드
다양한 유형의 수행평가!
수행평가 가이드를 이용해 풀어 봐!

학습 **주제** 물의 상태 변화 알아보기

학습 **목표** 우리 주위의 여러 가지 현상을 물의 상태 변화와 관련지어 설명할 수 있다.

[18~20] 다음은 우리 주위에서 볼 수 있는 물의 상태 변화와 관련된 현상입니다.

ㄱ
△ 빨래가 마름.

ㄴ
△ 맑은 날 아침 풀잎에 물방울이 맺힘.

ㄷ
△ 물이 끓음.

ㄹ
△ 감을 말림.

ㅁ
△ 달걀을 삶음.

ㅂ
△ 추운 겨울 유리창 안쪽에 물방울이 맺힘.

7종 공통

18 다음과 같은 물의 상태 변화가 나타나는 예를 위의 ㄱ~ㅂ에서 찾아 기호를 쓰시오.

(1) 물에서 수증기로 상태가 변하는 예 (   )

(2) 수증기에서 물로 상태가 변하는 예 (   )

7종 공통

19 위 18번에서 (1)번의 답을 물이 수증기로 변하는 곳에 맞게 기호를 각각 쓰시오.

물 표면에서 일어나는 것	물 표면과 물속에서 일어나는 것
❶	❷

7종 공통

20 위에서 ㄱ~ㅂ은 증발, 응결, 끓음 중 각각 무엇과 관련된 현상인지 쓰시오.

_____

_____

물의 상태 변화

얼음은 물이 되고, 물은 수증기가 되거나 얼음이 되는 것처럼 물은 다른 상태로 변할 수 있습니다.

증발

액체인 물이 표면에서 기체인 수증기로 상태가 변하는 현상

끓음

물의 표면과 물속에서 모두 액체인 물이 기체인 수증기로 상태가 변하는 현상

응결은 기체인 수증기가 액체인 물로 상태가 변하는 현상이야.

2 단원

진도 완료 체크

2. 물의 상태 변화

Q 배점 표시가 없는 문제는 문제당 4점입니다.

7종 공통

1 오른쪽의 물에 대한 설명으로 옳은 것은 어느 것입니까? ( )

① 흐른다.
② 단단하다.
③ 모양이 일정하다.
④ 눈에 보이지 않는다.
⑤ 손으로 잡을 수 있다.

7종 공통

2 다음 중 물의 고체 상태에 대한 설명으로 옳은 것을 두 가지 고르시오. (,)

① 뜨겁다.
② 모양이 일정하다.
③ '얼음'이라고 한다.
④ '수증기'라고 한다.
⑤ 일정한 모양이 없다.

7종 공통

3 다음은 얼음, 물, 수증기 중에서 어느 것에 대한 설명인지 쓰시오.

- 일정한 모양이 없습니다.
- 기체이며, 눈에 보이지 않습니다.

( )

서술형·논술형 문제 7종 공통

4 다음은 물의 상태 변화에 대한 설명입니다. [총 8점]

물은 고체인 ⃞ ㉠ ⃞ 이/가 되기도 하고, 기체인 ⃞ ㉡ ⃞ 이/가 되기도 합니다. 이처럼 물은 ⃞ ㉢ ⃞ .

(1) 위의 ㉠과 ㉡에 들어갈 알맞은 말을 **보기**에서 골라 각각 쓰시오. [4점]

보기
얼음, 수증기, 상태, 증발, 끓음, 응결

㉠ ( ) ㉡ ( )

(2) 위의 ㉢에 들어갈 알맞은 내용을 쓰시오. [4점]

_____

_____

7종 공통

5 다음은 오른쪽과 같이 물이 든 플라스틱 시험관을 소금을 섞은 얼음이 든 비커에 꽂아 두었을 때 결과입니다. ( ) 안의 알맞은 말에 ○표를 하시오.

소금을 섞은 얼음

플라스틱 시험관 안의 물의 온도가 점점 (낮아 / 높아)지고, 물은 (얼음 / 수증기)(으)로 상태가 변합니다.

6 다음과 같이 물이 가득 든 페트병을 냉동실에 넣고 얼렸습니다. [총 10점]

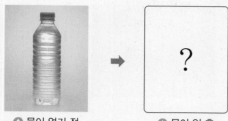

⬆ 물이 얼기 전   ⬆ 물이 언 후

7종 공통

(1) 물이 완전히 언 후 냉동실에서 페트병을 꺼내면 페트병의 크기는 처음과 비교하여 어떻게 변하는지 쓰시오. [4점]

(   )

(2) 위 (1)번 답과 같은 결과가 나타나는 까닭을 쓰시오. [6점]

_____

_____

천재, 동아, 비상, 지학사

7 겨울에 날씨가 갑자기 추워지면 다음과 같이 수도 계량기가 터지기도 합니다. 이와 같은 현상이 나타나는 까닭으로 옳은 것은 어느 것입니까? (   )

① 물이 얼면 무게가 늘어나기 때문이다.
② 물이 얼면 무게가 줄어들기 때문이다.
③ 물이 얼면 부피가 늘어나기 때문이다.
④ 물이 얼면 부피가 줄어들기 때문이다.
⑤ 물이 얼어도 부피가 변하지 않기 때문이다.

[8~10] 다음의 방법으로 얼음이 녹을 때의 부피와 무게 변화를 알아보았습니다. 물음에 답하시오.

❶ 물이 언 시험관의 부피와 무게를 확인합니다.
❷ 물이 언 시험관을   ㉮   이/가 담긴 비커에 넣습니다.
❸ 얼음이 완전히 녹으면 시험관을 꺼내 표면의 물기를 닦은 뒤 무게를 측정합니다.
❹ 파란색 펜으로   ㉯   을/를 표시합니다.
❺ 물이 녹기 전과 녹은 후의 부피와 무게를 비교합니다.

7종 공통

8 위의 ㉮에 들어갈 알맞은 내용은 어느 것입니까?

(   )

① 따뜻한 물
② 잘게 부순 얼음
③ 소금을 섞은 물
④ 얼음을 넣은 찬물
⑤ 소금이 섞여 있는 얼음

7종 공통

9 위의 과정 ❹에서 관찰해야 할 것으로 ㉯에 들어갈 알맞은 내용은 어느 것입니까? (   )

① 물의 색깔   ② 물의 높이
③ 물의 촉감   ④ 물기둥의 굵기
⑤ 물기둥 윗면의 넓이

7종 공통

10 위 실험을 통해 알게 된 점으로 옳은 것을 두 가지 고르시오. (,   )

① 물이 얼 때 부피는 줄어든다.
② 물이 얼 때 무게는 늘어난다.
③ 물이 얼 때 무게는 줄어든다.
④ 얼음이 녹을 때 부피는 줄어든다.
⑤ 얼음이 녹을 때 무게는 변하지 않는다.

2 단원

서술형·논술형 문제   천재

11 화장지에 분무기로 물을 뿌려 적신 다음, 5분 간격으로 만져 보며 변화를 관찰한 결과에서 잘못된 것의 기호를 고르고, 바르게 고쳐 쓰시오. [8점]

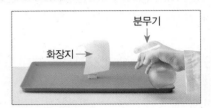

[관찰 결과]

처음	㉠ 물기가 가득하여 축축합니다.
5분 뒤	㉡ 물기가 있지만 덜 축축합니다.
10분 뒤	㉢ 물기가 거의 없습니다.
15분 뒤	㉣ 물기가 얼음으로 변합니다.

_____

_____

금성

12 다음과 같이 물로 운동장에 그림을 그리면 2시간 뒤 그림이 사라져 보이지 않는 까닭으로 옳은 것은 어느 것입니까? (   )

① 물이 모래로 변했기 때문이다.
② 물이 얼음으로 변했기 때문이다.
③ 물이 고체로 변해 잘게 부서졌기 때문이다.
④ 물이 고체로 변해 공기 중으로 날아갔기 때문이다.
⑤ 물이 수증기로 변해 공기 중으로 날아갔기 때문이다.

7종 공통

13 다음 중 우리 주변에서 볼 수 있는 증발 현상이 아닌 것은 어느 것입니까? (   )

① 감 말리기   ② 물감 말리기
③ 얼음 얼리기   ④ 빨래 말리기

7종 공통

14 다음은 물이 끓을 때의 특징을 관찰한 결과입니다. 물이 끓기 전과 물이 끓을 때 중 ㉠과 ㉡은 각각 어느 경우인지 골라 쓰시오.

㉠	㉡
크고 작은 기포가 많이 생기고, 물 표면이 울퉁불퉁해짐.	시간이 지나면 물속에 작은 기포가 조금씩 생김.

㉠ (   ) ㉡ (   )

7종 공통

15 증발과 끓음이 일어날 때의 상태 변화를 다음 보기와 같은 방법으로 쓰시오.

보기
물이 얼 때: 물 → 얼음

(1) 증발: (   )
(2) 끓음: (   )

16 다음 중 증발과 끓음을 바르게 비교하여 설명한 친구의 이름을 쓰시오.

> 남일: 증발할 때와 끓을 때에는 둘 다 물의 양이 줄어들어.
> 수영: 증발과 끓음은 모두 물을 얼릴 때 일어나는 현상이야.
> 승우: 증발은 물속에서만 일어나고, 끓음은 물 표면에서만 일어나.

(   )

17 오른쪽과 같이 주스와 얼음을 넣은 플라스틱병에서 나타나는 변화로 옳은 것은 어느 것입니까?

(   )

주스 + 얼음

① 플라스틱병이 깨진다.
② 플라스틱병 안의 물이 끓는다.
③ 플라스틱병 안의 물이 얼어붙는다.
④ 플라스틱병 안의 물이 새어 나온다.
⑤ 플라스틱병 표면에 작은 물방울이 맺힌다.

18 다음 중 수증기가 응결할 때의 물의 상태 변화를 바르게 나타낸 것은 어느 것입니까? (   )

① 고체 상태 → 액체 상태
② 고체 상태 → 기체 상태
③ 액체 상태 → 기체 상태
④ 기체 상태 → 액체 상태
⑤ 기체 상태 → 고체 상태

서술형·논술형 문제

19 추운 겨울날 유리창 안쪽에 오른쪽과 같이 물방울이 생겼습니다. [총 10점]

(1) 위에서 나타난 물의 상태 변화로 옳은 것의 기호를 쓰시오. [4점]

> ㉠ 수증기 → 물   ㉡ 물 → 수증기

(   )

2 단원

진도 완료 체크

(2) 우리 생활에서 위와 같은 물의 상태 변화를 관찰할 수 있는 예를 한 가지 쓰시오. [6점]

_____

_____

천재, 금성, 김영사, 동아, 아이스크림, 지학사

20 다음 중 물이 수증기로 변하는 상태 변화를 이용하는 예를 두 가지 고르시오. (,   )

△ 인공 눈 만들기

△ 가습기 틀기

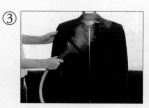

△ 스팀다리미로 옷의 주름 펴기

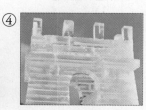

△ 얼음 조각 작품 만들기

이 단원의 학습	초등 6학년	중학교
그림자와 거울	빛과 렌즈	빛과 파동
그림자와 거울을 통해 빛의 직진과 빛의 반사에 대해 배워요.	렌즈의 모양과 위치에 따른 물체의 모습에 대해 배울 거예요.	빛 때문에 볼 수 있고, 파동 때문에 소리가 전달된다는 것에 대해 배울 거예요.

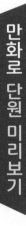

그림자와 거울

3

이어서
개념 웹툰

개념 1 **그림자가 생기는 조건 알아보기** 탐구활동  내 교과서 살펴보기 / 천재, 금성, 김영사, 아이스크림

1. 빨대를 꽂은 공을 흰 종이 앞에 놓았을 때

 공 ←흰 종이 → 그림자가 생기지 않음.

2. 손전등을 흰 종이에 바로 비추었을 때

손전등 → 그림자가 생기지 않음.

3. 공을 흰 종이 앞에 놓은 뒤 손전등을 비추었을 때

 그림자 → 그림자가 생김.

└→ 물체의 뒤쪽에 그림자가 생깁니다.

그림자가 생기려면 빛을 물체를 바라보는 방향으로 비추어야 해.

개념 2 **투명한 물체와 불투명한 물체의 그림자**

실험 동영상

1. **투명한 물체와 불투명한 물체의 그림자 비교하기** 탐구활동

└ 손전등, 물체, 스크린을 차례대로 놓고 스크린에 그림자를 만듭니다.

투명한 물체의 그림자	불투명한 물체의 그림자
투명 플라스틱 컵	종이컵
• 그림자가 연함.	• 그림자가 진함.
• 빛이 대부분 통과함.	• 빛이 통과하지 못함.

알 수 있는 점 ➡ 빛이 물체를 통과하는 정도에 따라 그림자의 진하기가 달라짐.

2. **투명한 물체와 불투명한 물체의 예**

① 투명한 물체: 유리, 안경알, 유리컵, 무색 비닐 등
② 불투명한 물체: 책, 그늘막, 나무, 창틀, 안경테 등

☑ **그림자가 생기는 조건**

그림자가 생기려면 ❶ [ㅂ] 과 물체가 필요합니다.

우리 둘이 있어야 그림자가 생겨!

☑ **그림자 진하기**

빛이 물체를 ❷ [ㅌ][ㄱ] 하는 정도에 따라 그림자의 진하기가 다릅니다.

너는 나를 통과하지 못해!

정답 ❶ 빛 ❷ 통과

개념 ③ 물체 모양과 그림자 모양

1. 물체 모양과 그림자 모양 비교하기 탐구활동

손전등, 종이, 스크린을 차례대로 놓고 스크린에 그림자를 만들어.

① 여러 가지 모양 종이의 그림자

삼각형 모양 종이의 그림자	원 모양 종이의 그림자	별 모양 종이의 그림자

알 수 있는 점 ➡ 물체의 모양과 그림자의 모양이 같음.

내 교과서 살펴보기 / **천재, 금성, 김영사, 동아, 아이스크림, 지학사**

② 물체를 돌려 방향을 바꾸었을 때 생기는 그림자의 모습

우유로 만든 여러 가지 모양의 그림자

알 수 있는 점 ➡ 같은 물체라도 물체를 놓는 방향이 달라지면 그림자의 모양이 달라지기도 함.

중요 2. 빛의 직진: 빛이 곧게 나아가는 성질

예 태양이나 전등에서 나오는 빛은 사방으로 곧게 나아갑니다.

🔺 태양에서 나온 빛

3. 물체의 모양과 그림자의 모양이 비슷한 까닭

: 빛이 곧게 나아가다 물체를 만나면 빛이 통과하지 못하는 부분에 그림자가 생기기 때문입니다.

개념 체크

☑ **물체의 모양과 그림자 모양**

물체의 모양과 그림자의 모양은 ❸ (같습 / 다릅)니다.

엇!

우리 똑같이 생겼다!

☑ **빛의 직진**

빛이 곧게 나아가는 성질을 빛의 ❹ ㅈ ㅈ 이라고 합니다.

슈우우욱

난 항상 직선으로 달리지!

정답 ❸ 같습 ❹ 직진

3 단원

실험 동영상

개념 ④ 크기가 변하는 그림자

1. 그림자의 크기 변화 관찰하기 탐구활동
└→ 손전등의 위치에 따른 그림자의 크기 변화를 관찰합니다.

① 물체와 스크린은 그대로 두고 손전등을 물체에 가깝게 할 때

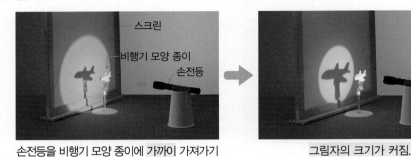

손전등을 비행기 모양 종이에 가까이 가져가기

그림자의 크기가 커짐.

② 물체와 스크린은 그대로 두고 손전등을 물체에서 멀리 할 때

손전등을 비행기 모양 종이에서 멀리 가져가기

그림자의 크기가 작아짐.

└→ 그림자의 크기는 손전등과 물체 사이의 거리에 따라서 달라집니다.

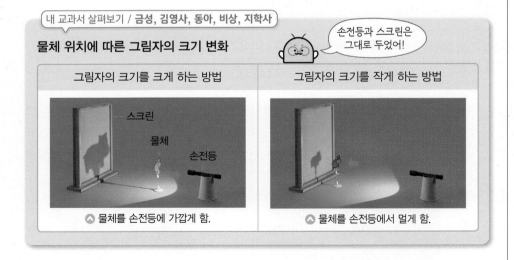

내 교과서 살펴보기 / 금성, 김영사, 동아, 비상, 지학사

물체 위치에 따른 그림자의 크기 변화

손전등과 스크린은 그대로 두었어!

그림자의 크기를 크게 하는 방법	그림자의 크기를 작게 하는 방법
스크린 / 물체 / 손전등	스크린 / 물체 / 손전등
▲ 물체를 손전등에 가깝게 함.	▲ 물체를 손전등에서 멀게 함.

└→ 물체와 손전등의 위치는 그대로 둡니다.

2. 스크린 위치에 따른 그림자의 크기 변화 내 교과서 살펴보기 / 천재, 동아, 아이스크림

① 그림자의 크기를 크게 하는 방법: 스크린을 물체에서 멀리 가져갑니다.

② 그림자의 크기를 작게 하는 방법: 스크린을 물체에 가까이 가져갑니다.

☑ **손전등의 위치에 따른 그림자의 크기**

물체와 스크린을 그대로 두었을 때, 손전등이 물체와 ❺ ㄱ ㄲ ㅇ 있을수록 그림자는 커집니다.

나 왜 이렇게 커졌지?

내가 물체랑 가까이 있어서 그렇지!

☑ **스크린 위치에 따른 그림자의 크기**

물체와 손전등을 그대로 두었을 때, 스크린이 물체와 멀어질수록 그림자는 ❻ (커 / 작아)집니다.

내가 물체랑 멀리 있어서 그래!

사 사삭

나 왜 이렇게 커졌지?

정답 ❺ 가까이 ❻ 커

개념 다지기

1 다음과 같이 손전등, 공, 흰 종이의 위치를 다르게 하여 놓았을 때의 결과에 맞게 줄로 바르게 이으시오.

[출] 천재, 금성, 김영사, 아이스크림

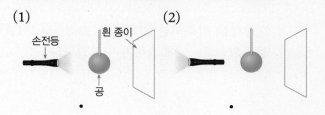

(1)　　　　　　　(2)

ㄱ 　흰 종이에 공 그림자가 생기지 않음.

ㄴ 　흰 종이에 공 그림자가 생김.

2 다음 중 손전등을 비추었을 때 더 연한 그림자가 생기는 물체를 골라 기호를 쓰시오.

7종 공통

ㄱ ▲ 투명 플라스틱 컵　　　ㄴ ▲ 종이컵

(　　　　　　)

3 다음은 빛이 나아가는 모습에 대한 설명입니다. (　) 안의 알맞은 말에 ○표를 하시오.

7종 공통

빛은 태양이나 전등에서 나와 사방으로 (곧게 / 구불구불하게) 나아갑니다.

4 다음 중 그림자의 모양에 대하여 옳게 설명한 친구의 이름을 쓰시오.

천재, 금성, 김영사, 동아, 아이스크림, 지학사

태민: 빛이 나아가다 물체를 만나면 빛이 통과하는 부분에 그림자가 생겨.
아름: 별 모양 종이의 그림자는 항상 원형이야.
종현: 같은 물체라도 물체를 놓는 방향에 따라 그림자의 모양이 달라질 수 있어.

(　　　　　　)

5 다음 중 그림자의 크기에 영향을 주는 것은 어느 것입니까? (　　　)

7종 공통

① 물체의 색깔
② 물체의 종류
③ 손전등의 무게
④ 스크린의 모양
⑤ 손전등과 물체 사이의 거리

6 다음과 같이 물체와 스크린은 그대로 두고 손전등의 위치만 옮겼을 때, 그림자의 크기가 더 큰 것을 골라 기호를 쓰시오.

7종 공통

ㄱ ──스크린　손전등　──물체
▲ 손전등과 물체가 먼 경우

ㄴ
▲ 손전등과 물체가 가까운 경우

(　　　　　　)

3 단원

Step 1 단원평가

7종 공통

[1~5] 다음은 개념 확인 문제입니다. 물음에 답하시오.

1 그림자가 생기게 하려면 빛과 무엇이 필요합니까?

( )

2 투명한 물체와 불투명한 물체 중 더 연한 그림자가 생기는 것은 어느 것입니까?

( )

3 손전등, 별 모양 종이, 스크린을 차례대로 놓고 스크린에 그림자를 만들 때, 그림자는 어떤 모양입니까?

( )

4 빛이 곧게 나아가는 성질을 무엇이라고 합니까?

( )

5 물체와 스크린을 그대로 두었을 때, 손전등을 물체에 더 가까이 가져가면 그림자는 어떻게 됩니까?

( )

천재, 금성, 김영사, 아이스크림

6 다음 중 흰 종이에 공의 그림자가 생기는 경우를 골라 기호를 쓰시오.

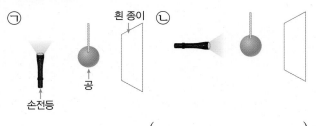

( )

7 다음은 그림자가 생기는 위치에 대한 설명입니다. □ 안에 들어갈 알맞은 말을 쓰시오.

7종 공통

> 물체를 바라보는 방향으로 손전등을 비추면 물체의 □ 에 그림자가 생깁니다.

( )

7종 공통

8 다음 중 손전등의 빛을 비추었을 때 진한 그림자가 생기는 물체는 어느 것입니까? ( )

① 유리컵 ② 종이컵
③ 무색 비닐 ④ 유리창

7종 공통

9 다음과 같이 투명 플라스틱 컵을 바라보며 빛을 비추었을 때 나타나는 결과에 대한 설명으로 옳은 것을 두 가지 고르시오. (,)

① 진한 그림자가 생긴다.
② 연한 그림자가 생긴다.
③ 그림자가 생기지 않는다.
④ 빛이 투명 플라스틱 컵을 대부분 통과한다.
⑤ 빛이 투명 플라스틱 컵을 통과하지 못한다.

7종 공통

10 다음 중 그림자의 모양이 물체의 모양과 비슷한 까닭으로 옳은 것은 어느 것입니까? (   )

① 빛이 휘어지기 때문이다.

② 빛의 방향이 바뀌기 때문이다.

③ 빛이 곧게 나아가기 때문이다.

④ 빛이 물체를 통과하기 때문이다.

⑤ 빛이 물체와 만나지 못하기 때문이다.

천재, 금성, 김영사, 동아, 아이스크림, 지학사

11 다음 중 아래와 같이 장치한 후 둥근 기둥 블록을 돌려 방향을 바꾸었을 때 생길 수 있는 그림자의 모양으로 옳지 <u>않은</u> 것을 보기 에서 골라 기호를 쓰시오.

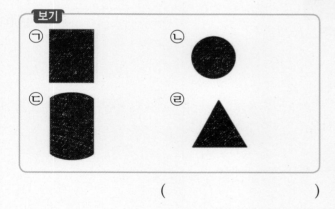

(　　　　　)

7종 공통

12 다음은 그림자의 크기에 대한 설명입니다. (   ) 안의 알맞은 말에 ○표를 하시오.

> 그림자의 크기는 손전등과 물체 사이의 (거리 / 무게)에 따라서 달라집니다.

7종 공통

13 다음과 같이 장치한 후, 물체와 스크린은 그대로 두고 손전등의 위치만 옮겼을 때 생기는 그림자의 크기에 맞게 줄로 바르게 이으시오.

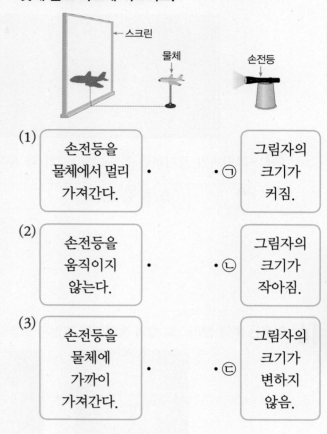

(1) 손전등을 물체에서 멀리 가져간다. ·

· ㉠ 그림자의 크기가 커짐.

(2) 손전등을 움직이지 않는다. ·

· ㉡ 그림자의 크기가 작아짐.

(3) 손전등을 물체에 가까이 가져간다. ·

· ㉢ 그림자의 크기가 변하지 않음.

천재, 동아, 아이스크림

14 다음 중 그림자의 크기 변화를 관찰한 결과에 대해 옳게 설명한 친구의 이름을 쓰시오.

> 진기: 스크린과 물체를 그대로 두고, 손전등을 물체에 가까이 가져가면 그림자의 크기는 작아져.
>
> 지윤: 물체와 손전등을 그대로 두고, 스크린을 물체에서 멀리 가져가면 그림자의 크기는 작아져.
>
> 기범: 그림자의 크기를 크게 하려면, 스크린과 물체를 그대로 두고 물체와 손전등 사이의 거리를 가깝게 해야 해.

(　　　　　)

천재, 금성, 김영사, 아이스크림

15 다음은 둥근 공, 흰 종이, 손전등을 이용하여 그림자가 생기는 조건을 확인하는 실험입니다. 그림자가 생기는 조건을 쓰시오.

손전등

둥근 공

흰 종이

답 • 그림자가 생기려면 ❶ [   ] 와/과 물체가 필요하다.

• ❶ [   ] 을/를 물체를 ❷ [   ] 방향으로 비추어야 한다.

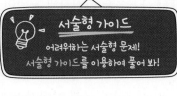

서술형 가이드

어려워하는 서술형 문제!
서술형 가이드를 이용하여 풀어 봐!

15 물체의 뒤쪽에 그림자가 생기는 것은 손전등을 물체를 [ ][ ][ ][ ] 방향으로 비추었기 때문입니다.

7종 공통

16 다음은 투명 플라스틱 컵과 종이컵의 그림자 모습입니다.

㉠

투명 플라스틱 컵

㉡

종이컵

⬆ 투명 플라스틱 컵의 그림자   ⬆ 종이컵의 그림자

(1) 위에서 진한 그림자가 생긴 것을 골라 기호를 쓰시오.

(   )

(2) 위의 (1)번 답과 같이 진한 그림자가 생기는 까닭을 쓰시오.

_____

_____

16 (1) 빛을 비추었을 때 불투명한 물체는 투명한 물체에 비해 더 (연한 / 진한) 그림자가 생깁니다.

(2) 불투명한 물체의 경우 빛이 [ ][ ] 하지 못합니다.

7종 공통

17 오른쪽과 같이 물체의 모양과 그림자의 모양이 비슷한 까닭을 쓰시오.

_____

_____

⬆ 원 모양 종이의 그림자

17 빛이 (곧게 / 휘어지게) 나아 가기 때문에 물체의 모양과 그림자의 모양은 비슷합니다.

학습 주제 그림자의 크기 변화 관찰하기

학습 목표 손전등과 물체 사이의 거리에 따른 그림자의 크기 변화를 설명할 수 있다.

수행평가 가이드
다양한 유형의 수행평가!
수행평가 가이드를 이용해 풀어 봐!

[18~20] 다음은 그림자의 크기 변화를 관찰하는 실험입니다.

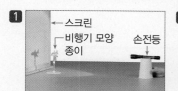
손전등으로 빛을 비추어 스크린에 그림자가 생기도록 하기

손전등을 비행기 모양 종이에 ⑤ 가져가기

손전등을 비행기 모양 종이에서 ⑥ 가져가기

7종 공통

18 위의 ⑤과 ⑥에 들어갈 알맞은 과정을 쓰시오.

⑤ (   ) ⑥ (   )

손전등 위치에 따른 그림자의 크기 변화
손전등과 물체 사이의 거리에 따라 그림자의 크기가 변합니다.

3 단원

진도 완료 체크

7종 공통

19 다음은 위의 과정으로 만들어진 그림자의 크기를 비교한 것입니다. ☐ 안에 들어갈 알맞은 과정의 번호를 골라 쓰시오.

그림자의 크기 비교
▲ ❶의 그림자   <   ▲ ☐의 그림자

(   )

손전등을 물체에 가까이 가져가면 그림자의 크기가 커져.

천재, 동아, 아이스크림

20 비행기 모양 종이와 손전등은 그대로 두고 스크린만 움직여 그림자의 크기를 더 작게 만드는 방법을 쓰시오.

_____

_____

스크린 위치에 따른 그림자의 크기 변화
물체와 손전등은 그대로 두고 스크린을 움직여 그림자의 크기를 바꿀 수 있습니다.

개념 ① 거울에 비친 물체의 모습

1. 물체와 거울에 비친 모습 비교하기 탐구활동

실제 모습	거울에 비친 모습

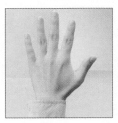

◎ 왼손

◎ 실제 손의 색깔과 같고
오른손처럼 보임.

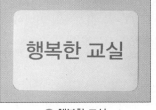

◎ 행복한 교실

◎ 실제 글자 카드의 색깔과
상하는 같고 좌우는 다름.

2. 실제 물체와 거울에 비친 물체 모습의 공통점과 차이점

공통점	물체의 색깔과 상하는 바뀌어 보이지 않음.
차이점	물체의 좌우는 바뀌어 보임.

**3. 구급차 앞부분 글자의 좌우가 바뀌어
있는 까닭:** 자동차의 뒷거울로 구급차를
보았을 때 글자가 똑바로 보이도록 하기
위해서입니다.

내 교과서 살펴보기 / 지학사

거울에 비친 모양과 실제 모양이 같은 것 → 정삼각형, 정사각형, 동그라미 등과 같이 좌우의 모양이
같은 도형도 거울에 비친 모양과 실제 모양이 같습니다.

| 거울에 비친 모양과 실제 모양이
같은 글자 | 거울에 비친 모양과 실제 모양이
같은 숫자 |
|---|---|
| 몸, 용, 봄 | 0, 1, 8 |

☑ 거울에 비친 손의 모습

왼손을 거울에 비추면, 거울에 비친
손은 ❶ ㅇ ㄹ ㅅ 처럼 보입
니다.

왼손을 들고
있는데······.

☑ 거울에 비친 물체의 모습

거울에 물체를 비추어 보면 물체의
❷ ㅈ ㅇ 가 바뀌어 보입니다.

나 '토끼'라구!

개념 ② 거울에 부딪쳐 나아가는 빛의 모습

1. 빛이 거울에 부딪쳐 나아가는 모습 관찰하기 탐구활동

실험 동영상

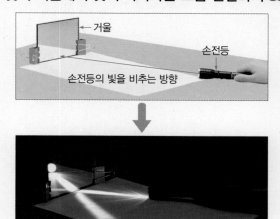

알 수 있는 점

손전등의 빛이 거울에 부딪치면 거울에서 빛의 방향이 바뀜.

⬆ 손전등 빛이 거울에 부딪쳐 나아가는 모습

2. 종이 상자 속 꽃에 빛을 보내기

내 교과서 살펴보기 / 천재

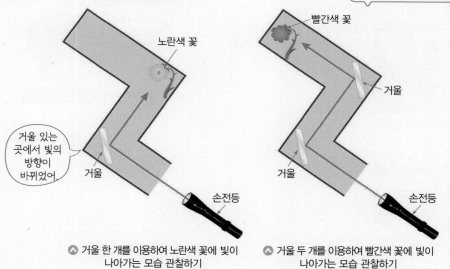

⬆ 거울 한 개를 이용하여 노란색 꽃에 빛이 나아가는 모습 관찰하기

⬆ 거울 두 개를 이용하여 빨간색 꽃에 빛이 나아가는 모습 관찰하기

3. 빛의 반사

① 빛이 나아가다가 거울에 부딪치면 거울에서 빛의 방향이 바뀝니다.

② 빛의 반사: 빛이 나아가다가 거울에 부딪치면 빛의 방향이 바뀌는 성질

③ 거울은 빛의 반사를 이용해 물체의 모습을 비추는 도구입니다.
↳ 거울의 위치를 바꾸면 빛의 방향을 바꿀 수 있습니다.

☑ **빛이 거울에 부딪쳐 나아가는 모습**

빛이 나아가다가 거울에 부딪치면 거울에서 빛의 ❸(방향 / 색깔)이 바뀝니다.

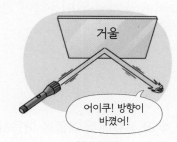

☑ **빛의 반사**

빛이 나아가다가 거울에 부딪쳐서 빛의 방향이 바뀌는 성질을 빛의 ❹ ㅂ ㅅ 라고 합니다.

개념③ 생활 속 거울의 이용

1. 거울의 쓰임새

① 거울을 이용하여 자신의 모습을 보거나 주변에 있는 다른 모습을 봅니다.

② 거울의 성질을 이용하여 건축물 또는 예술 작품을 만듭니다.

중요 2. 우리 생활에서 거울을 이용하는 예

⊙ 세면대 거울: 세수할 때 자신의 얼굴 보기

⊙ 미용실 거울: 손질한 머리 모양 확인하기

⊙ 화장대 거울: 화장이나 머리 손질을 할 때 자신의 모습 보기

자동차 뒤의 도로 상황을 알 수 있어.

⊙ 자동차 뒷거울: 뒤 자동차의 모습 보기

⊙ 무용실 거울: 무용하는 자신의 모습 보기

⊙ 옷 가게 거울: 옷을 입은 모습 보기

⊙ 신발 가게 거울: 신발 신은 모습 보기

승강기 안에 거울을 설치했더니 공간이 더 넓어 보여!

⊙ 승강기 거울: 자신의 모습 보기

☑ 거울의 이용

자신의 모습을 비추어 볼 때에는 ❺ (거울 / 저울)을 사용합니다.

내 모습이 잘 보여!

☑ 자동차 뒷거울

자동차 뒷거울로 ❻ (앞 / 뒤)쪽 도로 상황을 알 수 있습니다.

뒤에 무슨 일이 있는지 잘 보이네!

정답 ❺ 거울 ❻ 뒤

내 교과서 살펴보기 / 아이스크림

두 개의 거울을 이용하는 예

거울 두 개를 이용하면 뒷모습이 뒤쪽 거울에 반사되어 앞쪽 거울에 비치게 되어 뒷모습을 확인할 수 있습니다.

개념 다지기

1 다음은 거울에 비친 손의 모습입니다. 실제 손은 오른손인지, 왼손인지 쓰시오. _{7종 공통}

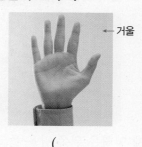
← 거울

(   )

2 오른쪽의 글자를 거울에 비췄을 때의 모양으로 옳은 것은 어느 것입니까? (   ) _{7종 공통}

우정

① 웅우 ② 우앙

③ 앙우 ④ 웅우

⑤ 우정

3 다음에서 거울에 비친 모습의 특징을 줄로 바르게 이으시오. _{7종 공통}

(1) 물체의 좌우 ・

・㉠ 바뀌어 보임.

(2) 물체의 상하 ・

・㉡ 바뀌어 보이지 않음.

4 다음은 빛의 반사에 대한 내용입니다. (   ) 안의 알맞은 말에 ○표를 하시오. _{7종 공통}

빛이 나아가다가 거울에 부딪치면 빛의 (방향 / 무게)(이)가 바뀝니다.

5 다음 빛의 반사에 대한 설명 중 옳은 것에는 ○표, 옳지 않은 것에는 ×표를 하시오. _{7종 공통}

(1) 빛이 나아가다가 거울에 부딪치면 빛이 통과하는 성질입니다. (   )

(2) 거울의 위치를 바꾸면 빛의 방향을 바꿀 수 있습니다. (   )

6 다음 중 생활 속 거울의 이용에 대한 설명으로 옳지 않은 것은 어느 것입니까? (   ) _{7종 공통}

① 승강기의 거울은 공간을 넓어 보이게 한다.

② 거울 두 개를 사용하여 뒷모습을 볼 수 있다.

③ 거울로 건축물이나 예술 작품을 만들 수 없다.

④ 세면대 거울로 세수할 때 자신의 얼굴을 볼 수 있다.

⑤ 미용실에서 거울을 이용해 손질한 머리를 확인할 수 있다.

단원 실력 쌓기

Step 1 단원평가

7종 공통

[1~5] 다음은 개념 확인 문제입니다. 물음에 답하시오.

1 물체를 거울에 비추어 보면 물체의 무엇이 바뀌어 보입니까? (   )

2 물체를 거울에 비추어 보면 색깔과 함께 물체의 무엇이 바뀌지 않습니까? (   )

3 빛이 나아가다가 거울에 부딪치면 빛의 무엇이 바뀝니까? (   )

4 위의 **3**번과 같은 빛의 성질을 무엇이라고 합니까? (   )

5 빛의 반사를 이용해 자신의 모습을 보거나 주변에 있는 다른 모습을 볼 수 있는 도구는 무엇입니까? (   )

7종 공통

6 다음 중 '사과'라는 글자를 거울에 비추어 보았을 때 거울에 나타나는 글자 모양으로 옳은 것을 골라 기호를 쓰시오.

(   )

7종 공통

7 다음은 인형을 거울에 비춘 모습입니다. 이에 대한 설명으로 옳지 <u>않은</u> 것은 어느 것입니까? (   )

① 실제 인형은 왼쪽 팔을 들고 있다.
② 거울에 비친 인형은 모자를 쓰고 있다.
③ 거울에 비친 인형은 왼쪽 팔을 들고 있다.
④ 거울에 비친 인형은 검은색 바지를 입고 있다.
⑤ 실제 인형과 거울의 비친 인형의 상하는 변하지 않는다.

지학사

8 다음 보기 에서 거울에 비친 모습과 실제 모습이 같은 도형을 골라 기호를 쓰시오.

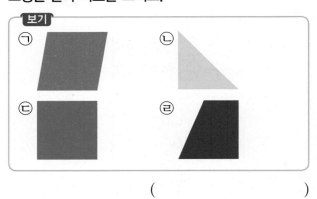

(   )

지학사

9 다음 중 실제 글자와 거울에 비친 글자의 모습이 다른 것은 어느 것입니까? (   )
① 몸   ② 복   ③ 용
④ 봄   ⑤ 응

7종 공통

10 다음과 같이 거울을 향해 손전등 빛을 비추었을 때 빛이 나아가는 모습으로 옳은 것을 보기 에서 골라 기호를 쓰시오.

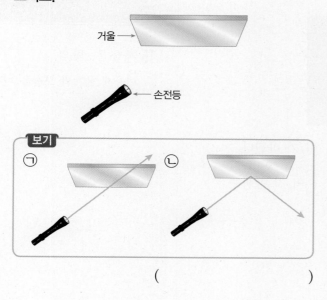

(   )

천재

11 다음과 같이 종이 상자 입구에 손전등 빛을 비추어 종이 상자 속 노란색 꽃에 손전등 빛을 보내려고 할 때, 거울의 위치로 옳은 곳은 어느 것입니까? (   )

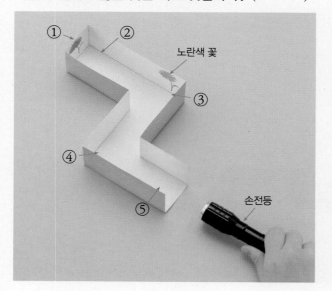

7종 공통

12 다음의 상황들에 이용된 빛의 성질로 옳은 것은 어느 것입니까? (   )

⬆ 자동차 뒷거울   ⬆ 신발 가게의 거울

① 빛의 반사   ② 빛의 색깔
③ 빛의 세기   ④ 빛의 모양
⑤ 빛의 빠르기

7종 공통

13 다음 중 우리 생활에서 거울을 이용하는 예로 옳지 <u>않은</u> 것은 어느 것입니까? (   )

① 세면대에서 세수하는 모습을 볼 때
② 승강기의 공간을 넓어 보이게 할 때
③ 과일 가게에서 과일의 무게를 측정할 때
④ 무용실에서 무용하는 자신의 모습을 볼 때
⑤ 화장대 앞에서 화장이나 머리 손질하는 모습을 볼 때

7종 공통

14 다음 거울과 거울의 쓰임새를 줄로 바르게 이으시오.

(1)    ·   · ㉠ 옷을 입은 모습 보기

(2)    ·   · ㉡ 무용하는 모습 보기

7종 공통

15 다음은 손전등 빛을 거울의 맨 아랫부분에 닿도록 비춘 모습입니다. 이를 통해 알 수 있는 빛이 나아가는 모습과 그 성질에 대해 쓰시오.

거울
손전등

답 • 빛이 거울에 부딪치면 거울에서 빛의 **❶**［　　　　　　］이/가 바뀐다.

　　• 빛이 나아가다가 거울에 부딪치면 빛의 **❶**［　　　　　　］이/가 바뀌는 성질을 빛의 **❷**［　　　　　　］라고 한다.

서술형 가이드
어려워하는 서술형 문제!
서술형 가이드를 이용하여 풀어 봐!

15 거울은 빛의 ［　　］를 이용해 물체의 모습을 비추는 도구입니다.

7종 공통

16 다음은 거울에 비친 문장의 모습입니다.

> 이너허0좋 l저엉

(1) 위의 거울에 비친 모습의 실제 문장은 무엇인지 쓰시오.

(2) 거울에 비친 문장의 모습과 실제 문장의 공통점을 쓰시오.

_____

_____

16 (1) 글자를 거울에 비추어 보면 (좌우 / 상하)가 바뀌어 보입니다.

　　(2) 글자를 거울에 비추어 보면 (좌우 / 색깔)은 바뀌어 보이지 않습니다.

천재, 김영사, 동아, 비상, 지학사

17 오른쪽과 같이 승강기에 거울을 달면 좋은 점을 두 가지 쓰시오.

_____

_____

9F

17 승강기의 거울을 통해 공간이 (좁게 / 넓게) 보입니다.

Step 3 수행평가

학습 주제 거울에 비친 물체의 모습과 실제 물체 비교하기

학습 목표 물체와 거울에 비친 모습을 비교하여 거울의 성질을 설명할 수 있다.

[18~20] 다음은 거울에 비친 물체의 모습을 관찰하는 실험입니다.

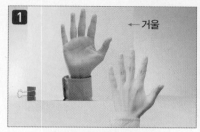

🔺 거울 앞에 왼손을 비춤.

🔺 거울 앞에 인형을 비춤.

🔺 거울 앞에 글자 카드를 비춤.

🔺 거울 앞에 글자 카드를 비춤.

7종 공통

18 위의 과정 4의 실제 글자 카드에 적힌 글자를 쓰시오.

(   )

7종 공통

19 다음은 위의 실험 결과를 정리한 것입니다. ☐ 안에 들어갈 알맞은 말을 쓰시오.

결과	1 손의 색깔은 변하지 않았지만 왼손을 거울에 비추어 보면 ❶ [ ]처럼 보임. 2 인형의 모자와 옷의 색깔은 바뀌지 않았지만 인형이 들고 있는 팔은 바뀜. 3 글자의 색깔은 ❷ [ ]이고 위와 아래는 변화가 없지만 왼쪽과 오른쪽이 바뀜.

7종 공통

20 위 실험 결과를 통해 알게 된 실제 물체와 거울에 비친 물체 모습의 공통점과 차이점을 쓰시오.

거울

거울은 빛의 반사를 이용해 물체의 모습을 비추는 도구입니다.

거울에 비친 물체의 색깔과 실제 물체의 색깔

거울에 비친 물체의 색깔은 실제 물체의 색깔과 같습니다.

거울에 비친 모습에서 바뀌는 것은 좌우야.

배점 표시가 없는 문제는 문제당 4점입니다.

천재, 금성, 김영사, 아이스크림

1 다음 보기 에서 흰 종이에 공의 그림자가 생기는 경우로 옳은 것을 골라 기호를 쓰시오.

> 보기
> ㉠ 공 없이 손전등 빛만 비추었을 때 그림자가 생깁니다.
> ㉡ 손전등 없이 공을 흰 종이 앞에 놓았을 때 그림자가 생깁니다.
> ㉢ 손전등 – 공 – 흰 종이 순으로 놓고 공에 손전등 빛을 비추어야 그림자가 생깁니다.

( )

7종 공통

2 다음 중 그림자가 생기는 조건에 대해 <u>잘못</u> 말한 친구의 이름을 쓰시오.

> 현영: 빛과 물체가 있어야 그림자가 생겨.
> 원석: 빛을 물체를 바라보는 방향으로 비추어야 하지.
> 지원: 물체에 빛을 비추면 물체의 앞쪽에 그림자가 생겨.

( )

7종 공통

3 다음의 물체에 생긴 그림자의 특징을 줄로 바르게 이으시오.

(1) 안경알 •　　　• ㉠ 그림자가 연함.

(2) 그늘막 •　　　• ㉡ 그림자가 진함.

서술형·논술형 문제

7종 공통

4 다음의 책과 무색 비닐에 각각 손전등을 비추었을 때 연한 그림자가 생기는 것을 고르고, 그 까닭을 쓰시오.

[8점]

⌃ 책

⌃ 무색 비닐

_____

_____

7종 공통

5 다음과 같이 종이컵에 손전등의 빛을 비추었을 때 생기는 그림자에 대한 설명으로 옳은 것을 두 가지 고르시오. (,)

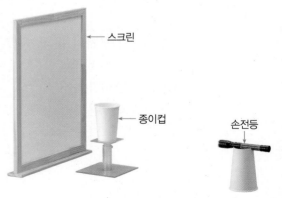
스크린
종이컵
손전등

① 그림자가 연하다.
② 그림자가 진하다.
③ 그림자가 선명하다.
④ 그림자가 흐릿하다.
⑤ 그림자가 생기지 않는다.

[6~7] 다음은 어떤 물체를 손전등 빛 앞에서 여러 방향으로 놓았을 때의 그림자입니다. 물음에 답하시오.

천재, 금성, 김영사, 동아, 아이스크림, 지학사

6 다음 중 위의 그림자를 만든 알맞은 물체를 골라 기호를 쓰시오.

(   )

7종 공통

7 다음 중 위의 그림자에 대한 설명으로 옳은 것은 어느 것입니까? (   )

① 빛이 통과하는 부분에 그림자가 생긴다.
② 빛이 반사되기 때문에 그림자가 생긴다.
③ 같은 물체라면 그림자의 모양이 항상 같다.
④ 스크린 – 손전등 – 물체 순으로 놓아야 그림자가 생긴다.
⑤ 같은 물체라도 물체를 놓는 방향에 따라 그림자 모양이 달라질 수 있다.

7종 공통

8 다음의 현상을 설명하는 빛의 성질로 옳은 것은 어느 것입니까? (   )

> 태양이나 전등에서 나오는 빛은 사방으로 곧게 나아갑니다.

① 빛의 무게
② 빛의 색깔
③ 빛의 반사
④ 빛의 직진
⑤ 빛의 빠르기

9 다음은 그림자의 크기 변화를 관찰하는 실험입니다.

[총 10점]

(1) 위의 실험에서 ㉠ 또는 ㉡ 방향으로 손전등을 움직일 때 비행기 모양 종이의 그림자의 크기가 커지는 방향의 기호를 쓰시오. [2점]

(   )

(2) 비행기 모양 종이와 손전등은 그대로 두고 스크린만 움직여 그림자의 크기가 커지는 방법을 쓰시오. [8점]

_____

_____

천재, 동아, 아이스크림

10 다음 중 그림자의 크기를 작게 만드는 방법으로 옳은 것을 두 가지 고르시오. (,   )

① 스크린과 물체를 그대로 두고 손전등을 물체에서 멀리 가져간다.
② 물체와 손전등을 그대로 두고 스크린을 물체에서 멀리 가져간다.
③ 스크린과 물체를 그대로 두고 손전등을 물체에 가까이 가져간다.
④ 물체와 손전등을 그대로 두고 스크린을 물체에 가까이 가져간다.
⑤ 스크린과 손전등을 그대로 두고 물체와 손전등 사이의 거리를 가깝게 한다.

11 다음은 거울 속 물체의 모습과 실제 물체의 모습에 대한 설명입니다. ☐ 안에 들어갈 알맞은 말을 쓰시오.

> 거울에 내 모습을 비추어 보면 옷의 색깔은 실제와 같지만 실제 모습과 ☐이/가 바뀌어 보입니다.

( )

천재, 지학사

12 오른쪽은 시계를 거울에 비추어 본 모습입니다. 시계의 실제 모습으로 옳은 것을 보기 에서 골라 기호를 쓰시오.

보기

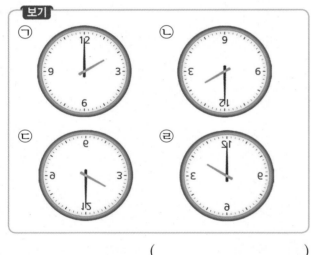

( )

지학사

13 다음 중 거울에 비친 모양과 실제 모양이 같은 숫자는 어느 것입니까? ( )

① 44   ② 55
③ 66   ④ 77
⑤ 88

14 다음 거울에 비친 인형의 모습과 실제 인형의 모습을 비교하여 공통점과 차이점을 쓰시오. [8점]

_____

_____

7종 공통

15 다음과 같이 구급차의 앞부분에 글자의 좌우가 바뀌어 있는 까닭으로 옳은 것은 어느 것입니까? ( )

① 거울에 비추어 보면 물체의 상하가 바뀌기 때문이다.
② 거울에 비추어 보면 물체의 좌우가 바뀌기 때문이다.
③ 거울에 비추어 보면 물체의 색깔이 바뀌지 않기 때문이다.
④ 거울에 비추어 보면 물체의 상하가 바뀌지 않기 때문이다.
⑤ 거울에 비추어 보면 물체의 좌우가 바뀌지 않기 때문이다.

7종 공통

16 다음 중 빛이 나아가는 길에 거울을 놓았을 때에 대한 설명으로 옳은 것은 어느 것입니까? (   )

① 빛이 거울을 통과한다.
② 빛이 거울에 부딪쳐 사라진다.
③ 빛이 거울에 부딪쳐 더 밝아진다.
④ 빛이 거울에 부딪쳐 방향이 바뀐다.
⑤ 빛이 거울에 부딪쳐 더 어두워진다.

천재

17 다음과 같이 빛을 비추어 종이 상자 속 빨간색 꽃에 빛을 보내려고 할 때 거울을 놓아야 하는 위치로 옳은 곳 두 군데의 기호를 쓰시오.

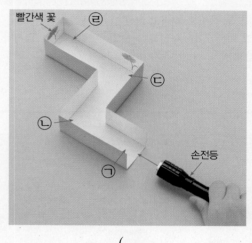

(,   )

7종 공통

18 다음의 거울과 거울의 쓰임새를 줄로 바르게 이으시오.

| (1) 세면대 거울 | • | | • ㉠ | 자동차 뒤의 도로 상황을 확인함. |
| (2) 자동차 뒷거울 | • | | • ㉡ | 세수할 때 얼굴을 봄. |

7종 공통

19 다음 보기에서 거울을 이용한 예에 대한 설명으로 옳지 않은 것을 골라 기호를 쓰시오.

보기
㉠ 승강기 안의 거울은 공간을 작아 보이게 합니다.
㉡ 옷가게 거울을 통해 옷을 입은 자신의 모습을 볼 수 있습니다.
㉢ 화장대 거울을 통해 화장이나 머리 손질을 할 때 자신의 모습을 볼 수 있습니다.

(   )

🔧 서술형·논술형 문제

7종 공통

20 다음은 우리 생활에서 거울을 이용하는 예입니다.

[총 10점]

⬆ 자동차 뒷거울

⬆ 무용실 거울

⬆ 미용실 거울

⬆ 옷가게 거울

(1) 위에서 다음과 같은 효과를 주는 거울은 어느 것인지 쓰시오. [4점]

머리를 자른 후 손질한 머리 모양을 확인하며, 두 개의 거울을 이용하면 뒷모습을 볼 수 있습니다.

(   )

(2) 무용실 거울의 쓰임새를 한 가지 쓰시오. [6점]

_____

_____

3 단원

🌸 연관 학습 안내

초등 4학년 1학기	이 단원의 학습	중학교

지층과 화석
지층은 암석들이 층을 이루는 것인데, 그 속에 화석이 있다는 것을 배웠어요.

화산과 지진
화산 활동으로 용암이 분출하고, 지진이 발생하면 땅이 갈라지는 것을 배워요.

지권의 변화
지진과 화산의 분포는 판의 경계와 관계가 있음을 배울 거예요.

만화로 단원 미리 보기

화산과 지진

4

🌸 단원 안내

(1) 화산 / 화강암과 현무암 / 화산 활동이 우리 생활에 미치는 영향
(2) 지진 / 지진 발생 시 대처 방법

개념 ① 화산 관찰하기

1. 화산

화산	마그마가 지표 밖으로 분출하여 생긴 지형
마그마	땅속 깊은 곳에 암석이 녹아 있는 것

2. 우리나라의 화산과 화산이 아닌 산 비교하기 탐구활동

→ 울릉도도 우리나라의 화산입니다.

구분	화산		화산이 아닌 산	
	한라산	백두산	설악산	지리산
모습				
특징	• 산꼭대기가 움푹 파여 있음. • 한라산은 산꼭대기에 분화구가 있고, 백두산은 산꼭대기에 큰 호수가 있음.		• 산꼭대기가 파여 있지 않음. • 설악산은 산꼭대기에 뾰족한 산봉우리가 많고, 지리산은 산꼭대기가 길게 연결되어 있음.	

용어 마그마가 분출하면서 생긴 움푹 파인 지형

→ 위로 볼록하며, 분화구가 없습니다.

3. 화산의 특징

① 마그마가 분출한 흔적이 있습니다.
② 화산의 크기와 생김새가 다양합니다.
③ 산꼭대기에 용암이 분출한 분화구가 있는 곳이 있습니다.
④ 현재 화산 활동이 일어나고 있는 화산의 경우 연기가 나거나 용암이 흘러나옵니다.

→ 물이 고여 있기도 합니다.

[내 교과서 살펴보기 / **천재**]

세계 여러 곳의 화산의 모습 → 킬라우에아산(미국), 화이트 아일랜드산(뉴질랜드)도 화산입니다.

⬆ 파리쿠틴산(멕시코)   ⬆ 후지산(일본)   ⬆ 시나붕산(인도네시아)   ⬆ 베수비오산(이탈리아)

➡ 공통점: 산꼭대기가 뾰족하지 않고 움푹 파여 있습니다.

☑ **화산**

❶ ⬜ ⬜ ⬜ 가 지표 밖으로 분출하여 생긴 지형을 화산이라고 합니다.

나는 마그마야! 내가 지표 밖으로 분출하면 화산이 생겨.

☑ **화산의 특징**

산꼭대기에 ❷ ⬜ ⬜ ⬜ 가 있는 곳도 있습니다.

산꼭대기가 움푹 파여 있네.

마그마가 분출한 흔적이 있어.

정답 ❶ 마그마 ❷ 분화구

개념② 화산 활동으로 나오는 물질

실험 동영상

1. 화산 활동 모형 만들기 탐구활동

내 교과서 살펴보기 / **천재, 김영사, 비상, 아이스크림**

실험 방법	알루미늄 포일 / 쿠킹컵	마시멜로 / 식용 색소	은박 접시 / 알코올 램프
	1 알루미늄 포일로 쿠킹 컵을 감싸 화산 활동 모형을 만들기	**2** 쿠킹 컵 속에 마시멜로를 넣은 다음 그 위에 식용 색소를 뿌리기 ↳용암을 나타내기 위해 사용합니다.	**3** 화산 활동 모형을 은박 접시 위에 올린 뒤, 알코올램프로 은박 접시를 가열하기
실험 결과	 연기 / 흐르는 마시멜로 / 굳은 마시멜로	• 화산 모형 윗부분에서 연기가 피어오름. • 녹은 마시멜로가 화산 활동 모형의 입구로 부풀어 오른 후 흘러내림. • 흘러나온 마시멜로는 시간이 지나면 굳음.	

2. 화산 활동 모형실험과 실제 화산 분출물 비교하기

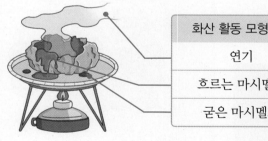

화산 활동 모형실험	실제 화산 활동
연기	화산 가스
흐르는 마시멜로	용암
굳은 마시멜로	용암이 굳어서 된 암석

용어 마그마가 지표면을 뚫고 흘러나오는 뜨거운 물질

3. 화산이 분출할 때 나오는 물질

① 화산 분출물: 화산이 분출할 때 나오는 물질입니다.

② 화산 분출물에는 화산 가스, 용암, 화산재, 화산 암석 조각 등이 있습니다.

🔺 화산 가스(기체) ↳대부분 수증기입니다.　🔺 용암(액체)　🔺 화산재(고체)　🔺 화산 암석 조각(고체)

☑ **화산 활동 모형실험**

화산이 분출할 때 나오는 화산 가스는 화산 활동 실험에서 **③** ○ㄱ 에 해당합니다.

화산이 분출할 때 연기가 나는구나.

☑ **화산 분출물**

화산이 **④** ㅂㅊ 할 때 나오는 물질을 화산 분출물이라고 합니다.

화산 가스는 대부분 수증기야.
고체 상태의 화산 암석 조각도 나오지~
용암은 화산의 분화구에서 분출된 마그마야!

4 단원

정답 **③** 연기 **④** 분출

개념③ 화강암과 현무암

1. **화성암**: 마그마의 활동으로 만들어진 암석으로, 화강암과 현무암 등이 있습니다.

2. 화강암과 현무암 관찰하기

구분	화강암	현무암
모습		
암석의 색깔	밝은색임.	어두운색임.
알갱이의 크기	알갱이가 큼.	알갱이가 매우 작음.
기타	대체로 밝은 바탕에 검은색 알갱이가 보임.→반짝이는 알갱이가 있습니다.	표면에 크고 작은 구멍이 많이 뚫려 있는 것도 있음.
알 수 있는 점	마그마가 땅속 깊은 곳에서 서서히 식어서 만들어져 알갱이의 크기가 큼.	용암이 지표 가까운 곳에서 빠르게 식어서 만들어져 알갱이의 크기가 작음.

개념④ 화산 활동이 우리 생활에 미치는 영향

화산 활동의 피해	용암이 마을과 농경지를 덮거나 산불을 발생시킴.	화산재의 영향으로 항공기 운항이 어렵고, 날씨의 변화나 호흡기 질병을 일으킴. →동·식물에게 피해를 줄 수 있습니다.
화산 활동의 이로운 점	온천 지열발전 땅속의 높은 열은 온천이나 지열 발전에 활용함.	화산재는 땅을 기름지게 하여 농작물이 잘 자라도록 해 줌.

용어 지구 내부의 열을 이용하여 전기를 얻는 방법

☑ 화성암

마그마의 활동으로 만들어진 암석을
❺ ㅎ ㅅ ㅇ 이라고 합니다.

우리들은 마그마의 활동으로 만들어졌어!

현무암 · 화강암

☑ 화산 활동의 이로운 점

화산 활동으로 생긴 땅속의 높은 열을
❻ ㅇ ㅊ 개발에 활용합니다.

아 좋다! 화산 활동으로 온천을 이용할 수 있다니~

정답 ❺ 화성암 ❻ 온천

> **내 교과서 살펴보기 / 금성**
>
> **화강암과 현무암을 볼 수 있는 곳**
> • 화강암을 볼 수 있는 곳: 속리산, 설악산 등
> • 현무암을 볼 수 있는 곳: 제주도, 울릉도 등
>
>
>
> ⬆ 속리산　　⬆ 제주도

개념 다지기

1 다음은 마그마에 대한 설명입니다. ( ) 안의 알맞은 말에 ○표를 하시오.

7종 공통

> 마그마는 (땅 위 / 땅속 깊은 곳)에 암석이 녹아 있는 것입니다.

2 다음 중 우리나라의 화산을 두 가지 고르시오.

천재

(,)

① 한라산

② 설악산

③ 백두산

④ 지리산

3 오른쪽은 화산 활동 모형 실험의 결과를 나타낸 것입니다. 다음 보기 에서 옳은 것을 골라 기호를 쓰시오.

천재, 김영사, 비상, 아이스크림

연기
흐르는
마시멜로

보기

ㄱ 흘러나온 마시멜로는 시간이 지나도 굳지 않습니다.
ㄴ 흐르는 마시멜로는 실제 화산에서 용암에 해당합니다.
ㄷ 화산 모형 윗부분에서 나는 연기는 실제 화산에서 화산재에 해당합니다.

( )

4 다음 설명에 해당하는 것은 어느 것입니까? ( )

7종 공통

> • 액체 상태의 화산 분출물입니다.
> • 마그마가 지표면을 뚫고 흘러나오는 뜨거운 물질입니다.

① 이암   ② 용암   ③ 사암
④ 화산재   ⑤ 화산 가스

5 다음 화성암의 이름을 각각 쓰시오.

7종 공통

(1)　　　　　　　　(2)

( )　（)

6 다음 중 화산 활동의 이로운 점으로 보기 <u>어려운</u> 것을 두 가지 고르시오. (,)

7종 공통

① 용암이 산불을 발생시킨다.
② 땅속의 높은 열을 지열 발전에 활용한다.
③ 땅속의 높은 열을 온천 개발에 활용한다.
④ 화산재의 영향으로 항공기 운항이 어렵다.
⑤ 화산재는 오랜 시간이 지나면 땅을 기름지게 하여 농작물이 잘 자라도록 해 준다.

4 단원

Step 1 단원평가

7종 공통

[1~5] 다음은 개념 확인 문제입니다. 물음에 답하시오.

1 마그마가 지표 밖으로 분출하여 생긴 지형을 무엇이라고 합니까? ( )

2 한라산, 백두산, 설악산 중 화산이 <u>아닌</u> 산은 어느 것입니까? ( )

3 화산이 분출할 때 나오는 물질을 무엇이라고 합니까? ( )

4 현무암과 화강암 중 암석의 색깔이 어두운 것은 어느 것입니까? ( )

5 지열 발전과 호흡기 질병 중 화산 활동이 우리 생활에 미치는 이로운 영향은 어느 것입니까?
( )

천재

6 다음 보기 에서 우리나라의 한라산과 설악산에 대한 설명으로 옳은 것을 골라 기호를 쓰시오.

> **보기**
> ㉠ 한라산과 설악산 모두 화산입니다.
> ㉡ 설악산은 산꼭대기가 위로 볼록합니다.
> ㉢ 설악산은 산꼭대기에 분화구가 있습니다.
> ㉣ 한라산은 산꼭대기가 파여 있지 않습니다.

( )

천재

7 다음 중 화산이 <u>아닌</u> 산을 골라 기호를 쓰시오.

㉠ △ 백두산

㉡ △ 지리산

㉢ △ 후지산

㉣ △ 파리쿠틴산

( )

7종 공통

8 다음 중 세계 여러 곳의 화산에 대한 설명으로 옳은 것은 어느 것입니까? ( )
① 화산의 모양이 모두 같다.
② 마그마가 분출한 흔적이 없다.
③ 화산의 경사나 높이가 모두 같다.
④ 산꼭대기가 뾰족하지 않고 움푹 파여 있다.
⑤ 산꼭대기에는 용암이 분출한 분화구가 모두 없다.

천재, 김영사, 비상, 아이스크림

9 다음은 화산 활동 모형실험의 과정입니다. ☐ 안에 들어갈 알맞은 말을 쓰시오.

> **1** 알루미늄 포일로 쿠킹 컵을 감싸 화산 활동 모형을 만듭니다.
> **2** 쿠킹 컵 속에 마시멜로를 넣은 다음 그 위에 ☐☐☐을/를 뿌립니다.
> **3** 화산 활동 모형을 은박 접시 위에 올린 뒤, 알코올 램프로 은박 접시를 가열하며 나타나는 현상을 관찰합니다.

( )

10 다음과 같은 화산 분출물은 고체, 액체, 기체 중 어떤 상태의 물질인지 골라 쓰시오.

7종 공통

△ 화산 암석 조각

( )

11 다음은 화산 분출물에 대한 설명입니다. ☐ 안에 들어갈 알맞은 말을 쓰시오.

7종 공통

> 화산이 분출할 때 나오는 물질을 화산 분출물이라고 하는데, 화산 분출물에는 화산 가스, 용암, ☐☐☐☐, 화산 암석 조각 등이 있습니다.

( )

12 다음 중 현무암에 대한 설명으로 옳지 <u>않은</u> 것은 어느 것입니까? ( )

7종 공통

① 어두운색이다.
② 반짝이는 알갱이가 있다.
③ 표면에 크고 작은 구멍이 많이 뚫려 있다.
④ 용암이 지표 가까운 곳에서 빨리 식어 만들어졌다.
⑤ 맨눈으로 구별하기 어려울 정도로 알갱이가 매우 작다.

13 다음 중 화강암을 많이 볼 수 있는 곳을 두 군데 골라 기호를 쓰시오.

금성

△ 속리산   △ 제주도

△ 울릉도   △ 설악산

(,)

14 다음 중 화산 활동의 이로운 점으로 옳은 것은 어느 것입니까? ( )

7종 공통

① 화산재의 영향으로 항공기 운항이 어렵다.
② 용암이 농경지를 덮거나 산불을 발생시킨다.
③ 땅속의 높은 열을 이용하여 온천 개발 및 지열 발전에 활용한다.
④ 호흡기 질병 및 날씨의 변화에 영향을 주어 동·식물에게 피해를 줄 수 있다.
⑤ 화산 가스는 오랜 시간이 지나면 땅을 기름지게 하여 농작물이 잘 자라도록 해 준다.

7종 공통

15 다음은 우리나라의 화산과 화산이 아닌 산을 나타낸 모습입니다.

🔺 설악산   🔺 지리산   🔺 백두산

(1) 위의 ㉠~㉢ 중 화산인 것을 골라 기호를 쓰시오.

(   )

(2) 위 (1)번 답을 쓴 까닭을 참고하여 우리나라 화산의 공통된 특징을 쓰시오.

답 ❶ [   ] 이/가 뾰족하지 않고 움푹 파여 있으며, ❷ [   ] 이/가 분출한 흔적이 있다.

천재, 김영사, 비상, 아이스크림

16 오른쪽은 화산 활동 모형실험의 결과입니다.

(1) 오른쪽 화산 활동 모형에서 연기는 실제 화산에서 무엇에 해당하는지 쓰시오.

(   )

흐르는 마시멜로 / 연기 / 굳은 마시멜로

(2) 위의 (1)번 답 이외에 화산이 분출할 때 나오는 물질을 두 가지 이상 쓰고, 물질의 상태를 쓰시오.

_____

_____

7종 공통

17 다음은 화산 분출물이 우리 생활에 주는 영향을 정리한 것입니다.

피해	[ ]의 영향으로 항공기 운항이 어려움.
이로운 점	[ ]은/는 오랜 시간이 지나면 땅을 기름지게 하여 농작물이 자라는 데 도움을 줌.

(1) 위의 ☐ 안에 공통으로 들어갈 고체 상태의 화산 분출물을 쓰시오.

(   )

(2) 화산 활동의 이로운 점을 위에 제시된 내용 이외에 한 가지 더 쓰시오.

_____

_____

🔆 **서술형 가이드**
어려워하는 서술형 문제!
서술형 가이드를 이용하여 풀어 봐!

15 (1) 마그마가 지표 밖으로 분출하여 생긴 지형을 [ ][ ] 이라고 합니다.

(2) 화산은 산꼭대기가 (뾰족하고 / 뾰족하지 않고) 움푹 파여 있으며, 마그마가 분출한 흔적이 (있습니다 / 없습니다).

16 (1) (화산재 / 화산 가스)는 대부분 수증기로 이루어져 있는 화산 분출물입니다.

(2) 화산 분출물에는 고체인 (용암 / 화산재), 액체인 (용암 / 화산재) 등이 있습니다.

17 (1) (화산재 / 화강암)의 영향으로 항공기 운항에 피해를 줄 수 있습니다.

(2) 지열 발전, 온천 개발 등은 화산 활동의 (이로운 점 / 피해)입니다.

학습 주제 화강암과 현무암 관찰하기

학습 목표 화강암과 현무암을 관찰하고 그 특징을 비교하여 설명할 수 있다.

수행평가 가이드
다양한 유형의 수행평가!
수행평가 가이드를 이용해 풀어 봐!

[18~20] 다음은 화강암과 현무암의 모습입니다.

△ 화강암

△ 현무암

7종 공통

18 위의 화강암과 현무암 중 반짝이는 알갱이가 있는 것은 어느 것인지 쓰시오.

(   )

화성암

마그마의 활동으로 만들어진 암석으로 화강암과 현무암 등이 있습니다.

화강암의 특징

• 반짝이는 알갱이가 있습니다.
• 대체로 밝은 바탕에 검은색 알갱이가 보입니다.

7종 공통

19 다음은 화강암과 현무암을 관찰하여 정리한 표입니다. ☐ 안에 들어갈 알맞은 말을 쓰시오.

구분	화강암	현무암
암석의 색깔	❶ 　　　　　임.	어두운색임.
알갱이의 크기	맨눈으로 구별할 정도로 알갱이가 큼.	맨눈으로 구별하기 어려울 정도로 알갱이가 매우 ❷ 　　　　.

화강암과 현무암 구분하기

암석을 이루고 있는 알갱이의 성분, 마그마나 용암이 식는 속도와 장소 등에 따라 구분합니다.

4 단원

진도 완료 체크

7종 공통

20 위와 같이 화강암과 현무암의 알갱이의 크기가 서로 다른 까닭을 쓰시오.

_____

_____

마그마나 용암이 식는 속도와 장소에 따라 알갱이의 크기가 달라져.

6 지진 / 지진 발생 시 대처 방법

개념 ① 지진이 발생하는 까닭

1. **지진**: 땅이 끊어지면서 흔들리는 것 ——→ 단단한 땅이 지구 내부에서 작용하는 힘을 오랫동안 받으면 휘어지거나 끊어지기도 합니다.

2. 지진 발생 모형실험 하기 탐구활동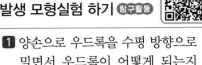

실험 방법	❶ 양손으로 우드록을 수평 방향으로 밀면서 우드록이 어떻게 되는지 관찰하기 ❷ 우드록이 끊어질 때 손의 느낌 이야기해 보기	
실험 결과	처음에는 우드록이 점점 휘어짐. ↓ 계속 밀면 우드록이 소리를 내며 끊어짐. 손에 떨림이 느껴집니다.	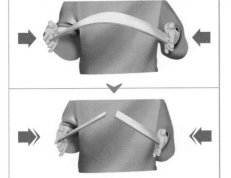

3. 지진 발생 모형실험과 실제 자연 현상 비교하기

지진 발생 모형실험	실제 자연 현상
우드록	땅
양손으로 미는 힘	지구 내부에서 작용하는 힘
우드록이 끊어질 때의 떨림	지진
우드록이 짧은 시간 동안 작용하는 작은 힘에 의해 끊어짐.	땅이 오랜 시간 동안 지구 내부에서 작용하는 큰 힘에 의해 끊어짐.

> 같은 점: 둘 다 미는 힘이 작용하여 우드록이나 땅이 끊어지고, 이로 인해 떨림이 나타남.

4. 지진이 발생하는 까닭

① 땅이 지구 내부에서 작용하는 힘을 오랫동안 받아 끊어져서 발생합니다.
② 지표의 약한 부분이나 지하 동굴이 무너지거나, 화산 활동이 일어날 때 발생하기도 합니다.

☑ **지진**

땅이 끊어지면서 흔들리는 것을

❶ [ㅈ][ㅈ]이라고 합니다.

☑ **지진이 발생하는 까닭**

땅이 지구 내부에서 작용하는 힘을 받아

❷ [ㄲ][ㅇ][ㅈ][ㅅ] 발생합니다.

정답 ❶ 지진 ❷ 끊어져서

내 교과서 살펴보기 / 동아

지진 발생 실험하기

블록
흔들림 지진판

❶ 흔들림 지진판 위에 블록 쌓기
❷ 흔들림 지진판을 위아래, 양옆으로 흔들기
➡ 약하게 흔들면 블록이 조금씩 흔들리고, 세게 흔들면 블록이 무너져 내림.

개념② 지진 피해 사례

규모가 크다고 해서 무조건 지진의 피해가 큰 것은 아니야.

1. 지진의 세기: '규모'로 나타내며 규모의 숫자가 클수록 강한 지진입니다.

① 일반적으로 지진의 규모가 클수록 피해 정도도 커집니다.

② 규모가 큰 지진이 발생하면 건물이나 도로 등이 무너져서 인명 및 재산 피해가 발생할 수 있습니다.

⚠ 건물이 무너짐(네팔, 2015년)

⚠ 재산 피해(포항, 2017년)

⚠ 인명 피해(터키, 2011년)
→ 규모 5.0 이상의 지진이 발생하였습니다.

2. 지진의 피해 사례 조사하기

① 최근 여러 지역에서 발생한 지진 피해 사례 예

발생 지역	발생 연도	규모	피해 내용
경상북도 경주시	2016년	5.8	건물 균열, 지붕과 담장 파손
경상북도 포항시	2018년	4.6	부상자 발생
필리핀 루손	2019년	6.1	• 사망자와 부상자 발생 • 클라크 국제 공항 폐쇄
에콰도르 파스타사	2019년	7.5	• 사망자와 부상자 발생 • 집 창문이 깨지고, 담이 무너짐.

② 조사를 통해 알게 된 점

• 최근 우리나라에서도 규모가 큰 지진이 발생하였습니다. → 우리나라도 지진에 안전한 지역이 아닙니다.

• 세계 여러 곳에서 지진이 발생하여 인명과 재산 피해가 일어났습니다.

내 교과서 살펴보기 / **지학사**

지진의 규모가 비슷해도 지진의 피해 정도가 차이 나는 까닭

발생 지역	발생 연도	규모	피해 내용
일본	2016년	7.0 이상	69명의 사망자 발생
에콰도르	2016년		660여 명의 사망자 발생

➡ 지진의 규모가 비슷해도 내진 설계, 지진 대피 훈련 등에 따라 지진의 피해 정도가 많이 차이 납니다. → **용어** 지진을 견딜 수 있도록 건축물을 설계하는 것

☑ **규모**

지진의 세기를 나타내는 단위를 ❸ ㄱ ㅁ 라고 합니다.

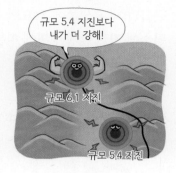
규모 5.4 지진보다 내가 더 강해!
규모 6.1 지진
규모 5.4 지진

☑ **지진의 피해 사례**

지진으로 인해 건물이나 도로 등이 무너져 ❹ ㅇ ㅁ 피해가 발생합니다.

지진으로 인해 건물이 다 무너져 내렸어.
부상도 발생했대.

4 단원

개념③ 지진 발생 시 대처 방법 익히기

1. 지진 발생 전 대처 방법

① 집 안에서 떨어지기 쉬운 물건을 고정합니다.
② 구급약이나 생존에 필요한 물품들을 준비합니다.
③ 평소에 지진 발생 상황에 따른 행동 요령을 익히고, 대피 공간을 파악합니다.

2. 지진 발생 시 대처 방법 → 침착하게 대처합니다.

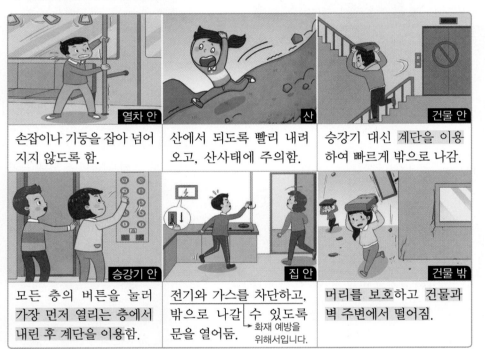

열차 안 손잡이나 기둥을 잡아 넘어지지 않도록 함.	**산** 산에서 되도록 빨리 내려오고, 산사태에 주의함.
건물 안 승강기 대신 계단을 이용하여 빠르게 밖으로 나감.	**승강기 안** 모든 층의 버튼을 눌러 가장 먼저 열리는 층에서 내린 후 계단을 이용함.
집 안 전기와 가스를 차단하고, 밖으로 나갈 수 있도록 문을 열어둠. → 화재 예방을 위해서입니다.	**건물 밖** 머리를 보호하고 건물과 벽 주변에서 떨어짐.

[내 교과서 살펴보기 / 지학사]

장소별 지진 대처 방법

장소	대처 방법
학교	책상 아래로 들어가 몸과 머리를 보호함. → 흔들림이 멈추면 선생님의 지시에 따라 넓은 장소로 신속하게 이동합니다.
대형 할인점	장바구니를 이용해 떨어지는 물건으로부터 머리를 보호함.
극장, 경기장	가방과 같은 소지품으로 머리를 보호함.

3. 지진 발생 후 대처 방법

① 부상자가 있는지 확인하여 응급 처치를 하거나 구조 요청을 합니다.
② 라디오나 공공 기관의 안내 방송 등 올바른 정보에 따라 행동합니다.

1 다음은 지진 발생 모형실험의 과정입니다. ☐ 안에 들어갈 알맞은 말을 쓰시오.

_{7종 공통}

양손으로 미는 힘 | 우드록

지진 발생 모형에서 우드록이 끊어질 때의 떨림은 실제 자연 현상에서 ☐ 에 해당합니다.

(   )

2 다음 중 지진에 대한 설명으로 옳지 <u>않은</u> 것은 어느 것입니까? (   )

_{7종 공통}

① 땅이 끊어지면서 흔들리는 것을 말한다.
② 화산 활동이 일어날 때 지진이 발생하기도 한다.
③ 지표의 약한 부분이 무너질 때 지진이 발생하기도 한다.
④ 짧은 시간 동안 가해진 힘에 의해 끊어지는 것을 말한다.
⑤ 땅이 지구 내부에서 작용하는 힘을 오랫동안 받아 끊어져서 발생한다.

3 다음은 규모에 대한 설명입니다. (   ) 안의 알맞은 말에 각각 ○표를 하시오.

_{7종 공통}

규모는 지진의 (세기 / 피해 정도)를 나타내는 단위이며, 규모의 숫자가 (작을수록 / 클수록) 강한 지진입니다.

4 다음은 최근 우리나라에서 발생한 지진 피해 사례를 조사한 표입니다. 조사를 통해 알 수 있는 것을 보기 에서 골라 기호를 쓰시오.

_{천재}

발생 지역	발생 연도	규모	피해 내용
포항시	2018년	4.6	부상자 발생
경주시	2016년	5.8	건물 균열

보기

㉠ 우리나라는 지진에 안전한 지역입니다.
㉡ 규모가 클수록 피해 정도는 약해집니다.
㉢ 최근 우리나라에서도 규모 5.0 이상의 지진이 발생하여 피해가 발생하였습니다.

(   )

5 다음과 같이 승강기 안에서 지진이 발생했을 때, 가장 적절한 대처 방법은 어느 것입니까? (   )

_{7종 공통}

△ 승강기 안

① 승강기 문을 억지로 열어 출구를 확보한다.
② 라디오나 공공 기관의 안내 방송은 무시한다.
③ 화재 예방을 위해서 전기와 가스를 차단한다.
④ 승강기 밖보다 안이 더 안전하므로 승강기 안에서 계속 머무른다.
⑤ 모든 층의 버튼을 눌러 가장 먼저 열리는 층에서 내린 후 계단을 이용한다.

Step 1 단원평가

7종 공통

[1~5] 다음은 개념 확인 문제입니다. 물음에 답하시오.

1 땅이 끊어지면서 흔들리는 것을 무엇이라고 합니까?

(   )

2 지진 발생 모형실험에서 우드록은 실제 자연 현상에서 무엇을 나타냅니까? (   )

3 지진의 세기를 나타내는 단위를 무엇이라고 합니까?

(   )

4 규모 5.8인 지진과 규모 4.6인 지진 중 강한 지진은 어느 것입니까? (   )

5 지진 발생으로 건물 밖으로 나갈 때 승강기와 계단 중 무엇을 이용해야 합니까?

(   )

7종 공통

6 다음은 우드록을 이용한 지진 발생 모형실험을 하는 모습입니다. 이 실험에 대한 설명으로 옳지 <u>않은</u> 것은 어느 것입니까? (   )

양손으로 미는 힘   우드록

① 우드록은 땅에 해당한다.
② 짧은 시간 동안에 변화가 일어난다.
③ 우드록이 끊어질 때 떨림 현상이 있다.
④ 양손으로 미는 힘이 우드록에 작용하여 우드록이 끊어진다.
⑤ 우드록이 끊어질 때의 떨림은 실제 자연 현상의 화산 활동에 해당한다.

7종 공통

7 다음은 지진에 대한 설명입니다. ( ) 안의 알맞은 말에 ○표를 하시오.

> 지진은 땅이 (짧은 / 오랜) 시간 동안 지구 내부에서 작용하는 힘을 받아 끊어지면서 발생합니다.

7종 공통

8 다음 중 지진이 발생하는 원인으로 옳은 것을 골라 기호를 쓰시오.

△ 홍수

△ 폭설

△ 태풍

△ 화산 활동

(   )

7종 공통

9 다음 중 규모에 대한 설명으로 옳지 <u>않은</u> 것은 어느 것입니까? (   )

① 규모가 클수록 강한 지진이다.
② 지진의 규모가 같으면 피해 정도도 같다.
③ 규모는 지진의 세기를 나타내는 단위이다.
④ 일반적으로 지진의 규모가 클수록 피해 정도도 커진다.
⑤ 규모가 큰 지진이 발생하면 인명 및 재산 피해가 발생할 수 있다.

천재

10 다음은 최근 다른 나라에서 발생한 지진 피해의 모습입니다. □ 안에 들어갈 알맞은 말을 쓰시오.

⚠ 네팔(2015년)

⚠ 터키(2011년)

> 세계 여러 곳에서 지진이 발생하여 인명 및 □ 피해가 일어났습니다.

(   )

7종 공통

11 다음 중 지진의 피해 사례를 알아볼 때 조사할 내용으로 옳지 <u>않은</u> 것은 어느 것입니까? (   )

① 기온
② 지진의 규모
③ 인명 피해 정도
④ 지진 발생 일시
⑤ 지진 발생 지역

지학사

12 다음은 2016년 일본과 에콰도르에서 발생한 지진 피해 사례를 조사한 것입니다. 이를 통해 알 수 있는 점으로 옳은 것은 어느 것입니까? (   )

발생 지역	규모	피해 내용
일본	7.0 이상	69명의 사망자 발생
에콰도르		660여 명의 사망자 발생

① 지진의 규모가 클수록 약한 지진이다.
② 지진의 규모가 작을수록 피해 정도는 커진다.
③ 화산 활동으로 인해 지진이 발생한 경우이다.
④ 규모가 작은 지진이 발생하여 피해 정도가 작다.
⑤ 지진의 규모가 비슷해도 피해 정도가 많이 차이 나기도 한다.

7종 공통

13 다음은 지진 발생 시 대처 방법에 대해 친구들이 말한 내용입니다. 바르게 이야기한 친구의 이름을 쓰시오.

> 세현: 건물 안에서는 승강기를 이용하여 빠르게 대피해야 해.
> 예은: 전기와 가스를 차단하고, 문을 열어 출구를 확보해야 해.
> 은배: 학교 안에서 지진 발생 시, 선생님의 지시에 따라 최대한 좁은 장소로 이동해야 해.

(   )

7종 공통

14 다음과 같이 산에서 지진이 발생했을 때 가장 적절한 대처 방법은 어느 것입니까? (   )

① 기둥이나 벽에 기대어 선다.
② 산꼭대기까지 올라가서 대피한다.
③ 머리를 보호하고 건물과 가까이 붙어 대피한다.
④ 산에서 굴러떨어지는 돌멩이를 주우면서 천천히 내려간다.
⑤ 산사태가 발생할 수 있으므로 산과 떨어진 안전한 곳으로 대피한다.

7종 공통

15 다음의 지진 대처 방법 상황에 맞게 '지진 발생 전', '지진 발생 시', '지진 발생 후' 중에서 관련 있는 것을 골라 각각 쓰시오.

⚠ 부상자가 있는지 확인하여 응급 처치를 하고 구조 요청을 함.

⚠ 흔들리거나 떨어지기 쉬운 물건을 고정함.

㉠ (   )   ㉡ (   )

천재

16 다음은 최근 우리나라에서 발생한 지진 피해 사례를 조사한 것입니다.

발생 지역	발생 연도	㉠	피해 내용
경상북도 경주시	2016년	5.8	건물 균열, 지붕과 담장 파손
경상북도 포항시	2018년	4.6	부상자 발생

(1) 위의 표에서 지진의 세기를 나타내는 단위인 ㉠에 들어갈 알맞은 말을 쓰시오.

(   )

(2) 위의 표를 통해 알게 된 점을 쓰시오.

> 답 최근 우리나라에서도 규모가 ❶[   ] 지진이 발생하였으며, 우리나라도 더 이상 지진에 안전한 지역이 ❷[   ].

천재

17 다음은 지진이 발생했을 때의 대처 방법을 나타낸 것입니다.

기호	지진 발생 시 대처 방법
㉠	승강기에서는 1층 버튼을 눌러 1층으로 내려갑니다.
㉡	승강기 대신 계단을 이용해 빠르게 밖으로 나갑니다.
㉢	산에서는 되도록 빨리 내려오고, 산사태에 주의합니다.
㉣	건물 밖에 있을 때는 건물이나 담 옆으로 몸을 피합니다.
㉤	열차 안에서는 손잡이나 기둥을 잡아 넘어지지 않도록 합니다.
㉥	전기와 가스를 차단하고, 밖으로 나갈 수 있도록 문을 열어둡니다.

(1) 위의 ㉠~㉥ 중 잘못 대처한 행동을 두 가지 골라 기호를 쓰시오.

(,   )

(2) 위 (1)번 답의 기호와 각 기호에 해당하는 잘못된 행동 두 가지를 각각 바르게 고쳐 쓰시오.

기호	올바른 대처 방법

서술형 가이드
어려워하는 서술형 문제!
서술형 가이드를 이용하여 풀어 봐!

16 (1) 지진의 [   ][   ]를 나타내는 단위를 규모라고 합니다.
(2) 일반적으로 지진의 규모가 (작을수록 / 클수록) 피해 정도도 커집니다.

17 (1) 승강기 안에서 지진이 발생한 경우 모든 층의 버튼을 눌러 가장 (먼저 / 나중에) 열리는 층에서 내립니다.
(2) 건물 밖에서 지진이 발생한 경우 건물과 [   ][   ]를 두며 대피합니다.

Step ③ 수행평가

학습 주제 | 지진 발생 모형실험 하기

학습 목표 | 지진 발생 모형과 실제 지진을 비교하여 지진이 발생하는 까닭을 설명할 수 있다.

[18~20] 다음은 지진 발생 모형실험의 모습입니다.

 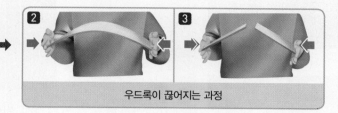

양손으로 미는 힘 / 우드록

⚿ 양손으로 우드록을 [   ] 방향으로 밀기

우드록이 끊어지는 과정

7종 공통

18 위의 실험 과정 ■에서 □ 안에 들어갈 알맞은 말을 쓰시오.

(   )

7종 공통

19 다음은 위의 실험과 실제 자연 현상을 비교한 것입니다. □ 안에 들어갈 알맞은 말을 각각 쓰시오.

지진 발생 모형실험	실제 자연 현상
우드록	땅
❶ [ ]	지구 내부에서 작용하는 힘
우드록이 끊어질 때의 떨림	❷ [ ]
같은 점: 둘 다 미는 힘이 작용하여 우드록이나 땅이 끊어지고, 이로 인해 ❸ [ ]이 나타남.	

20 위의 지진 발생 모형실험을 통해 알 수 있는 지진 발생 원인은 무엇인지 쓰시오.

_____

_____

지진

땅이 끊어지면서 흔들리는 것을 말합니다.

우드록을 계속 밀면 우드록이 결국 소리를 내며 끊어져.

4 단원
진도 완료 체크

지진 발생 원인

지표의 약한 부분이나 지하 동굴이 무너지거나, 화산 활동이 일어날 때 발생하기도 합니다.

Q 배점 표시가 없는 문제는 문제당 4점입니다.

1 다음 중 화산이 **아닌** 산을 골라 기호를 쓰시오.

⬆ 한라산

⬆ 설악산

⬆ 후지산

⬆ 백두산

(   )

7종 공통

2 다음 중 화산의 특징으로 옳은 것은 어느 것입니까?
(   )

① 마그마가 분출한 흔적이 없다.
② 산꼭대기에 분화구가 모두 없다.
③ 화산의 크기, 생김새 등은 모두 동일하다.
④ 산꼭대기가 파여 있지 않고 위로 볼록하다.
⑤ 화산에는 후지산, 한라산, 백두산 등이 있다.

🖊 서술형·논술형 문제
천재

3 다음은 세계 여러 곳의 화산의 모습입니다. 아래의 모습을 통해 알 수 있는 화산의 공통적인 특징을 쓰시오. [8점]

⬆ 파리쿠틴산(멕시코)

⬆ 후지산(일본)

_____
_____

천재, 김영사, 비상, 아이스크림

4 다음과 같이 마시멜로를 이용하여 화산 활동 모형 실험을 하였습니다. 이 실험에 대한 설명으로 옳지 **않은** 것을 두 가지 고르시오. (,   )

① 용암을 나타내기 위해 식용 색소를 넣는다.
② 가열 후 오랜 시간이 지나도 마시멜로는 굳지 않는다.
③ 화산 활동 모형의 입구로 녹은 마시멜로가 부풀어 오른다.
④ 은박 접시를 가열하면 화산 모형 윗부분에서 연기가 피어오른다.
⑤ 은박 접시를 가열하면 화산 모형 윗부분을 통해 화산재와 화산 가스가 나온다.

천재, 김영사, 비상, 아이스크림

5 오른쪽은 마시멜로를 이용해 화산 활동 모형 실험을 한 모습입니다. 실제 화산 활동에서 관찰할 수 있는 것에 맞게 줄로 바르게 이으시오.

(1) 연기 •   • ㉠ 용암

(2) 흐르는 마시멜로 •   • ㉡ 용암이 굳어서 된 암석

(3) 굳은 마시멜로 •   • ㉢ 화산 가스

6 다음 보기 에서 화산 분출물에 대한 설명으로 옳은 것을 두 가지 골라 기호를 쓰시오.

보기
㉠ 화산이 분출할 때 나오는 물질입니다.
㉡ 화산재와 화산 암석 조각은 액체 물질입니다.
㉢ 화산 가스는 대부분이 수증기로 이루어져 있으며 고체 물질입니다.
㉣ 화산 분출물에는 화산 가스, 용암, 화산재, 화산 암석 조각 등이 있습니다.

(,   )

7 다음은 화성암에 대한 설명입니다. (　) 안의 알맞은 말에 각각 ○표를 하시오.

(화강암 / 현무암)은 반짝이는 알갱이가 있으며, (화강암 / 현무암)은 표면에 크고 작은 구멍이 뚫려 있기도 합니다.

8 오른쪽의 화강암에 대한 설명으로 옳은 것은 어느 것입니까?

(　)
① 어두운색을 띤다.
② 표면에 구멍이 많이 뚫려 있다.
③ 어두운 바탕에 하얀색 알갱이가 있다.
④ 마그마의 활동으로 만들어진 암석이다.
⑤ 암석을 이루는 알갱이의 크기가 매우 작다.

9 다음은 화강암과 현무암의 모습입니다. [총 10점]

△ 화강암

△ 현무암

(1) 화강암과 현무암 중 암석을 이루고 있는 알갱이의 크기가 작은 것은 어느 것인지 쓰시오. [2점]

(　　　　　　)

(2) 위 (1)번 답을 고른 까닭을 만들어진 장소와 관련 지어 쓰시오. [8점]

_____

_____

10 다음 중 화산 활동의 피해로 옳은 것을 두 가지 고르시오. (　 , 　)

①
△ 용암이 마을을 덮거나 산불을 발생시킴.

②
△ 화산재의 영향으로 항공기 운항이 어려움.

③
△ 땅속의 높은 열을 이용하여 지열 발전에 활용함.

④
△ 화산재는 땅을 기름지게 하여 농작물이 잘 자라도록 해 줌.

4
단원

[11~13] 다음은 양손으로 우드록을 수평 방향으로 밀면서 우드록의 변화를 관찰하는 실험입니다. 물음에 답하시오.

양손으로 미는 힘　　우드록

11 위 실험과 관련 있는 현상은 어느 것입니까? (　　　)

7종 공통

① 지진　　② 화산　　③ 태풍
④ 장마　　⑤ 산사태

7종 공통

12 위와 같이 우드록을 수평 방향으로 계속 밀면 결국 나타나는 실험 결과는 어느 것입니까? (　　　)

① 손에 아무 느낌이 없다.
② 우드록에 아무 변화가 없다.
③ 우드록이 끊어질 때 냄새가 난다.
④ 우드록이 끊어질 때 아무 소리를 내지 않는다.
⑤ 우드록이 소리를 내며 끊어지고, 손에 떨림이 느껴진다.

7종 공통

13 다음은 위의 우드록을 이용한 실험과 실제 자연 현상을 비교한 것입니다. ㉠, ㉡에 들어갈 알맞은 말을 바르게 짝지은 것은 어느 것입니까? (　　　)

우드록을 이용한 실험	실제 자연 현상
㉠	지진
우드록이 짧은 시간 동안 작용하는 작은 힘에 의해 끊어짐.	땅이 ㉡ 시간 동안 지구 내부에서 작용하는 큰 힘에 의해 끊어짐.

	㉠	㉡
①	우드록	짧은
②	양손으로 미는 힘	짧은
③	양손으로 미는 힘	오랜
④	우드록이 끊어질 때의 떨림	오랜
⑤	우드록이 끊어질 때의 떨림	짧은

7종 공통

14 다음과 같이 지진이 발생하는 원인으로 옳은 것을 두 가지 고르시오. (　　 ,　　)

① 폭우가 내린다.
② 폭설이 내린다.
③ 화재가 발생한다.
④ 화산 활동이 일어난다.
⑤ 땅이 지구 내부에서 작용하는 힘을 오랫동안 받는다.

7종 공통

15 다음은 어떤 개념을 설명한 것인지 보기 에서 골라 각각 기호를 쓰시오.

보기
㉠ 지진　　　　㉡ 화산
㉢ 마그마　　　㉣ 규모

(1) 땅이 끊어지면서 흔들리는 것입니다.
(　　　)

(2) 지진의 세기를 나타내는 단위입니다.
(　　　)

(3) 땅속 깊은 곳에 암석이 녹아 있는 것입니다.
(　　　)

(4) 마그마가 지표 밖으로 분출하여 생긴 지형입니다.
(　　　)

16 다음 중 가장 약한 지진은 어느 것입니까? ( ) ^{7종 공통}

① 규모 1.5의 지진
② 규모 2.6의 지진
③ 규모 3.7의 지진
④ 규모 4.8의 지진
⑤ 규모 5.9의 지진

📋 **서술형·논술형 문제**

17 다음은 포항에서 발생한 지진 피해 사례 조사를 통해 알게 된 점입니다. [총 10점] ^{7종 공통}

△ 포항(2017년)

> 최근 우리나라에도 [　　　] 5.0 이상의 지진이 발생하였습니다.

(1) 위의 □ 안에 들어갈 알맞은 내용을 쓰시오. [2점]

( )

(2) 위의 모습을 통해 알게 된 점을 한 가지 쓰시오. [8점]

_____

_____

18 다음은 지진 발생 후 대처 방법입니다. □ 안에 들어갈 알맞은 말을 쓰시오. ^{7종 공통}

> 지진 발생 후에는 [　　　](이)나 공공 기관의 안내 방송 등 올바른 정보에 따라 행동합니다.

( )

19 다음 중 장소별 지진 대처 방법으로 옳지 <u>않은</u> 것은 어느 것입니까? ( ) ^{7종 공통}

①
극장 안
△ 가방과 같은 소지품으로 머리를 보호함.

②
열차 안
△ 손잡이나 기둥에서 손을 뗌.

③
건물 안
△ 계단을 이용하여 대피함.

④
건물 밖
△ 머리를 보호하고 건물에서 떨어짐.

⑤
대형 할인점
△ 장바구니를 이용해 떨어지는 물건으로부터 머리를 보호함.

4
단원

진도 완료 체크

📋 **서술형·논술형 문제**

20 다음과 같이 학교 안에서 지진이 발생했을 때 알맞은 대처 방법을 한 가지 쓰시오. [8점] ^{7종 공통}

△ 학교 안

_____

_____

초등 4학년 2학기	이 단원의 학습	초등 5학년
물의 상태 변화 물이 얼 때, 얼음이 녹을 때, 증발, 끓음, 응결 등을 배웠어요.	물의 여행 물의 순환, 물이 중요한 까닭, 물 부족 현상 해결 방법 등을 배워요.	날씨와 우리 생활 날씨 변화를 일으키는 다양한 원인을 배울 거예요.

물의 여행

5

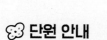

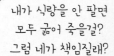

이어서
개념 웹툰

6 물의 순환 / 물이 중요한 까닭 /
물 부족 현상 해결 방법

개념① 물의 이동 과정 알아보기

내 교과서 살펴보기 / 천재

실험 동영상

1. 물의 상태 변화와 이동 과정을 알아보는 실험 장치 꾸미기 탐구활동

1 물 — 젖은 모래

플라스틱 컵 바닥에 젖은 모래를 비스듬히
눌러 담고, 벽면을 따라 물을 천천히 붓기

2 물 — 조각 얼음 / 젖은 모래

모래 위에 조각 얼음을 올려놓기

3 컵 뚜껑 / 조각 얼음 / 랩 / 조각 얼음 / 물 / 젖은 모래

컵 뚜껑을 뒤집어 구멍을 랩으로 덮어 막고
조각 얼음 일곱 개를 넣은 뒤 플라스틱 컵 위에
올려놓기

4 약 20 cm

열 전구 스탠드를 플라스틱 컵에서 약 20 cm
정도 떨어진 곳에 놓고, 불을 켜기

2. 약 15분 동안 컵 안에서 일어나는 변화 관찰하기 예

5분 후	10분 후	15분 후
• 모래 위의 얼음이 모두 녹음. • 컵 안쪽 벽면에 김이 서리기 시작함.	컵 안쪽 뚜껑 밑면과 컵 안쪽 벽면에 물방울이 맺힘.	• 컵 안쪽 벽면에 전체적으로 김이 서림. • 컵 안쪽 뚜껑 밑면의 물방울들이 커짐.

시간이 더 지나면 컵 내부가 뿌옇게 흐려지고, 컵 안쪽
뚜껑 밑면에 큰 물방울들이 많이 맺힙니다.

중요 3. 플라스틱 컵 안을 관찰하여 알 수 있는 점

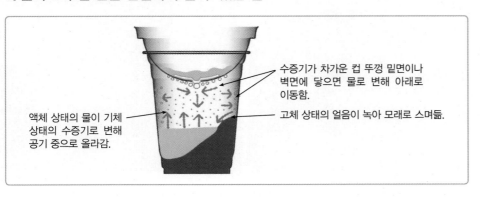

액체 상태의 물이 기체
상태의 수증기로 변해
공기 중으로 올라감.

수증기가 차가운 컵 뚜껑 밑면이나
벽면에 닿으면 물로 변해 아래로
이동함.

고체 상태의 얼음이 녹아 모래로 스며듦.

☑ **물의 상태 변화**

물의 이동 과정을 알아보는 실험 장치
안에서 물의 ❶ [ㅅ][ㅌ] 가 변하는
현상이 일어납니다.

모래 위의
얼음이 녹아 물이
되고 있어.

전구의 열
때문인가?

☑ **물의 이동**

공기 중의 ❷ [ㅅ][ㅈ][ㄱ] 가
차가운 컵 뚜껑의 밑면에 닿으면 물로
변해 아래로 이동합니다.

어어어,
떨어진다!

정답 ❶ 상태 ❷ 수증기

개념② 물의 순환

1. 물의 순환 과정

→ 수증기는 기체 상태, 강, 지하수, 비 등은 액체 상태, 눈, 빙하, 만년설 등은 고체 상태입니다.

① 물의 순환: 물이 기체, 액체, 고체로 상태를 바꾸며 육지와 바다, 공기, 생명체 사이를 끊임없이 돌고 도는 과정 → 물은 지구 곳곳을 돌아다니고 있습니다.

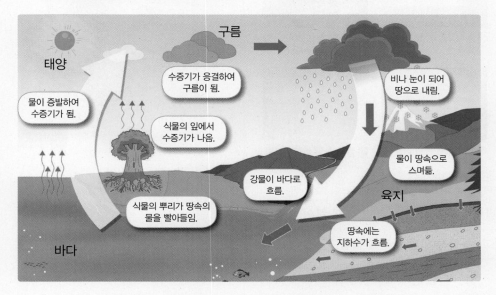

② 지구에서 끊임없이 순환하는 물은 새로 생기거나 없어지지 않고 기체, 액체, 고체로 상태만 변하기 때문에 지구 전체에 있는 물의 양은 항상 일정합니다.

내 교과서 살펴보기 / 천재

2. 앞의 개념① 의 탐구 활동에서 열 전구 스탠드를 태양이라고 하고 컵 안을 지구라고 할 때, 실험을 통해 알 수 있는 지구에서의 물의 순환 과정

플라스틱 컵 안		실제 지구에서의 모습
물	➡	바다, 강, 호수
모래	➡	땅, 육지
얼음	➡	눈, 얼음, 빙하
물방울	➡	비, 이슬

실험을 통해 알 수 있는 지구에서의 물의 순환 과정 예
• 모래 위의 얼음이 녹는 것은 땅에 쌓인 눈이 녹는 현상과 같습니다.
• 플라스틱 컵 안쪽 뚜껑에 맺힌 물방울은 공기 중의 수증기가 응결하여 구름이 생기는 현상과 같습니다.

☑ 물의 순환

물이 기체, 액체, 고체로 상태를 바꾸며 육지와 바다, 공기, 생명체 사이를 끊임없이 돌고 도는 과정을 물의 ❸ⓢⓗ 이라고 합니다.

☑ 물의 다양한 상태

물은 기체, ❹ⓞⓒ, 고체 상태로 변하며 순환합니다.

정답 ❸ 순환 ❹ 액체

개념알기

개념 3 물이 중요한 까닭

1. 물의 이용

내 교과서 살펴보기 / 비상

△ 동물과 식물의 생명을 유지함.

△ 농작물을 키울 때 물을 이용함.

△ 생선을 신선하게 보관할 때 얼음을 이용함.

△ 씻을 때 물을 이용함.

△ 전기를 만들 때 물을 이용함.

△ 공장에서 물을 이용함.

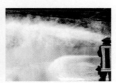
△ 불을 끌 때 물을 이용함.

2. 물 부족 현상

└→ 물이 높은 곳에서 낮은 곳으로 떨어지는 높이 차이를 이용하여 전기를 만듭니다.

물이 부족한 까닭	인구 증가, 산업 발달 등 → 물의 이용량 증가와 물의 오염
물 부족 현상의 결과	마실 물이 부족하고, 농작물이 잘 자라지 않음.

개념 4 물 부족 현상 해결 방법

1. 창의적 방법으로 물 부족 현상을 해결하는 장치

내 교과서 살펴보기 / 아이스크림

△ 바닷물을 마실 수 있는 물로 바꾸는 해수 담수화 시설

△ 빗물을 모으는 빗물 저금통

△ 공기 중의 수증기로 마실 물을 얻는 와카워터
└→ 응결 현상을 이용합니다.

△ 페달을 밟아 땅속의 물을 퍼 올리는 머니 메이커

내 교과서 살펴보기 / 천재

바닷물을 마실 수 있는 물로 바꾸는 방법

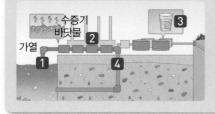

1 바닷물을 끌어올림.
2 소금 성분을 제거함.
3 소금 성분이 없는 물은 필요한 곳에 보냄.
4 소금 성분이 있는 물은 다시 바다로 보냄.

2. 일상생활에서 우리가 실천할 수 있는 물을 아껴 쓰는 방법 예: 양치질할 때 컵 사용하기, 설거지할 때 물 받아서 하기, 손을 씻을 때 물 잠그고 비누칠하기, 빨래할 때 한꺼번에 모아서 하기

개념 체크

☑ 물의 중요성

물이 중요한 까닭은 물이 동물과 식물의 ❺ [ㅅ][ㅁ]을 유지하는 데 필요하기 때문입니다.

빗물 저금통에 모은 빗물로 화단에 물을 주거나 청소를 하고, 머니 메이커로 퍼 올린 물은 밭에 물을 줄 때 이용하지.

☑ 물 부족 현상

인구 증가와 ❻ [ㅅ][ㅇ]의 발달로 이용할 수 있는 물이 부족합니다.

정답 ❺ 생명 ❻ 산업

개념 다지기

[1~2] 다음과 같이 젖은 모래, 물, 얼음으로 꾸민 플라스틱 컵 위에 조각 얼음들을 넣은 뚜껑을 얹어 놓은 뒤, 열 전구 스탠드를 플라스틱 컵에서 약 20 cm 정도 떨어진 곳에 불을 켠 상태로 놓았습니다. 물음에 답하시오.

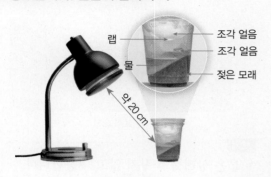

랩
조각 얼음
조각 얼음
물
젖은 모래
약 20 cm

1 천재
위 실험 장치는 무엇을 알아보기 위한 장치입니까?
( )

① 물이 없어지는 과정
② 물이 이동하는 과정
③ 물의 맛이 변하는 과정
④ 물의 색깔이 변하는 과정
⑤ 모래의 색깔이 변하는 과정

2 천재
다음 중 위 열 전구 스탠드의 불을 켜고 약 5분 정도 지났을 때 플라스틱 컵 안에서 일어나는 변화로 옳은 것은 어느 것입니까? ( )

① 변화가 없다.
② 모래 위의 얼음이 더 커졌다.
③ 컵 안의 물의 색깔이 변했다.
④ 모래 위의 얼음이 모두 녹았다.
⑤ 모래 위의 얼음의 색깔이 변했다.

3 7종 공통
다음은 물의 순환에 대한 설명입니다. ( ) 안의 알맞은 말에 ○표를 하시오.

> 물의 순환이란 물이 기체, 액체, 고체로 상태를 바꾸며 육지와 바다, 공기, 생명체 사이를 끊임없이 돌고 (도는 / 없어지는) 과정입니다.

4 7종 공통
다음 중 바다에 있는 물이 증발하여 공기 중의 수증기가 되었을 때의 상태 변화로 옳은 것은 어느 것입니까?
( )

바다의 물 → 공기 중의 수증기

① 기체 → 액체
② 기체 → 고체
③ 액체 → 고체
④ 액체 → 기체
⑤ 고체 → 액체

5 7종 공통
다음 보기 에서 물을 이용하는 경우로 옳지 않은 것을 골라 기호를 쓰시오.

> 보기
> ㉠ 불을 피울 때 물을 이용합니다.
> ㉡ 전기를 만들 때 물을 이용합니다.
> ㉢ 농작물을 키울 때 물을 이용합니다.

( )

6 7종 공통
다음 중 물 부족 현상의 해결 방법으로 옳은 것의 기호를 쓰시오.

㉠
빗물 저금통 이용하기

㉡
물 틀어 놓고 양치하기

( )

Step ① 단원평가

7종 공통

[1~5] 다음은 개념 확인 문제입니다. 물음에 답하시오.

1 수증기는 기체, 액체, 고체 중 어떤 상태입니까?

( )

2 물이 기체, 액체, 고체로 상태를 바꾸며 육지와 바다, 공기, 생명체 사이를 끊임없이 돌고 도는 과정을 무엇이라고 합니까? ( )

3 눈과 비 중 액체 상태는 어느 것입니까?

( )

4 물이 부족한 까닭은 인구 감소와 산업 발달 중 어느 것입니까? ( )

5 물 부족 현상을 해결하기 위한 장치 중 빗물을 모으는 장치의 이름은 무엇입니까?

( )

천재

6 다음 중 물의 이동 과정을 알아보는 실험 장치를 꾸미기 위해서 필요한 것으로 옳지 <u>않은</u> 것을 골라 기호를 쓰시오.

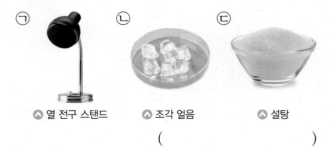

ⓐ 열 전구 스탠드 　 ⓐ 조각 얼음 　 ⓐ 설탕

( )

7종 공통

7 다음 보기 에서 물의 순환에 대한 설명으로 옳지 <u>않은</u> 것을 골라 기호를 쓰시오.

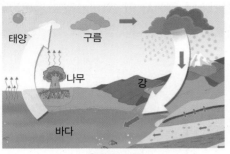

태양　구름

나무　강

바다

ⓐ 물의 순환

보기
㉠ 물은 상태를 바꾸지 않고 이동합니다.
㉡ 공기 중의 수증기는 응결하면 구름이 됩니다.
㉢ 땅에 내린 빗물은 호수와 강, 바다 등에 머물다가 공기 중으로 증발합니다.

( )

7종 공통

8 다음은 지구의 물에 대한 설명입니다. ▢ 안에 들어갈 알맞은 말은 어느 것입니까? ( )

지구에서 끊임없이 순환하는 물은 새로 생기거나 없어지지 않고 기체, 액체, 고체로 상태만 변하기 때문에 지구 전체에 있는 물의 양은 항상 ▢ 합니다.

① 변화　　② 일정　　③ 증가
④ 감소　　⑤ 발생

7종 공통

9 구름에서 비나 눈이 되어 바다에 내릴 때 바다와 비, 눈 중에서 물의 상태가 다른 하나는 어느 것인지 쓰시오.

ⓐ 바다　　　ⓐ 비　　　ⓐ 눈

( )

10 다음 중 우리 생활에서 물을 이용하는 경우가 <u>아닌</u> 것은 어느 것입니까? (   )

7종 공통

① 씻을 때
② 불을 끌 때
③ 전기를 만들 때
④ 농작물을 키울 때
⑤ 문을 열고 닫을 때

11 다음 보기 에서 물의 이용과 관련된 설명으로 옳은 것을 골라 기호를 쓰시오.

7종 공통

보기
㉠ 한 번 이용한 물은 없어집니다.
㉡ 우리가 이용한 물은 돌고 돌아 다시 우리에게 올 수 있습니다.
㉢ 소금 성분이 있는 바닷물을 이용할 수 있는 방법은 없습니다.

(   )

[12~13] 다음은 물을 이용하는 다양한 모습입니다. 물음에 답하시오.

㉠
㉡
㉢
㉣

12 위의 모습 중에서 전기를 만들 때 물을 이용하는 경우를 골라 기호를 쓰시오.

7종 공통

(   )

13 다음 ⑴~⑶에 해당하는 물의 이용 모습을 앞의 ㉠~㉣에서 골라 각각 기호를 쓰시오.

7종 공통

⑴ 불을 끌 때 물을 이용합니다.   (   )
⑵ 생명체의 생명 유지에 물을 이용합니다.
(   )
⑶ 공장에서 물건을 만들 때 물을 이용합니다.
(   )

14 다음 중 물이 부족한 까닭을 바르게 이야기한 친구는 누구입니까? (   )

7종 공통

① 영민: 물을 아껴 쓰기 때문이야.
② 민서: 빗물을 활용하기 때문이야.
③ 호정: 인구가 감소하기 때문이야.
④ 진명: 물 이용량이 줄었기 때문이야.
⑤ 정환: 환경 오염으로 이용 가능한 물이 줄어들었기 때문이야.

15 다음 중 공기 중의 수증기로부터 물을 얻어서 물 부족 현상을 해결하는 장치는 어느 것입니까? (   )

김영사, 동아, 비상, 지학사

①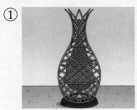
와카워터
②
머니 메이커
③
빗물 저금통
④
해수 담수화 시설

7종 공통

16 다음은 일상생활에서 물을 이용하는 모습입니다.

 ㉠  ㉡  ㉢

(1) 위 ㉠은 무엇을 만들기 위해 물을 이용하는 모습인지 쓰시오.

(   )

(2) 위 ㉡과 ㉢으로 알 수 있는 물이 중요한 까닭을 쓰시오.

답 물은 ❶ [   ] 와/과 식물의 ❷ [   ] 유지에 이용되기 때문에 중요하다.

서술형 가이드
어려워하는 서술형 문제!
서술형 가이드를 이용하여 풀어 봐!

16 (1) 전기를 만들기 위해 [ ]을 이용합니다.

(2) 물은 생명체의 [ ][ ] 유지에 이용됩니다.

7종 공통

17 오른쪽은 물 부족 현상의 결과로 나타나는 모습입니다. 이 모습 외에 물 부족 현상으로 나타날 수 있는 결과를 한 가지 쓰시오.

△ 농작물이 잘 자라지 않음.

17 물이 (충분 / 부족)하면 농작물이 잘 자라지 않고, 마실 물이 부족해집니다.

_____

_____

천재, 금성, 김영사, 동아, 비상, 아이스크림

18 다음은 물의 이용과 관련된 장치입니다.

△ 빗물 저금통

△ 해수 담수화 시설

(1) 위의 두 장치는 어떤 현상을 해결하기 위한 장치인지 쓰시오.

(   ) 현상

(2) 위의 두 장치가 (1)번의 답을 해결하기 위해 어떻게 이용되는지 각각 쓰시오.

18 (1) 빗물 저금통과 해수 담수화 시설은 물 [ ][ ] 현상을 해결하기 위한 장치입니다.

(2) 빗물 저금통에 [ ][ ]을 모아서 재활용할 물을 얻고, 해수 담수화 시설은 (강물 / 바닷물)을 마실 수 있는 물로 바꿉니다.

_____

_____

학습 주제 물의 순환 과정 알아보기

학습 목표 물이 상태가 변하면서 끊임없이 순환하고 있음을 설명할 수 있다.

물의 순환

물이 기체, 액체, 고체로 상태를 바꾸며 육지와 바다, 공기, 생명체 사이를 끊임없이 돌고 도는 과정을 물의 순환이라고 합니다.

[19~20] 다음은 물의 순환을 물방울의 여행으로 꾸며 그림으로 나타낸 것입니다.

7종 공통

물은 새로 생기거나 없어지지 않고 상태만 변하기 때문에 지구 전체에 있는 물의 양은 항상 일정하지.

19 다음은 위 그림을 글로 나타낸 것입니다. ☐ 안에 들어갈 알맞은 말을 각각 쓰시오.

> 땅에 내린 빗물은 호수와 강, 바다, 땅속에 머물다가 공기 중으로 증발하여 ❶ ☐ 이/가 됩니다. 공기 중의 수증기가 하늘 높이 올라가 응결하면 ❷ ☐ 이/가 되고, 다시 눈이나 ❸ ☐ 이/가 되어 내립니다. 땅에 내린 물은 <u>우리 생활에 다양하게 이용되다가</u> 다시 땅속으로 스며들거나 강으로 흘러들어 ❹ ☐ (으)로 흘러갑니다.

7종 공통

20 다음은 위 **19**번에서 밑줄 친 부분을 정리한 것입니다. ☐ 안에 들어갈 알맞은 내용을 쓰시오.

> - 씻을 때 이용합니다.
> - 공장에서 이용합니다.
> - 전기를 만들 때 이용합니다.
> - ☐ .

물의 중요성과 이용

물은 지구에 있는 생명체가 살아가는 데 필요합니다. 물은 씻을 때나 전기를 만들 때, 농작물을 키울 때 등 다양하게 이용됩니다.

5 단원

진도 완료 체크

Q 배점 표시가 없는 문제는 문제당 4점입니다.

[1~3] 다음은 젖은 모래, 물, 얼음으로 꾸민 플라스틱 컵 위에 조각 얼음들을 넣은 뚜껑을 얹어 놓은 모습입니다. 물음에 답하시오.

- 컵 뚜껑
- 조각 얼음
- 랩
- 조각 얼음
- 물
- 젖은 모래

천재

1 열 전구 스탠드를 위 플라스틱 컵에서 약 20 cm 정도 떨어진 곳에 불을 켠 상태로 놓고, 약 15분 정도 지났을 때 플라스틱 컵 안에서 일어나는 변화로 옳지 <u>않은</u> 것은 어느 것입니까? (   )

① 모래가 물에 녹아 없어졌다.
② 모래 위의 얼음이 모두 녹았다.
③ 컵 안쪽 벽면에 물방울들이 맺혀 있다.
④ 컵 안쪽 뚜껑에 물방울들이 맺혀 있다.
⑤ 컵 안쪽 벽면에 전체적으로 김이 서려 있다.

천재

2 위 **1**번에서 열 전구 스탠드를 태양이라고 하고 플라스틱 컵 안을 지구라고 할 때, 컵 안의 물, 모래, 얼음, 물방울이 나타내는 것으로 옳지 <u>않은</u> 것은 어느 것입니까?

(   )

구분	컵 안	지구
①	물	바다, 강, 호수
②	물	눈, 얼음, 빙하
③	모래	땅, 육지
④	얼음	눈, 얼음, 빙하
⑤	물방울	비, 이슬

서술형·논술형 문제   천재

3 앞의 플라스틱 컵에 열 전구 스탠드를 비추었을 때 일어나는 변화를 다음 그림을 참고하여 지구의 육지, 바다, 공기, 생명체 사이에서 일어나는 현상과 관련지어 한 가지 쓰시오. [8점]

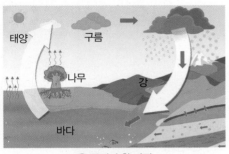

- 태양
- 구름
- 나무
- 강
- 바다

⬆ 물의 순환 과정

_____

_____

_____

7종 공통

4 다음은 물의 순환에 대한 설명입니다. ☐ 안에 들어갈 가장 알맞은 말은 어느 것입니까? (   )

> 물의 순환이란 물이 ☐☐☐☐, 액체, 고체로 상태를 바꾸며 육지와 바다, 공기, 생명체 사이를 끊임없이 돌고 도는 과정입니다.

① 땅   ② 불   ③ 우주
④ 태양   ⑤ 기체

7종 공통

5 다음 보기 에서 지구에 있는 물에 대한 설명으로 옳은 것을 골라 기호를 쓰시오.

> 보기
> ㉠ 얼음은 기체 상태입니다.
> ㉡ 물은 다른 곳으로 이동할 수 없습니다.
> ㉢ 물은 기체, 액체, 고체 상태로 존재합니다.

(   )

[6~7] 다음은 물의 순환 과정을 나타낸 것입니다. 물음에 답하시오.

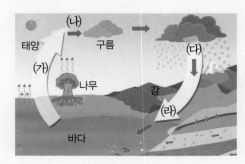

7종 공통

6 위의 그림을 참고하여 물이 액체 상태에서 기체 상태로 변하는 과정을 보기 에서 골라 기호를 쓰시오.

보기
㉠ 구름에서 비가 됩니다.
㉡ 바다의 물이 증발합니다.
㉢ 공기 중의 수증기가 구름이 됩니다.

(   )

서술형·논술형 문제
7종 공통

7 다음은 위의 그림에 대한 대화입니다. [총 10점]

정민: 물은 ㈎에서 증발해.
민경: 물은 ㈐에서 비나 눈의 형태로 떨어져.
서윤: ㈐에서 땅에 떨어진 물은 ㈑로 이동해.
하영: ㈎에서 증발한 물은 ㈏에서 다시 증발하여 구름이 돼.

(1) 위에서 물의 순환 과정에 대해 잘못 이야기한 친구의 이름을 쓰시오. [4점]

(   )

(2) 위 (1)번 답의 친구가 말한 내용을 바르게 고쳐 쓰시오. [6점]

_____

_____

7종 공통

8 다음은 물의 순환 과정에 대한 설명입니다. ㉠과 ㉡에 들어갈 말을 바르게 짝지은 것은 어느 것입니까?

(   )

바다, 강, 호수 등에 있는 물은 ㉠ 하여 수증기가 되고, 흙 속의 물은 식물의 뿌리로 흡수되었다가 잎에서 수증기로 빠져나갑니다. 공기 중에 있는 수증기가 하늘 높이 올라가면 ㉡ 하여 구름이 되고, 구름에서 비나 눈이 되어 바다와 육지에 내립니다.

	㉠	㉡
①	응결	응결
②	응결	증발
③	증발	증발
④	증발	응결
⑤	증발	흡수

7종 공통

9 다음 중 물의 순환에 대한 설명으로 옳은 것은 어느 것입니까? (   )
① 밤에는 물이 순환하지 않는다.
② 물의 상태가 변하지 않고 계속 순환한다.
③ 물의 순환으로 이용할 수 있는 물의 양이 늘어나고 있다.
④ 물의 순환으로 이용할 수 있는 물의 양이 줄어들고 있다.
⑤ 지구에서 순환하는 물은 새로 생기거나 없어지지 않기 때문에 지구 전체에 있는 물의 양은 항상 일정하다.

7종 공통

10 다음 중 물의 상태에 대한 설명으로 옳지 않은 것은 어느 것입니까? (   )
① 강물은 액체 상태이다.
② 얼음은 고체 상태이다.
③ 수증기는 기체 상태이다.
④ 지하수는 기체 상태이다.
⑤ 눈과 빙하는 고체 상태이다.

5 단원

[11~13] 다음은 물의 순환 과정을 이야기로 나타낸 것입니다. 물음에 답하시오.

> 안녕, 나는 물방울이야.
> 나는 어느 날 바다에서 놀고 있었어. 그런데 온몸이 따뜻해지면서 ⓐㄱ 이/가 되어 하늘로 올라갔어. 하늘 높이 올라갈수록 추워지다가 ⓐㄴ 이/가 되고, 그러다가 친구들과 엉겨 붙어 ⓐㄷ 이/가 되어 강에 떨어졌어. 강에 떨어져 흐르다가 땅속, 나무 등을 돌아다니며 여행했어. 그러다가 온몸이 따뜻해져 다시 하늘로 올라갔지. 지금도 재미있는 여행을 계속하고 있어.

7종 공통

11 다음 중 위의 ㄱ~ㄷ에 들어갈 말을 바르게 짝지은 것은 어느 것입니까? (   )

	ㄱ	ㄴ	ㄷ
①	비	구름	수증기
②	구름	비	수증기
③	구름	수증기	비
④	수증기	비	구름
⑤	수증기	구름	비

7종 공통

12 다음 보기에서 물방울이 머물던 장소와 그 장소에서의 물방울의 상태로 옳지 <u>않은</u> 것을 골라 기호를 쓰시오.

> **보기**
> ㄱ 강 - 액체
> ㄴ 바다 - 고체
> ㄷ 비가 되어 땅에 떨어질 때 - 액체

(   )

7종 공통

13 위의 이야기를 읽고, 다음 □ 안에 들어갈 알맞은 말을 쓰시오.

> 물은 □ 을/를 바꾸면서 이동하고, 머무는 곳에 따라 이름이 달라집니다.

(   )

7종 공통

14 다음은 물방울이 이동하는 모습입니다. [총 10점]

(1) 비가 되어 땅에 떨어진 물방울이 나무를 통해 공기 중으로 이동하는 과정에 맞게 순서대로 보기에서 골라 기호를 쓰시오. [4점]

> **보기**
> ㄱ 흙 속   ㄴ 공기 중
> ㄷ 나무의 잎   ㄹ 나무의 뿌리

ㄱ → (   ) → (   ) → (   )

(2) 위의 경우에 물방울이 나무에 어떻게 이용되는지 쓰시오. [6점]

_____

_____

비상

15 다음의 물을 이용하는 예에 대한 설명으로 옳은 것을 두 가지 고르시오. (,   )

△ 동물의 몸속에 있는 물

△ 생선 주변의 얼음

① ㄱ은 씻는 데 물을 이용하는 예이다.
② ㄱ은 물건을 만드는 데 물을 이용하는 예이다.
③ ㄱ은 동물의 생명을 유지하는 데 물을 이용하는 예이다.
④ ㄴ은 생선의 생명을 유지하는 데 얼음을 이용하는 예이다.
⑤ ㄴ은 생선을 신선하게 보관하는 데 얼음을 이용하는 예이다.

16 다음 중 물의 이용에 대한 설명으로 옳지 <u>않은</u> 것은 어느 것입니까? (   )

7종 공통

① 우리가 이용한 물은 없어진다.

② 물은 우리 생활에 도움을 준다.

③ 전기를 만들 때 물을 이용한다.

④ 물은 순환하면서 다양하게 이용된다.

⑤ 물은 동물이나 식물의 생명을 유지하는 데 이용된다.

17 다음 보기 에서 물이 부족한 까닭으로 옳지 <u>않은</u> 것을 골라 기호를 쓰시오.

7종 공통

> 보기
> ㉠ 인구의 증가로 이용할 수 있는 물의 양이 줄어들고 있습니다.
> ㉡ 인구의 감소로 이용할 수 있는 물의 양이 줄어들고 있습니다.
> ㉢ 산업의 발달로 물 오염이 심각해져 이용할 수 있는 물의 양이 줄어들고 있습니다.

(   )

[18~19] 다음은 물 부족 현상을 해결하기 위한 장치입니다. 물음에 답하시오.

㉠

▲ 머니 메이커

㉡

▲ 해수 담수화 시설

아이스크림

18 다음 중 ㉠ 장치에 대한 설명으로 옳은 것은 어느 것입니까? (   )

① 얼음을 이용한 장치이다.

② 빗물을 모으는 장치이다.

③ 응결 현상을 이용하는 장치이다.

④ 땅속의 물을 퍼 올리는 장치이다.

⑤ 공기 중의 수증기를 모아 물을 얻는다.

📋 서술형·논술형 문제

천재

19 다음은 앞의 ㉡ 장치에서 마실 수 있는 물을 얻는 과정을 나타낸 모습입니다. ☐ 안에 들어갈 알맞은 과정을 쓰시오. [8점]

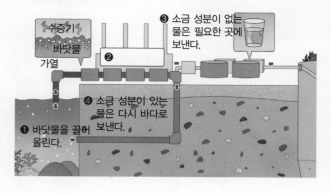
수증기
바닷물
가열
❷
❸ 소금 성분이 없는 물은 필요한 곳에 보낸다.
❹ 소금 성분이 있는 물은 다시 바다로 보낸다.
❶ 바닷물을 끌어 올린다.

_____

_____

20 다음 중 우리 생활에서 물을 절약하는 방법으로 옳은 것을 두 가지 고르시오. (,   )

7종 공통

①

▲ 샴푸 많이 사용하기

②

▲ 빨래 모아서 하기

③

▲ 물 틀어 놓고 세수하기

④

▲ 양치할 때 컵 사용하기

⑤

▲ 물 틀어 놓고 양치하기

5
단원

진도 완료
체크

⚠ 비커

⚠ 전자저울

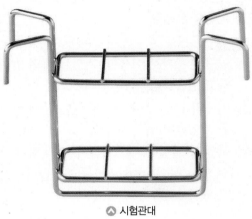

⚠ 시험관대

⚠ 페트리 접시

⚠ 마개가 있는 플라스틱 시험관

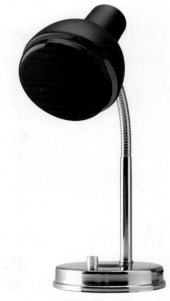

⚠ 열 전구 스탠드

⚠ 핫플레이트

문제 읽을 준비는
저절로 되지 않습니다.

문해력을 키우는 시간

똑똑한 하루 국어 시리즈

문제풀이의 핵심, 문해력을 키우는 승부수

예비초~초6 각A·B
교재별14권

예비초A·B, 초1~초6: 1A~4C
총 14권

멀 좋아할지 몰라 다 준비했어♥
전과목 교재

전과목 시리즈 교재

●무등생 해법시리즈
– 국어/수학	1~6학년, 학기용
– 사회/과학	3~6학년, 학기용
– 봄·여름/가을·겨울	1~2학년, 학기용
– SET(전과목/국수, 국사과)	1~6학년, 학기용

●똑똑한 하루 시리즈
– 똑똑한 하루 독해	예비초~6학년, 총 14권
– 똑똑한 하루 글쓰기	예비초~6학년, 총 14권
– 똑똑한 하루 어휘	예비초~6학년, 총 14권
– 똑똑한 하루 한자	예비초~6학년, 총 14권
– 똑똑한 하루 수학	1~6학년, 학기용
– 똑똑한 하루 계산	예비초~6학년, 총 14권
– 똑똑한 하루 도형	예비초~6학년, 총 8권
– 똑똑한 하루 사고력	1~6학년, 학기용
– 똑똑한 하루 사회/과학	3~6학년, 학기용
– 똑똑한 하루 봄/여름/가을/겨울	1~2학년, 총 8권
– 똑똑한 하루 안전	1~2학년, 총 2권
– 똑똑한 하루 Voca	3~6학년, 학기용
– 똑똑한 하루 Reading	초3~초6, 학기용
– 똑똑한 하루 Grammar	초3~초6, 학기용
– 똑똑한 하루 Phonics	예비초~초등, 총 8권

●독해가 힘이다 시리즈
– 초등 문해력 독해가 힘이다 비문학편	3~6학년
– 초등 수학도 독해가 힘이다	1~6학년, 학기용
– 초등 문해력 독해가 힘이다 문장제수학편	1~6학년, 총 12권

영어 교재

●초등영어 교과서 시리즈
파닉스(1~4단계)	3~6학년, 학년용
영단어(1~4단계)	3~6학년, 학년용

●LOOK BOOK 영단어	3~6학년, 단행본
●원서 읽는 LOOK BOOK 영단어	3~6학년, 단행본

국가수준 시험 대비 교재

●해법 기초학력 진단평가 문제집	2~6학년·중1 신입생, 총 6권

#홈스쿨링

우등생

개념 동영상 강의

온라인 성적 피드백

서술형 문제 동영상 강의

과학 4·2

온라인 학습북
포인트 ❸가지

▶ 「개념 동영상 강의」로 교과서 핵심만 정리!

▶ 「서술형 문제 동영상 강의」로 사고력도 향상!

▶ 「온라인 성적 피드백」으로 단원별로 내가 부족한 부분 꼼꼼하게 체크!

우등생 온라인 학습북 활용법

home.chunjae.co.kr

온라인 강의
개념 / 서술형·논술형 평가
/ 단원평가

**온라인 채점과
성적 피드백**
정답을 입력하면 채점과 성적 분석까지

**온라인 학습
스케줄 관리**
맞춤형 홈스쿨링 스케줄표 제공

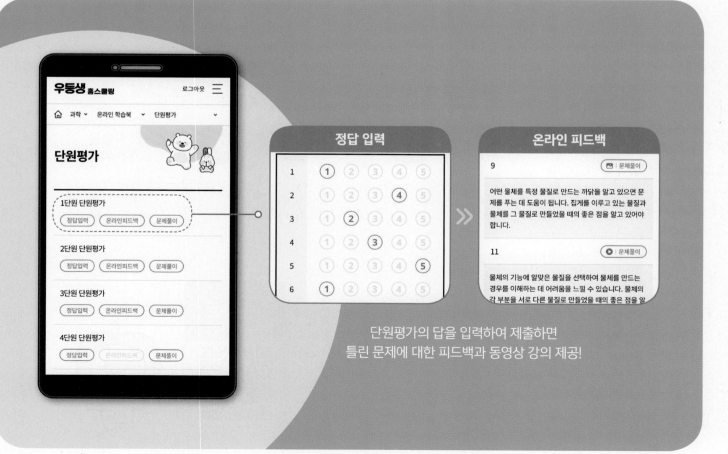

**단원평가의 답을 입력하여 제출하면
틀린 문제에 대한 피드백과 동영상 강의 제공!**

우등생 과학 4-2
홈스쿨링 스피드 스케줄표(10회)

스피드 스케줄표는 온라인 학습북을 10회로 나누어
빠르게 공부하는 학습 진도표입니다.

1. 식물의 생활		2. 물의 상태 변화
1회 온라인 학습북 4~11쪽	**2회** 온라인 학습북 12~15쪽	**3회** 온라인 학습북 16~23쪽
월　　일	월　　일	월　　일

2. 물의 상태 변화	3. 그림자와 거울	
4회 온라인 학습북 24~27쪽	**5회** 온라인 학습북 28~35쪽	**6회** 온라인 학습북 36~39쪽
월　　일	월　　일	월　　일

4. 화산과 지진		5. 물의 여행
7회 온라인 학습북 40~47쪽	**8회** 온라인 학습북 48~51쪽	**9회** 온라인 학습북 52~59쪽
월　　일	월　　일	월　　일

전체 범위
10회 온라인 학습북 60~63쪽
월　　일

스피드 스케줄표 바로가기

차례

❶ 여러 가지 식물의 잎

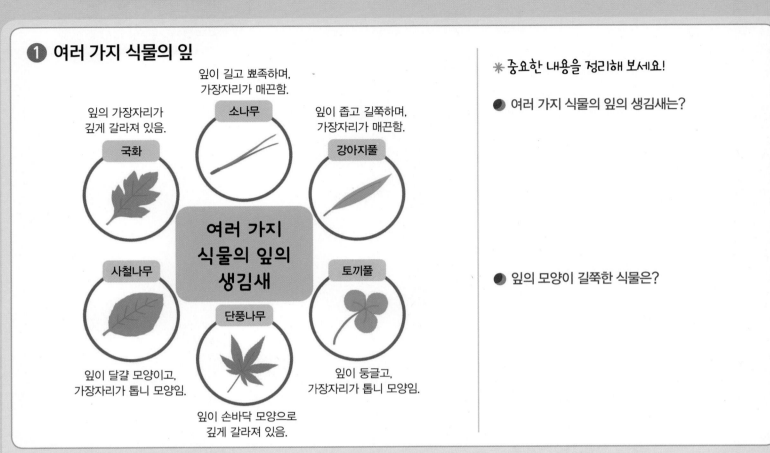

잎의 가장자리가 깊게 갈라져 있음.
국화

잎이 길고 뾰족하며, 가장자리가 매끈함.
소나무

잎이 좁고 길쭉하며, 가장자리가 매끈함.
강아지풀

여러 가지 식물의 잎의 생김새

사철나무

토끼풀

잎이 달걀 모양이고, 가장자리가 톱니 모양임.

단풍나무

잎이 둥글고, 가장자리가 톱니 모양임.

잎이 손바닥 모양으로 깊게 갈라져 있음.

✳ 중요한 내용을 정리해 보세요!

● 여러 가지 식물의 잎의 생김새는?

● 잎의 모양이 길쭉한 식물은?

개념 확인하기

정답 18쪽

🌿 다음 문제를 읽고 답을 찾아 ☐ 안에 ✔표를 하시오.

1 잎의 모양이 둥근 식물은 무엇입니까?

| ㉠ 소나무 ☐ | ㉡ 토끼풀 ☐ |
| ㉢ 단풍나무 ☐ | ㉣ 강아지풀 ☐ |

2 국화와 강아지풀 중에서 잎의 가장자리가 매끈한 식물은 무엇입니까?

㉠ 국화 ☐   ㉡ 강아지풀 ☐

3 사철나무 잎의 생김새의 특징은 무엇입니까?

㉠ 잎이 달걀 모양이다. ☐
㉡ 잎이 손바닥 모양으로 갈라져 있다. ☐

4 잎이 길고 뾰족하며, 가장자리가 매끈한 식물은 무엇입니까?

㉠ 소나무 ☐   ㉡ 단풍나무 ☐

5 잎이 손바닥 모양으로 깊게 갈라져 있고, 가장자리가 톱니 모양인 식물은 무엇입니까?

㉠ 강아지풀 ☐   ㉡ 단풍나무 ☐

② 잎의 생김새에 따른 식물 분류

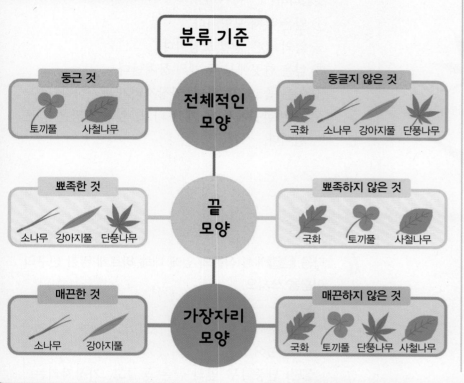

분류 기준

전체적인 모양

둥근 것 | 토끼풀 사철나무

둥글지 않은 것 | 국화 소나무 강아지풀 단풍나무

끝 모양

뾰족한 것 | 소나무 강아지풀 단풍나무

뾰족하지 않은 것 | 국화 토끼풀 사철나무

가장자리 모양

매끈한 것 | 소나무 강아지풀

매끈하지 않은 것 | 국화 토끼풀 단풍나무 사철나무

✳ 중요한 내용을 정리해 보세요!

● 잎의 전체적인 모양에 따른 식물의 분류 기준의 예는?

● 잎의 끝 모양에 따른 식물의 분류 기준의 예는?

● 잎의 가장자리 모양에 따른 식물의 분류 기준의 예는?

개념 확인하기

정답 18쪽

🍃 다음 문제를 읽고 답을 찾아 ☐ 안에 ✔표를 하시오.

1 식물을 잎의 생김새에 따라 분류할 때 분류 기준으로 알맞은 것은 무엇입니까?

> ㉠ 잎의 색깔이 예쁜가? ☐
>
> ㉡ 잎의 끝 모양이 뾰족한가? ☐

2 식물을 잎의 가장자리 모양에 따라 분류할 때 분류 기준으로 알맞은 것은 무엇입니까?

> ㉠ 잎의 가장자리 모양이 매끈한가? ☐
>
> ㉡ 잎의 가장자리 모양이 아름다운가? ☐

3 잎의 전체적인 모양이 둥근 것과 둥글지 않은 것으로 분류할 때 둥근 것으로 분류되는 식물은 무엇입니까?

> ㉠ 소나무 ☐   ㉡ 사철나무 ☐

4 토끼풀과 강아지풀을 서로 다른 무리로 분류할 때 분류 기준으로 알맞은 것은 무엇입니까?

> ㉠ 잎의 색깔이 흰색인가? ☐
>
> ㉡ 잎의 전체적인 모양이 둥근가? ☐

5 잎의 가장자리 모양이 매끈한 것과 매끈하지 않은 것으로 분류할 때 매끈한 것으로 분류되는 식물은 무엇입니까?

> ㉠ 소나무 ☐   ㉡ 단풍나무 ☐

1 다음 식물의 잎 중 잎이 달걀 모양이고, 가장자리 톱니 모양인 것은 어느 것입니까? (   )

① 국화

② 단풍나무

③ 사철나무

④ 강아지풀

2 다음 중 잎의 생김새에 대한 설명으로 옳지 <u>않은</u> 것은 어느 것입니까? (   )

천재, 금성, 아이스크림, 지학사

잎맥

잎의 가장자리

잎몸

잎자루

▲ 잎의 생김새

① 식물마다 잎의 끝 모양이 다를 수 있다.
② 잎맥은 잎몸에서 선처럼 보이는 것이다.
③ 모든 식물의 잎의 가장자리 모양은 같다.
④ 잎자루는 잎몸과 줄기 사이에 있는 부분이다.
⑤ 잎몸은 잎맥이 퍼져 있는 잎의 납작한 부분이다.

3 다음 중 강아지풀 잎에 대한 설명으로 옳은 것은 어느 것입니까? (   )

① 잎은 부채 모양이다.
② 잎의 끝은 물결 모양이다.
③ 잎은 한곳에서 두 개씩 뭉쳐난다.
④ 잎은 좁고 길쭉하며, 가장자리가 매끈하다.
⑤ 잎은 한곳에서 세 개씩 나고, 잎의 모양은 둥근 편이다.

4 다음 보기 에서 식물의 잎에 대해 바르게 말한 친구의 이름을 쓰시오.

> **보기**
> 기연: 토끼풀 잎은 손바닥 모양이고, 깊게 갈라져 있어.
> 정민: 단풍나무 잎의 끝은 둥글고, 가장자리는 매끈해.
> 초원: 강아지풀 잎은 둥글고, 가장자리는 톱니 모양이야.
> 민재: 국화 잎의 가장자리는 깊게 갈라져 있고, 울퉁불퉁해.

(   )

5 다음 보기 에서 소나무 잎에 대한 설명으로 옳은 것을 골라 기호를 쓰시오.

> **보기**
> ㉠ 잎이 둥글고, 가장자리가 매끈합니다.
> ㉡ 잎이 길고 뾰족하며, 가장자리가 매끈합니다.
> ㉢ 잎이 손바닥 모양으로 갈라져 있고, 가장자리가 톱니 모양입니다.

(   )

6 다음 중 단풍나무와 사철나무 잎의 공통점으로 옳은 것은 어느 것입니까? ( )

⌃ 단풍나무　　　　　⌃ 사철나무

① 잎이 길고 뾰족하다.
② 잎이 달걀 모양이다.
③ 잎의 가장자리가 매끈하다.
④ 잎의 가장자리가 톱니 모양이다.
⑤ 잎이 둥글고, 가장자리가 매끈하다.

7 다음 중 잎의 생김새에 따른 식물의 분류 기준으로 옳지 않은 것은 어느 것입니까? ( )

① 잎의 모양이 둥근가?
② 잎의 크기가 작은가?
③ 잎의 모양이 길쭉한가?
④ 잎의 가장자리가 매끈한가?
⑤ 잎의 가장자리가 톱니 모양인가?

8 다음의 잎의 전체적인 모양과 그 모양의 잎을 가진 식물을 줄로 바르게 이으시오.

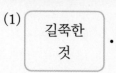

| (1) 길쭉한 것 | • | • ㉠ 소나무, 강아지풀 |
| (2) 길쭉하지 않은 것 | • | • ㉡ 사철나무, 단풍나무 |

9 다음은 식물의 잎을 생김새에 따라 분류한 것입니다. ☐ 안에 들어갈 분류 기준으로 옳은 것은 어느 것입니까? ( )

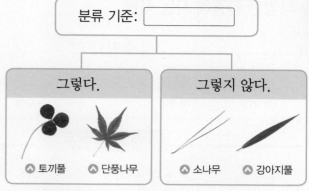

분류 기준: ☐

그렇다.	그렇지 않다.
⌃ 토끼풀　⌃ 단풍나무	⌃ 소나무　⌃ 강아지풀

① 잎의 가장자리가 매끈한가?
② 잎의 전체적인 모양이 둥근가?
③ 잎의 가장자리가 톱니 모양인가?
④ 잎의 전체적인 모양이 길쭉한가?
⑤ 잎이 달걀 모양이고, 가장자리가 매끈한가?

10 다음 식물의 잎을 분류 기준에 따라 분류하여 기호를 쓰시오.

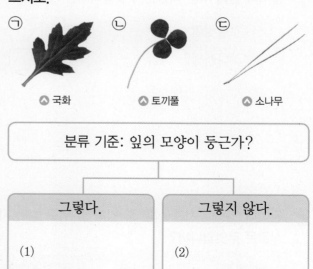

㉠　　　　㉡　　　　㉢

⌃ 국화　　⌃ 토끼풀　　⌃ 소나무

분류 기준: 잎의 모양이 둥근가?

그렇다.	그렇지 않다.
(1)	(2)

❶ 다양한 환경에 사는 식물

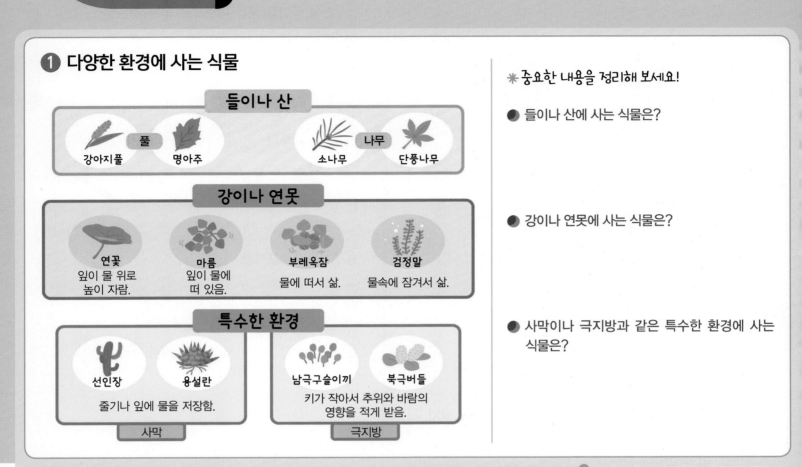

들이나 산
- 강아지풀 〔풀〕 명아주
- 소나무 〔나무〕 단풍나무

강이나 연못
- 연꽃 — 잎이 물 위로 높이 자람.
- 마름 — 잎이 물에 떠 있음.
- 부레옥잠 — 물에 떠서 삶.
- 검정말 — 물속에 잠겨서 삶.

특수한 환경
- 선인장 / 용설란 — 줄기나 잎에 물을 저장함. 〔사막〕
- 남극구슬이끼 / 북극버들 — 키가 작아서 추위와 바람의 영향을 적게 받음. 〔극지방〕

✳ 중요한 내용을 정리해 보세요!

● 들이나 산에 사는 식물은?

● 강이나 연못에 사는 식물은?

● 사막이나 극지방과 같은 특수한 환경에 사는 식물은?

개념 확인하기

정답 18쪽

🌿 다음 문제를 읽고 답을 찾아 ☐ 안에 ✔표를 하시오.

1 들이나 산에 사는 식물은 무엇입니까?

| ㉠ 검정말 ☐ | ㉡ 명아주 ☐ |
| ㉢ 나사말 ☐ | ㉣ 선인장 ☐ |

2 강이나 연못에 사는 식물 중 잎이 물 위로 높이 자라는 식물은 무엇입니까?

㉠ 연꽃 ☐   ㉡ 마름 ☐   ㉢ 부레옥잠 ☐

3 부레옥잠의 특징은 무엇입니까?

| ㉠ 물에 떠서 산다. ☐ |
| ㉡ 물속에 잠겨서 산다. ☐ |

4 사막에 사는 식물은 무엇입니까?

㉠ 용설란 ☐   ㉡ 북극버들 ☐

5 극지방에 사는 식물은 무엇입니까?

㉠ 선인장 ☐   ㉡ 남극구슬이끼 ☐

② 식물의 특징을 활용한 예

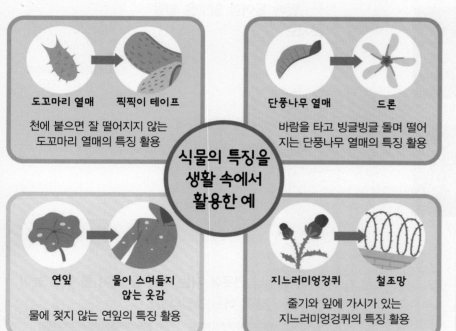

도꼬마리 열매 → 찍찍이 테이프
천에 붙으면 잘 떨어지지 않는
도꼬마리 열매의 특징 활용

단풍나무 열매 → 드론
바람을 타고 빙글빙글 돌며 떨어
지는 단풍나무 열매의 특징 활용

식물의 특징을
생활 속에서
활용한 예

연잎 → 물이 스며들지
않는 옷감
물에 젖지 않는 연잎의 특징 활용

지느러미엉겅퀴 → 철조망
줄기와 잎에 가시가 있는
지느러미엉겅퀴의 특징 활용

✳ 중요한 내용을 정리해 보세요!

● 도꼬마리 열매의 특징을 활용한 생활 속 예는?

● 철조망이 활용한 식물의 특징은?

개념 확인하기

정답 18쪽

✑ 다음 문제를 읽고 답을 찾아 ☐ 안에 ✔표를 하시오.

1 찍찍이 테이프와 드론은 무엇을 활용한 예입니까?

> ㉠ 식물의 특징 ☐
> ㉡ 사람의 특징 ☐

2 찍찍이 테이프는 무엇의 특징을 활용하여 만든 것입니까?

> ㉠ 은행나무 열매 ☐
> ㉡ 단풍나무 열매 ☐
> ㉢ 도꼬마리 열매 ☐

3 드론을 만들 때 활용한 단풍나무 열매의 특징은 무엇입니까?

> ㉠ 땅으로 곧게 떨어지는 특징 ☐
> ㉡ 바람을 타고 빙글빙글 돌며 떨어지는 특징 ☐

4 물이 스며들지 않는 옷감은 무엇의 특징을 활용하여 만든 것입니까?

> ㉠ 연잎 ☐   ㉡ 엉겅퀴 ☐

5 지느러미엉겅퀴의 특징을 활용하여 만든 것은 무엇입니까?

> ㉠ 낙하산 ☐   ㉡ 철조망 ☐

1 다음의 들이나 산에 사는 식물 중 나무는 어느 것입니까?

(   )

① ▲ 토끼풀

② ▲ 명아주

③ ▲ 밤나무

④ ▲ 강아지풀

천재, 김영사, 동아, 아이스크림, 지학사

2 다음 두 식물의 차이점으로 옳은 것은 어느 것입니까?

(   )

▲ 민들레   ▲ 단풍나무

① 민들레가 단풍나무보다 키가 더 크다.

② 단풍나무가 민들레보다 키가 더 크다.

③ 민들레가 단풍나무보다 줄기가 더 굵다.

④ 민들레는 땅에 뿌리를 내리고 살지만, 단풍나무는 그렇지 않다.

⑤ 민들레는 뿌리, 줄기, 잎으로 구분되지만, 단풍나무는 그렇지 않다.

3 오른쪽의 부레옥잠의 잎자루를 가로로 자른 모습을 참고하여 □ 안에 들어갈 알맞은 말을 쓰시오.

▲ 부레옥잠의 잎자루를 가로로 자른 모습

부레옥잠은 잎자루에 있는 □ 속의 공기 때문에 물에 떠서 살 수 있습니다.

(   )

4 다음 강이나 연못에 사는 식물 중 잎이 물 위로 높이 자라는 식물은 어느 것입니까? (   )

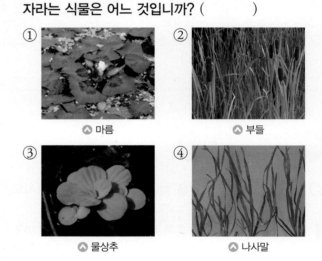

① ▲ 마름

② ▲ 부들

③ ▲ 물상추

④ ▲ 나사말

5 다음 보기 에서 강이나 연못에 사는 식물에 대한 설명으로 옳지 <u>않은</u> 것을 골라 기호를 쓰시오.

보기

㉠ 부레옥잠은 물에 떠서 사는 식물입니다.

㉡ 개구리밥은 물속에 잠겨서 사는 식물입니다.

㉢ 물속에 잠겨서 사는 식물은 물의 흐름에 따라 잘 휘어집니다.

(   )

천재, 금성, 김영사, 동아, 아이스크림, 지학사

6 다음 중 선인장이 사막에서 살 수 있는 까닭으로 옳은 것에는 ○표, 옳지 <u>않은</u> 것에는 ×표를 하시오.

(1) 잎은 전체적으로 넓은 모양입니다. ( )

(2) 잎은 물에 떠 있고, 수염처럼 생긴 뿌리가 있습니다. ( )

(3) 굵은 줄기에 물을 저장하여 건조한 날씨에도 잘 견딜 수 있습니다. ( )

천재, 금성, 아이스크림

7 다음 극지방에 사는 식물에 대해 바르게 말한 친구는 누구입니까? ( )

△ 남극구슬이끼 　　　　△ 북극버들

① 선영: 물에 떠서 사는 식물이야.
② 경태: 두꺼운 잎에 물을 저장해.
③ 정민: 굵은 줄기에 물을 저장하지.
④ 수아: 가시 모양의 잎을 가지고 있어.
⑤ 혜진: 키가 작아서 추위와 바람의 영향을 적게 받아.

천재, 김영사, 동아, 아이스크림

8 다음 보기 에서 도꼬마리 열매의 특징으로 옳은 것을 골라 기호를 쓰시오.

> 보기
> ㉠ 열매에는 가시가 없습니다.
> ㉡ 열매의 표면이 끈적끈적합니다.
> ㉢ 열매의 가시 끝이 갈고리 모양으로 휘어져 있습니다.

( )

지학사

9 다음 중 철조망과 물이 스며들지 않는 옷감에 대한 설명으로 옳은 것을 두 가지 고르시오. (,)

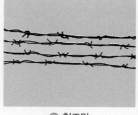 
△ 철조망 　　　　△ 물이 스며들지 않는 옷감

① 연잎의 특징을 활용하여 철조망을 만들었다.
② 단풍나무 열매의 특징을 활용하여 철조망을 만들었다.
③ 지느러미엉겅퀴의 특징을 활용하여 철조망을 만들었다.
④ 연잎의 특징을 활용하여 물이 스며들지 않는 옷감을 만들었다.
⑤ 도꼬마리 열매의 특징을 활용하여 물이 스며들지 않는 옷감을 만들었다.

천재, 금성, 동아, 아이스크림, 지학사

10 다음 중 우리 생활에서 단풍나무 열매의 특징을 활용한 물건은 어느 것입니까? ( )

① 　②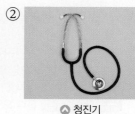
△ 드론 　　　　△ 청진기

③ 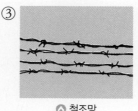　④
△ 철조망 　　　　△ 자석 필통

천재, 김영사, 동아, 아이스크림, 지학사

연습 도움말을 참고하여 내 생각을 차근차근 써 보세요.

1 다음 식물의 잎을 관찰하고 생김새에 따라 식물을 분류하려고 합니다. [총 8점]

⊙

△ 은행나무

ⓛ

△ [　　　]

ⓒ

△ 단풍나무

ⓔ

△ 강아지풀

(1) 위 ⓛ은 어떤 식물의 잎인지 이름을 쓰시오. [2점]

(　　　　　　　　　)

(2) 위의 식물의 잎을 잎의 가장자리 모양에 따라 분류 하시오. [6점]

> 잎의 가장자리 모양에서 나타나는 차이점을 확인하고 분류 해야 해요.
> 꼭 들어가야 할 말 톱니 모양인 것 / 톱니 모양이 아닌 것

_____

_____

2 다음은 들이나 산에서 사는 식물을 풀과 나무로 분류한 것입니다. [총 12점]

⊙
△ 떡갈나무　　△ 소나무　　△ 밤나무

ⓛ
△ 명아주　　△ 강아지풀　　△ 민들레

(1) 위에서 ⊙과 ⓛ에 들어갈 알맞은 말을 쓰시오. [4점]

⊙ (　　　　　　) ⓛ (　　　　　　)

(2) 위의 식물들은 공통적으로 잎이 어떤 색깔을 띠는지 쓰시오. [2점]

(　　　　　　　　　)

(3) 위의 ⊙과 ⓛ에 속하는 식물의 키와 줄기의 차이점을 비교하여 쓰시오. [6점]

_____

_____

천재, 금성, 김영사, 동아, 아이스크림, 지학사

3 건조한 사막에서 살 수 있는 선인장의 특징을 한 가지 쓰시오. [6점]

_____

_____

7종 공통

1 다음 식물의 잎 중 전체적인 모양이 길쭉한 것은 어느 것입니까? (　　　)

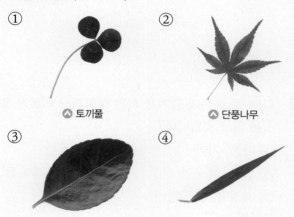

① ☝ 토끼풀
② ☝ 단풍나무
③ ☝ 사철나무
④ ☝ 강아지풀

7종 공통

2 다음의 두 식물의 잎에 대해 바르게 말한 친구는 누구 입니까? (　　　)

☝ 국화　　　☝ 소나무

① 연수: 소나무 잎의 가장자리는 톱니 모양이야.
② 정아: 국화 잎은 길고 뾰족하며, 가장자리가 매끈해.
③ 혜성: 국화 잎은 가장자리가 깊게 갈라져 있고, 울퉁불퉁하지.
④ 수하: 소나무 잎은 달걀 모양이고, 가장자리가 톱니 모양이야.
⑤ 하진: 국화 잎은 손바닥 모양으로 깊게 갈라져 있고, 가장자리가 매끈하지.

7종 공통

3 다음 중 식물의 잎을 분류하는 기준으로 적합하지 않은 것은 어느 것입니까? (　　　)

① 잎이 뾰족한가?
② 잎의 색이 예쁜가?
③ 잎에 털이 있는가?
④ 잎의 개수가 한 개인가?
⑤ 잎의 끝이 갈라져 있는가?

7종 공통

4 다음 중 들이나 산에서 사는 식물이 아닌 것은 어느 것입니까? (　　　)

① 민들레　　② 소나무　　③ 명아주
④ 떡갈나무　　⑤ 부레옥잠

7종 공통

5 다음 들이나 산에 사는 식물 중 풀은 어느 것입니까?
(　　　)

① 밤나무　　② 소나무　　③ 명아주
④ 단풍나무　　⑤ 상수리나무

천재, 김영사, 동아, 지학사

6 다음 중 풀과 나무의 특징에 대한 설명으로 옳지 않은 것은 어느 것입니까? (　　　)

① 나무는 풀보다 키가 크다.
② 나무는 모두 여러해살이 식물이다.
③ 풀의 줄기는 겨울철에 볼 수 없다.
④ 나무의 줄기는 겨울철에도 볼 수 있다.
⑤ 풀의 줄기가 나무의 줄기에 비해 굵고 단단하다.

7종 공통

7 다음 중 들이나 산에서 볼 수 있는 식물의 모습과 이름을 바르게 나타낸 것은 어느 것입니까? (   )

① ⬆ 민들레
② ⬆ 명아주
③ ⬆ 밤나무
④ ⬆ 소나무

7종 공통

8 다음 중 부레옥잠에 대한 설명으로 바르지 않은 것은 어느 것입니까? (   )

① 물속에 사는 식물이다.
② 뿌리는 수염처럼 생겼다.
③ 전체적인 색깔은 초록색이다.
④ 잎자루에는 많은 공기주머니가 있다.
⑤ 잎이 둥글고 잎자루가 볼록하게 부풀어 있다.

7종 공통

9 다음 중 부레옥잠이 물에 떠서 살 수 있는 까닭으로 옳은 것은 어느 것입니까? (   )

① 잎이 마름모 모양이기 때문이다.
② 뿌리를 땅에 내리고 살기 때문이다.
③ 잎자루에 물이 들어 있기 때문이다.
④ 키가 크고 잎과 줄기가 튼튼하기 때문이다.
⑤ 잎자루에 있는 공기주머니 속의 공기 때문이다.

7종 공통

10 다음 중 잎과 꽃은 물 위에 떠 있으며, 뿌리는 물속의 땅에 있는 식물은 어느 것입니까? (   )

① 연꽃   ② 수련   ③ 나사말
④ 검정말   ⑤ 개구리밥

7종 공통

11 다음 중 물속에 잠겨서 사는 식물끼리 바르게 짝지은 것은 어느 것입니까? (   )

① 마름, 가래   ② 부들, 갈대
③ 연꽃, 나사말   ④ 물상추, 부레옥잠
⑤ 검정말, 물질경이

천재, 금성, 김영사, 동아, 아이스크림, 지학사

12 다음 중 사막의 자연환경에 대한 설명으로 옳지 않은 것은 어느 것입니까? (   )

① 건조하다.
② 습기가 많다.
③ 햇빛이 강하다.
④ 비가 적게 온다.
⑤ 일교차가 심하다.

천재, 김영사, 아이스크림, 지학사

13 오른쪽 식물이 사막에서 살 수 있는 까닭으로 옳은 것은 어느 것입니까? (   )

⬆ 용설란

① 키가 작고 잎이 얇기 때문이다.
② 굵은 줄기에 물을 저장하기 때문이다.
③ 두꺼운 잎에 물을 저장하기 때문이다.
④ 살아가는 데 물이 필요하지 않기 때문이다.
⑤ 염분이 많은 물에서도 수분을 얻을 수 있기 때문이다.

14 다음 중 사막에서 볼 수 <u>없는</u> 식물은 어느 것입니까?
( )

천재, 김영사, 지학사

①
▲ 선인장

②
▲ 용설란

③
▲ 남극구슬이끼

④
▲ 바오바브나무

천재, 금성, 김영사, 동아, 아이스크림, 지학사

15 다음 중 선인장의 생김새에 대한 설명으로 옳지 <u>않은</u> 것은 어느 것입니까? ( )

① 잎이 넓적하다.
② 줄기가 초록색이다.
③ 줄기가 굵은 편이다.
④ 뾰족한 가시가 많다.
⑤ 다른 식물에서 볼 수 있는 잎이 없다.

천재, 금성, 아이스크림

16 오른쪽 식물이 극지방에서 살 수 있는 까닭으로 옳은 것은 어느 것입니까? ( )

▲ 북극버들

① 키가 크고 잎이 두껍기 때문이다.
② 긴 줄기에 물을 저장하기 때문이다.
③ 넓은 잎에 물을 저장하기 때문이다.
④ 잎이 수많은 돌기로 덮여 있기 때문이다.
⑤ 키가 작아서 추위와 바람의 영향을 적게 받기 때문이다.

천재, 김영사, 동아, 아이스크림

17 다음 중 도꼬마리 열매의 특징을 활용하여 만든 것은 어느 것입니까? ( )

① 가위 ② 철조망 ③ 지우개
④ 책꽂이 ⑤ 찍찍이 테이프

진도 완료 체크

천재, 금성, 동아, 아이스크림, 지학사

18 다음 중 드론은 어떤 식물의 특징을 활용하여 만든 것입니까? ( )

① 물에 젖지 않는 연잎
② 가시 모양의 선인장 잎
③ 길쭉하고 뾰족한 소나무 잎
④ 공기주머니가 있는 부레옥잠의 잎자루
⑤ 바람을 타고 빙글빙글 돌며 떨어지는 단풍나무 열매

7종 공통

19 다음 중 연꽃잎의 생김새나 특징을 우리 생활에 이용한 예로 옳은 것은 어느 것입니까? ( )

① 방향제 ② 방수복
③ 낙하산 ④ 치료제
⑤ 헬리콥터의 프로펠러

지학사

20 다음 중 지느러미엉겅퀴의 특징을 활용하여 만든 것은 어느 것입니까? ( )

① 서랍 ② 우산 ③ 클립
④ 철조망 ⑤ 자전거

· 답안 입력하기 · 온라인 피드백 받기

① 물의 세 가지 상태

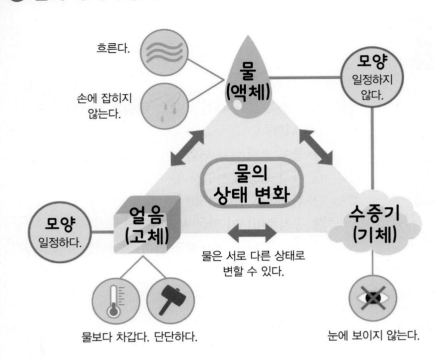

흐른다.

손에 잡히지 않는다.

물 (액체)

모양 일정하지 않다.

물의 상태 변화

모양 일정하다.

얼음 (고체)

수증기 (기체)

물은 서로 다른 상태로 변할 수 있다.

물보다 차갑다. 단단하다.

눈에 보이지 않는다.

✳ 강의를 들으며 중요한 내용을 메모하세요!

● 물의 세 가지 상태는?

● 물의 상태 변화는?

개념 확인하기

정답 21쪽

🍃 다음 문제를 읽고 답을 찾아 ☐ 안에 ✔표를 하시오.

1 물과 얼음 중 흐르는 성질이 있고 손에 잡히지 않는 것은 어느 것입니까?

㉠ 물 ☐   ㉡ 얼음 ☐

2 물의 세 가지 상태 중 모양이 일정한 것은 어느 것입니까?

㉠ 물 ☐   ㉡ 얼음 ☐   ㉢ 수증기 ☐

3 물의 기체 상태를 무엇이라고 합니까?

㉠ 물 ☐   ㉡ 얼음 ☐   ㉢ 수증기 ☐

4 물의 기체 상태에 대한 설명으로 옳지 <u>않은</u> 것은 어느 것입니까?

㉠ 차갑고 단단하다. ☐

㉡ 눈에 보이지 않는다. ☐

㉢ 일정한 모양이 없다. ☐

5 물의 상태 변화에 대한 설명으로 옳은 것은 어느 것입니까?

㉠ 얼음이 기체 상태가 되면 물이 된다. ☐

㉡ 물이 고체 상태가 되면 얼음이 된다. ☐

㉢ 수증기가 액체 상태가 되면 얼음이 된다. ☐

❷ 물이 얼 때와 얼음이 녹을 때의 부피와 무게 변화

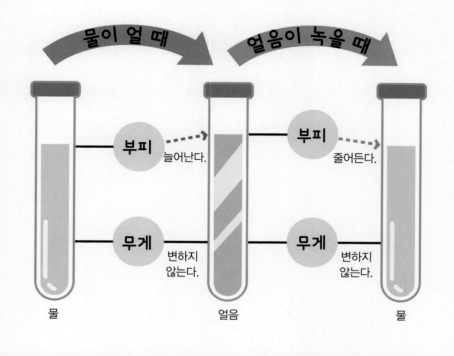

물이 얼 때   얼음이 녹을 때

부피 늘어난다.   부피 줄어든다.

무게 변하지 않는다.   무게 변하지 않는다.

물   얼음   물

✳ 강의를 들으며 중요한 내용을 메모하세요!

● 물이 얼 때 부피와 무게 변화는?

● 얼음이 녹을 때 부피와 무게 변화는?

개념 확인하기

정답 21쪽

🍃 다음 문제를 읽고 답을 찾아 ☐ 안에 ✔표를 하시오.

1 물이 얼면 부피는 어떻게 됩니까?

ㄱ 줄어든다. ☐   ㄴ 늘어난다. ☐

ㄷ 변화 없다. ☐

2 물이 얼면 무게는 어떻게 됩니까?

ㄱ 줄어든다. ☐   ㄴ 늘어난다. ☐

ㄷ 변화 없다. ☐

3 얼음이 녹으면 부피는 어떻게 됩니까?

ㄱ 줄어든다. ☐   ㄴ 늘어난다. ☐

ㄷ 변화 없다. ☐

4 플라스틱 시험관 안의 물을 완전히 얼리면 물의 높이는 어떻게 됩니까?

ㄱ 낮아진다. ☐   ㄴ 높아진다. ☐

ㄷ 변화 없다. ☐

5 플라스틱 시험관 안의 얼음을 녹이면 물의 높이가 변하는 까닭은 어느 것입니까?

ㄱ 물의 온도가 높아졌기 때문이다. ☐

ㄴ 물의 부피가 줄어들었기 때문이다. ☐

ㄷ 물의 무게가 줄어들었기 때문이다. ☐

천재

1 다음 중 얼음과 물을 관찰한 결과로 옳은 것은 어느 것입니까? (　　　)

	얼음	물
①	흐름.	흐르지 않음.
②	차가움.	얼음보다 더 차가움.
③	물렁물렁함.	단단함.
④	모양이 일정함.	모양이 일정하지 않음.
⑤	눈에 보이지 않음.	눈에 보임.

2 다음 중 일정한 모양이 없고 눈에 보이지 않는 것은 어느 것입니까? (　　　)

① 눈
② 얼음
③ 강물
④ 수돗물
⑤ 수증기

김영사, 동아, 지학사

3 다음은 얼음을 손바닥에 올려놓았을 때 관찰할 수 있는 상태 변화입니다. ㉠, ㉡에 들어갈 알맞은 말을 각각 쓰시오.

　㉠　상태인 얼음이 녹아　㉡　상태인 물이 됩니다.

㉠ (　　　　　　　) ㉡ (　　　　　　　)

4 다음과 같이 물로 쓰는 종이에 칭찬의 글을 쓴 후 시간이 지나면 사라집니다. 이때 나타나는 물의 상태 변화에 맞게 ☐ 안에 들어갈 알맞은 말을 쓰시오.

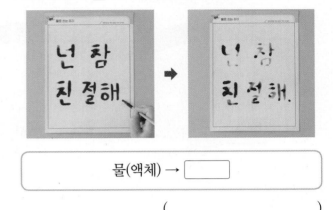

물(액체) → ☐

(　　　　　　　　　　　　)

5 다음 물의 세 가지 상태에 대한 설명으로 옳지 <u>않은</u> 것은 어느 것입니까? (　　　)

⊙ 물　　　⊙ 수증기　　　⊙ 얼음

① ㉢은 모양이 일정하다.
② ㉢이 녹으면 ㉠이 된다.
③ ㉠은 일정한 모양이 없다.
④ ㉢은 물의 고체 상태이다.
⑤ 손에 묻은 물은 시간이 지나면 ㉡이 된다.

6 다음은 물이 얼기 전과 언 후의 모습입니다. 두 경우에서 물의 높이를 비교하여 알 수 있는 점은 어느 것입니까? (   )

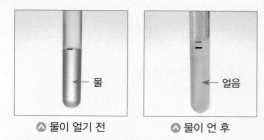

▲ 물이 얼기 전   ▲ 물이 언 후

① 물이 얼면 부피가 늘어난다.
② 물이 얼면 부피가 줄어든다.
③ 물이 얼면 무게가 늘어난다.
④ 물이 얼면 무게가 줄어든다.
⑤ 물이 얼 때 부피는 변하지 않는다.

7 다음은 위 **6**번 실험에서 물이 얼기 전과 언 후에 플라스틱 시험관의 무게를 측정한 결과입니다. ㉠에 들어갈 무게를 예상하여 쓰시오.

구분	물이 얼기 전	물이 언 후
무게	13.0 g	㉠

(   )g

8 다음 중 겨울철에 물을 담아 두었던 장독이 깨지는 까닭으로 옳은 것은 어느 것입니까? (   )
① 물이 얼 때 부피가 줄어들기 때문이다.
② 물이 얼 때 부피가 늘어나기 때문이다.
③ 물이 얼 때 무게가 늘어나기 때문이다.
④ 겨울철에는 물이 빠르게 흐르기 때문이다.
⑤ 겨울철에는 물이 바닷물로 바뀌기 때문이다.

9 다음 실험에서 얼음이 녹을 때의 무게 변화를 정확히 측정하기 위해 해야 할 일로 ☐ 안에 들어갈 알맞은 내용은 어느 것입니까? (   )

> **1** 물이 언 시험관의 부피와 무게를 확인합니다.
> **2** 물이 언 시험관을 따뜻한 물이 담긴 비커에 넣습니다.
> **3** 얼음이 완전히 녹으면 시험관을 꺼내 ☐☐☐☐☐☐, 전자저울로 무게를 측정합니다.

① 빈 비커에 꼽고
② 비닐 랩으로 감싸고
③ 표면의 물기를 닦고
④ 알루미늄 포일로 감싸고
⑤ 냉장고에 넣어 두었다가

천재, 김영사, 동아, 비상, 아이스크림, 지학사

10 다음 중 고체인 얼음에서 액체인 물로 변할 때의 부피 변화와 관계있는 현상은 어느 것입니까?
(   )
① 그릇에 남아 있던 물기가 마른다.
② 물의 상태 변화를 이용하여 떡을 찐다.
③ 물이 든 페트병을 얼리면 페트병이 커진다.
④ 냄비의 물을 가열하면 물속에서 기포가 생긴다.
⑤ 냉동실에서 꺼낸 꽁꽁 언 튜브형 얼음과자의 부피가 시간이 지나면서 줄어든다.

① 증발과 끓음

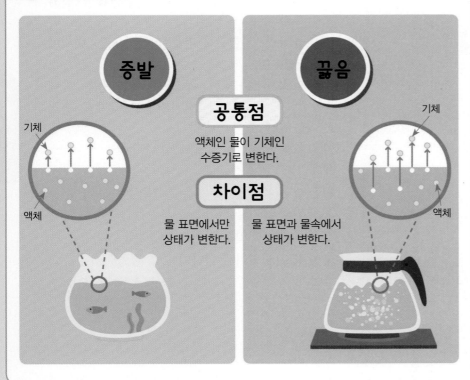

증발

끓음

공통점
액체인 물이 기체인 수증기로 변한다.

차이점
물 표면에서만 상태가 변한다.

물 표면과 물속에서 상태가 변한다.

기체

액체

기체

액체

＊ 강의를 들으며 중요한 내용을 메모하세요!

● 물의 증발이란?

● 물의 끓음이란?

● 증발과 끓음의 공통점과 차이점은?

개념 확인하기

정답 21쪽

🌿 다음 문제를 읽고 답을 찾아 ☐ 안에 ✔표를 하시오.

1 액체인 물이 표면에서 기체인 수증기로 상태가 변하는 현상은 어느 것입니까?

　ⓒ 증발 ☐　　　　ⓒ 끓음 ☐

2 물의 표면과 물속에서 물이 수증기로 상태가 변하는 현상은 어느 것입니까?

　ⓒ 증발 ☐　　　　ⓒ 끓음 ☐

3 어항 속의 물이 줄어드는 것과 관계있는 현상은 증발과 끓음 중 어느 것입니까?

　ⓒ 증발 ☐　　　　ⓒ 끓음 ☐

4 증발과 끓음이 일어날 때 물의 상태 변화로 옳은 것은 어느 것입니까?

　ⓒ 고체 → 액체 ☐
　ⓒ 액체 → 기체 ☐
　ⓒ 기체 → 액체 ☐

5 증발과 끓음의 공통점은 어느 것입니까?

　ⓒ 물이 수증기로 상태가 변합니다. ☐
　ⓒ 물속에서만 상태 변화가 일어납니다. ☐
　ⓒ 물의 표면에서 물이 고체로 변해 사라집니다. ☐

❷ 응결

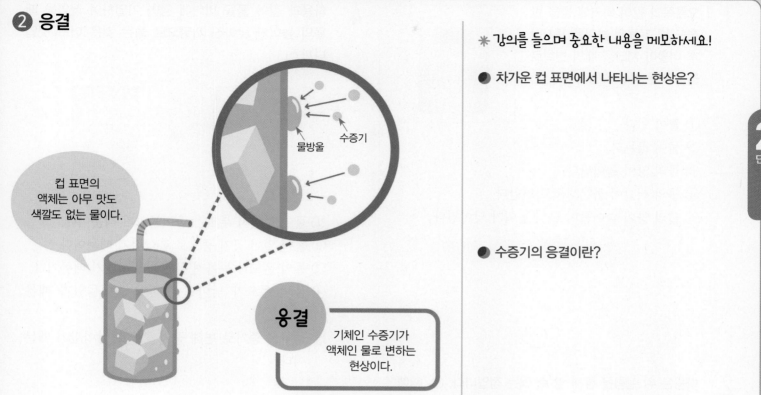

수증기

물방울

컵 표면의 액체는 아무 맛도 색깔도 없는 물이다.

응결
기체인 수증기가 액체인 물로 변하는 현상이다.

✳ 강의를 들으며 중요한 내용을 메모하세요!

● 차가운 컵 표면에서 나타나는 현상은?

● 수증기의 응결이란?

개념 확인하기

정답 21쪽

🌱 다음 문제를 읽고 답을 찾아 ☐ 안에 ✔표를 하시오.

1 차가운 얼음과 물이 담긴 컵의 표면에 맺히는 것은 어느 것입니까?

  ㉠ 물방울 ☐   ㉡ 얼음 알갱이 ☐

2 수증기가 물로 상태가 변하는 현상은 어느 것입니까?

  ㉠ 증발 ☐   ㉡ 끓음 ☐   ㉢ 응결 ☐

3 응결은 공기 중에 있던 무엇이 물로 상태가 변하는 것입니까?

  ㉠ 얼음 ☐   ㉡ 산소 ☐   ㉢ 수증기 ☐

4 응결이 일어날 때 물의 상태 변화로 옳은 것은 어느 것입니까?

  ㉠ 고체 → 액체 ☐
  ㉡ 액체 → 기체 ☐
  ㉢ 기체 → 액체 ☐

5 응결에 대한 설명으로 옳은 것은 어느 것입니까?

  ㉠ 얼음이 물로 변하는 현상입니다. ☐
  ㉡ 수증기가 물로 변하는 현상입니다. ☐
  ㉢ 공기 중의 수증기가 뜨거운 물체에 닿으면 사라지는 현상입니다. ☐

1 오른쪽과 같이 비커에 물을 반 정도 넣고 물의 높이를 표시한 후 이틀이 지났을 때의 변화로 옳은 것은 어느 것입니까?

천재, 비상, 지학사

(   )

① 물이 언다.
② 물이 끓는다.
③ 물의 양이 늘어난다.
④ 물의 색깔이 붉은색으로 변한다.
⑤ 물의 양이 줄어들어 물의 높이가 낮아진다.

2 다음은 위 실험을 통해 알 수 있는 점입니다. ㉠, ㉡에 들어갈 알맞은 말을 각각 쓰시오.

액체인 물이 비커의 물   ㉠   에서 기체인   ㉡   (으)로 변해 공기 중으로 날아갔기 때문입니다.

㉠ (   ) ㉡ (   )

3 다음 중 증발의 예를 두 가지 고르시오.

(,   )

① 감을 말린다.
② 냄비에 찌개를 끓인다.
③ 젖어 있던 길이 마른다.
④ 손바닥에 올려놓은 얼음이 녹는다.
⑤ 얼음 틀에 물을 담아 냉동실에 넣어 두면 물이 언다.

4 다음과 같이 물을 비커에 담아 가열하여 끓였을 때 물의 높이가 낮아진 까닭으로 옳은 것은 어느 것입니까? (   )

⬆ 끓기 전   ⬆ 끓은 후

① 물이 얼면서 부피가 줄어들었기 때문이다.
② 물이 얼어 공기 중으로 흩어졌기 때문이다.
③ 물의 온도가 높아져 무게가 늘어났기 때문이다.
④ 물의 온도가 낮아져 부피가 줄어들었기 때문이다.
⑤ 물이 수증기로 변해 공기 중으로 날아갔기 때문이다.

5 오른쪽과 같이 비커에 들어 있는 물이 끓을 때 나타나는 현상에 대한 설명으로 옳은 것에는 ○표, 옳지 <u>않은</u> 것에는 ×표를 하시오.

← 물

(1) 물의 양이 빠르게 줄어듭니다.   (   )
(2) 물의 표면에서만 물이 수증기로 변합니다.

(   )

(3) 물 표면과 물속에서 기포가 많이 생깁니다.

(   )

6 다음과 같이 주스와 얼음을 넣은 플라스틱병의 마개를 막고 접시에 올려놓았습니다. 플라스틱병 주변에서 생기는 변화로 옳은 것을 두 가지 고르시오.

(,   )

① 접시에 물이 고인다.
② 접시에 주스가 고인다.
③ 플라스틱병 표면에서 연기가 난다.
④ 플라스틱병 표면에 물방울이 맺힌다.
⑤ 플라스틱병 안의 주스가 새어 나온다.

천재

7 다음은 차가운 플라스틱병 표면에서 일어나는 변화를 알아보는 실험 방법입니다. ☐ 안에 들어갈 알맞은 실험 기구를 쓰시오.

> **1** 플라스틱병에 주스와 얼음을 넣고 마개로 막습니다.
> **2** **1**의 플라스틱병을 접시에 올려놓고 ☐(으)로 무게를 측정합니다.
> **3** 시간이 지남에 따라 플라스틱병 표면에서 일어나는 변화를 관찰합니다.
> **4** 시간이 지난 뒤 접시에 올려놓은 플라스틱병의 무게를 다시 측정하고 **2**의 결과와 비교합니다.

(   )

8 다음은 앞 **7**번의 실험에서 무게를 측정한 결과입니다. ㉠에 들어갈 무게로 가장 알맞은 것은 어느 것입니까?

(   )

처음 무게(g)	나중 무게(g)
250.0	㉠

① 200.0   ② 205.0   ③ 248.0
④ 250.0   ⑤ 252.0

9 다음 중 응결의 예가 아닌 것은 어느 것입니까?

(   )

① 맑은 날 아침 풀잎에 물방울이 맺힌다.
② 비가 온 뒤에 젖어 있던 도로가 마른다.
③ 얼음물이 담긴 컵의 표면에 물방울이 맺힌다.
④ 냉장고에서 꺼낸 음료수병의 표면에 물방울이 맺힌다.
⑤ 국이 끓고 있는 냄비의 뚜껑 안쪽에 물방울이 맺힌다.

10 다음 중 이용하는 물의 상태 변화가 나머지와 다른 하나는 어느 것입니까? (   )

① 고추를 말릴 때
② 얼음과자를 만들 때
③ 가습기를 이용할 때
④ 스팀 청소기로 바닥의 때를 벗길 때
⑤ 찜솥을 가스레인지에 올려 떡을 찔 때

2
단원

진도 완료 체크

연습 도움말을 참고하여 내 생각을 차근차근 써 보세요.

1 다음은 물의 세 가지 상태의 모습입니다. [총 9점]

⬆ 얼음

⬆ 물

⬆ 수증기

(1) 위의 얼음, 물, 수증기는 각각 물의 어떤 상태에 해당하는지 ( ) 안의 알맞은 상태에 ○표를 하시오. [3점]

얼음	(고체 / 액체 / 기체)
물	(고체 / 액체 / 기체)
수증기	(고체 / 액체 / 기체)

(2) 물이 얼음일 때의 특징을 두 가지 쓰시오. [6점]

> 얼음이 물의 고체, 액체, 기체 중 어떤 상태인지 확인하고 모양, 만졌을 때의 느낌은 어떠한지 생각해 보세요.
> **꼭 들어가야 할 말** 일정한 모양 / 차갑다 / 단단하다

_____

_____

2 다음은 플라스틱 시험관에 물을 담고 물이 얼기 전과 완전히 언 후의 물의 높이를 표시한 모습입니다. [총 16점]

⬆ 물이 얼기 전   ⬆ 물이 완전히 언 후

(1) 위의 실험 결과를 관찰하고 물이 얼기 전 물의 높이와 물이 완전히 언 후 물의 높이를 비교하여 ( ) 안에 >, =, < 중 하나를 이용하여 나타내시오. [2점]

물이 얼기 전의 물의 높이	( )	물이 완전히 언 후의 물의 높이

(2) 위 (1)번의 답으로 보아 물이 얼어 얼음이 될 때 무엇이 어떻게 변하는지 쓰시오. [6점]

_____

_____

(3) 우리 주변에서 볼 수 있는 물이 얼 때의 부피 변화와 관련된 예를 두 가지 쓰시오. [8점]

_____

_____

3 오른쪽과 같이 물을 가열하여 끓일 때 나타나는 물의 상태 변화를 쓰시오. [6점]

물

_____

_____

7종 공통

1 다음 중 물을 관찰한 내용으로 옳은 것은 어느 것입니까?
( )

① 뜨겁다.
② 만져 보면 단단하다.
③ 일정한 모양이 있다.
④ 흐르는 성질이 있다.
⑤ 손으로 집어 올릴 수 있다.

7종 공통

2 다음 중 수증기에 대한 설명으로 옳지 <u>않은</u> 것은 어느 것입니까? ( )

① 기체이다.
② 단단하고 차갑다.
③ 눈에 보이지 않는다.
④ 일정한 모양이 없다.
⑤ 손으로 잡을 수 없다.

김영사, 동아, 지학사

3 다음 중 손바닥 위에 얼음을 올려놓았을 때 나타나는 현상으로 옳은 것은 어느 것입니까? ( )

① 얼음이 더 차가워진다.
② 얼음이 더 단단해진다.
③ 얼음이 녹아 물이 된다.
④ 얼음의 크기가 더 커진다.
⑤ 얼음의 색깔이 붉은색으로 변한다.

7종 공통

4 오른쪽과 같이 햇볕을 받은 고드름이 녹을 때 관찰할 수 있는 크기 변화와 물의 상태에 대한 설명으로 옳은 것은 어느 것입니까?
( )

① 고드름은 기체인 얼음이다.
② 고드름이 녹으면 액체인 물이 된다.
③ 고드름이 녹으면 바로 기체인 수증기가 된다.
④ 고드름이 녹으면 고드름의 크기가 점점 커진다.
⑤ 고드름이 녹을 때에는 물의 상태가 변하지 않는다.

7종 공통

5 시험관에 물을 반 정도 넣은 다음, 오른쪽과 같이 얼음이 든 비커에 넣고 관찰을 하였습니다. 이 실험에서 물이 얼 때의 무게 변화와 부피 변화를 바르게 나타낸 것으로 짝지어진 것은 어느 것입니까?
( )

	무게 변화	부피 변화
①	줄어든다.	줄어든다.
②	늘어난다.	줄어든다.
③	줄어든다.	늘어난다.
④	변화 없다.	늘어난다.
⑤	변화 없다.	변화 없다.

7종 공통

6 다음 중 생활 속에서 물이 얼었을 때의 부피 변화로 생기는 현상이 <u>아닌</u> 것은 어느 것입니까? ( )

① 젖은 빨래를 널어 두면 마른다.
② 추운 겨울에 수도관이 얼어 터졌다.
③ 냉동실에 넣어 둔 물이 가득 찬 유리병이 깨졌다.
④ 겨울철 마당에 있던 물이 가득 찬 장독이 깨졌다.
⑤ 냉동실에 넣어 둔 물이 든 페트병이 퉁퉁하게 부풀었다.

동아, 아이스크림

7 다음과 같은 방법으로 물을 이용하면 바위가 쪼개지는 까닭으로 옳은 것은 어느 것입니까? ( )

⬆ 바위에 구멍 뚫기   ⬆ 구멍에 물을 붓기   ⬆ 물이 얼면서 바위가 쪼개짐.

① 물이 얼면서 무게가 늘어났기 때문이다.
② 물이 얼면서 부피가 늘어났기 때문이다.
③ 물이 얼면서 투명하게 변했기 때문이다.
④ 물이 얼면서 무게가 줄어들었기 때문이다.
⑤ 물이 얼면서 부피가 줄어들었기 때문이다.

7종 공통

8 다음 중 얼음이 녹기 전과 녹은 후의 무게 변화로 옳은 것은 어느 것입니까? (   )

① 얼음이 녹으면 무게가 줄어든다.
② 얼음이 녹으면 무게가 늘어난다.
③ 얼음이 녹아도 무게는 변하지 않는다.
④ 얼음이 녹으면 무게가 늘어났다가 줄어든다.
⑤ 얼음이 녹으면 무게가 줄어들었다가 늘어난다.

천재, 김영사, 동아, 비상, 아이스크림, 지학사

9 다음과 같이 얼음과자가 녹으면 용기 속이 가득 채워져 있지 않은데 그 까닭은 어느 것입니까? (   )

△ 녹기 전   △ 녹은 후

① 얼음이 녹으면 부피가 늘어나기 때문에
② 얼음이 녹으면 부피가 줄어들기 때문에
③ 얼음이 녹으면 무게가 늘어나기 때문에
④ 얼음이 녹으면 용기가 약해지기 때문에
⑤ 얼음이 녹으면 용기가 찌그러지기 때문에

7종 공통

10 다음 중 생활 속에서 얼음이 녹을 때의 부피 변화와 관련된 현상은 어느 것입니까? (   )

① 겨울이 되면 호수의 물이 언다.
② 비가 와서 젖었던 땅이 마른다.
③ 냉장고에서 꺼낸 음료수 캔의 표면에 물방울이 생긴다.
④ 냉동실에서 꺼낸 언 요구르트의 부피가 시간이 지나면서 줄어든다.
⑤ 물이 가득 든 페트병을 냉동실에 넣고 얼리면 페트병이 커진다.

금성

11 오른쪽과 같이 페트병에 담아 온 물로 운동장에 그림을 그리면 1~2시간 뒤 그림이 사라지는 현상과 관련 있는 것은 어느 것입니까? (   )

① 얼음   ② 증발   ③ 냉각
④ 응결   ⑤ 녹음

7종 공통

12 다음 중 위 **11**번과 같은 현상이 나타날 때 물의 상태 변화로 옳은 것은 어느 것입니까? (   )

① 고체 → 액체   ② 고체 → 기체
③ 액체 → 고체   ④ 액체 → 기체
⑤ 기체 → 액체

7종 공통

13 다음 중 생활에서 물의 증발과 관련된 예가 <u>아닌</u> 것은 어느 것입니까? (   )

① 빨래가 마른다.
② 고추를 말린다.
③ 얼음과자를 만든다.
④ 젖은 머리카락이 마른다.
⑤ 비가 와서 젖었던 땅이 마른다.

7종 공통

14 오른쪽과 같이 물이 끓은 후 변하는 것은 어느 것입니까? (   )

물 —

① 물의 높이
② 물의 색깔
③ 주전자의 크기
④ 주전자의 색깔
⑤ 주전자의 모양

7종 공통

15 다음과 같이 물을 가열하여 끓일 때에 대한 설명으로 옳지 <u>않은</u> 것은 어느 것입니까? (   )

물 →

① 물의 양이 많아진다.
② 물이 활발하게 움직인다.
③ 물의 표면이 울퉁불퉁해진다.
④ 물 표면의 위쪽에서 김이 나온다.
⑤ 물의 내부에서 커다란 공기 방울이 생겨 올라 온다.

7종 공통

16 다음 중 물이 증발할 때와 끓을 때에 대한 설명으로 옳지 <u>않은</u> 것은 어느 것입니까? (   )

① 끓을 때는 물 표면이 부글거린다.
② 끓을 때와 증발할 때 모두 물이 줄어든다.
③ 증발할 때는 물 표면에서 상태 변화가 일어난다.
④ 끓을 때는 물 표면과 물속에서 상태 변화가 일어난다.
⑤ 물이 끓을 때보다 증발할 때 빠르게 물이 수증기로 변한다.

7종 공통

17 오른쪽과 같이 유리컵에 주스와 얼음을 넣었을 때 유리컵 표면에서 나타나는 변화로 옳은 것은 어느 것입니까? (   )

주스 + 얼음

① 유리컵 표면이 언다.
② 유리컵 표면이 녹는다.
③ 유리컵 표면의 색깔이 바뀐다.
④ 유리컵 표면에 물방울이 맺힌다.
⑤ 유리컵 표면으로 주스가 새어 나온다.

7종 공통

18 다음 중 우리 생활에서 응결과 관련된 예로 옳은 것은 어느 것입니까? (   )

①
가열한 냄비 뚜껑 안쪽에 물방울이 맺힘.

②
물이 끓음.

③
빨래가 마름.

④
고드름이 녹음.

2 단원
진도 완료 체크

천재, 금성, 김영사, 동아, 아이스크림, 지학사

19 다음 중 물이 수증기로 변하는 상태 변화를 이용하는 예가 <u>아닌</u> 것은 어느 것입니까? (   )

① 떡을 찔 때
② 옥수수를 찔 때
③ 팥빙수를 만들 때
④ 가습기를 이용할 때
⑤ 스팀다리미를 이용할 때

천재, 금성, 김영사, 동아, 아이스크림, 지학사

20 다음 중 물이 얼음이 되는 상태 변화를 이용한 경우는 어느 것입니까? (   )

①
스팀다리미로 옷의 주름을 펴기

②
인공 눈 만들기

③
가습기 틀기

④
달걀 삶기

· 답안 입력하기   · 온라인 피드백 받기

① 물체와 그림자

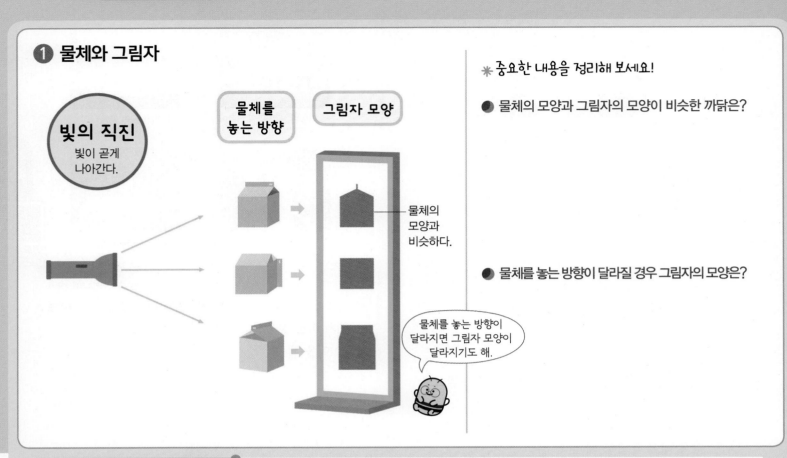

빛의 직진
빛이 곧게 나아간다.

물체를 놓는 방향

그림자 모양

물체의 모양과 비슷하다.

물체를 놓는 방향이 달라지면 그림자 모양이 달라지기도 해.

✻ 중요한 내용을 정리해 보세요!

● 물체의 모양과 그림자의 모양이 비슷한 까닭은?

● 물체를 놓는 방향이 달라질 경우 그림자의 모양은?

개념 확인하기

정답 24쪽

✐ 다음 문제를 읽고 답을 찾아 ☐ 안에 ✔표를 하시오.

1 그림자가 생기려면 물체 이외에 무엇이 필요합니까?

ㄱ 빛 ☐ ㄴ 거울 ☐

2 빛이 곧게 나아가는 성질을 무엇이라고 합니까?

ㄱ 빛의 직진 ☐ ㄴ 빛의 반사 ☐

3 물체에 빛을 비추면 그림자는 물체의 어느 쪽에 생깁니까?

ㄱ 앞쪽 ☐ ㄴ 뒤쪽 ☐

4 물체의 모양과 그림자의 모양이 비슷한 까닭으로 옳은 것은 어느 것입니까?

ㄱ 빛이 직진하기 때문이다. ☐

ㄴ 빛이 휘어져 나아가기 때문이다. ☐

5 그림자에 대한 설명으로 옳은 것은 어느 것입니까?

ㄱ 그림자는 항상 생긴다. ☐

ㄴ 물체의 모양과 그림자의 모양은 완전히 다르다. ☐

ㄷ 물체를 놓는 방향이 달라지면 그림자의 모양이 달라지기도 한다. ☐

❷ 그림자의 크기 변화

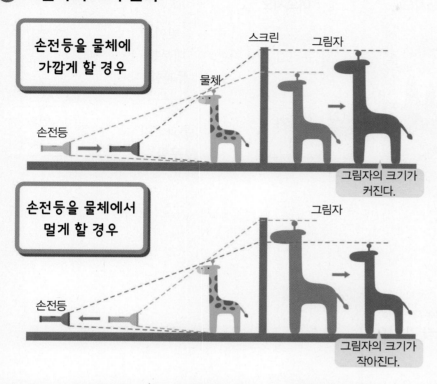

손전등을 물체에
가깝게 할 경우

손전등

물체

스크린   그림자

그림자의 크기가
커진다.

손전등을 물체에서
멀게 할 경우

손전등

그림자

그림자의 크기가
작아진다.

✳ 중요한 내용을 정리해 보세요!

● 물체와 스크린을 그대로 두었을 때 그림자의
크기를 크게 하는 방법은?

● 물체와 스크린을 그대로 두었을 때 그림자의
크기를 작게 하는 방법은?

3
단원

개념 확인하기

정답 24쪽

✍ 다음 문제를 읽고 답을 찾아 ☐ 안에 ✔표를 하시오.

1 물체와 스크린을 그대로 두고 손전등을 물체에 가깝게
하면 그림자의 크기는 어떻게 변합니까?

㉠ 커진다. ☐   ㉡ 작아진다. ☐

2 물체와 스크린을 그대로 두고 손전등을 물체에서 어떻게
하면 그림자의 크기가 작아집니까?

㉠ 멀게 한다. ☐   ㉡ 가깝게 한다. ☐

3 물체와 스크린을 그대로 두고 손전등과 물체 사이의 거리를
멀게 하면 그림자의 크기는 어떻게 변합니까?

㉠ 커진다. ☐   ㉡ 작아진다. ☐

4 물체와 스크린을 그대로 두었을 때 그림자의 크기는
무엇에 따라 달라집니까?

㉠ 손전등과 물체 사이의 거리 ☐

㉡ 손전등에서 나오는 빛의 세기 ☐

5 그림자의 크기 변화에 영향을 주는 것이 <u>아닌</u> 것은
어느 것입니까?

㉠ 물체의 위치 ☐

㉡ 손전등의 위치 ☐

㉢ 물체의 투명한 정도 ☐

1 다음은 햇빛이 비칠 때 그림자가 생긴 모습입니다. 그림자를 만들기 위해 필요한 것 두 가지를 쓰시오.

(,   )

천재, 금성, 김영사, 아이스크림

2 다음 중 스크린에 그림자가 생기는 경우를 골라 기호를 쓰시오.

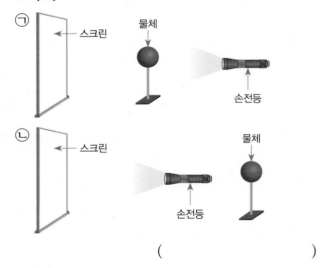

(   )

3 다음 중 연한 그림자가 생기는 물체를 두 가지 고르시오.

(,   )

① 책   ② 손
③ 유리컵   ④ 나무 의자
⑤ OHP 필름

4 다음에서 유리컵과 도자기 컵의 특징을 줄로 바르게 이으시오.

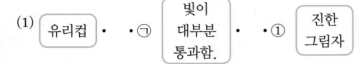

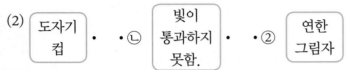

5 다음과 같이 장치한 뒤 손전등의 빛을 비추었을 때 나타나는 그림자의 특징으로 옳은 것을 두 가지 고르시오. (,   )

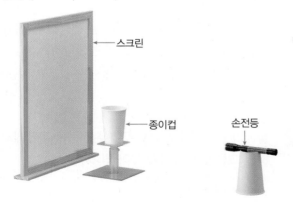

① 그림자가 생기지 않는다.
② 그림자가 연하고 흐릿하다.
③ 그림자가 진하고 선명하다.
④ 그림자의 모양이 종이컵의 모양과 같다.
⑤ 그림자의 모양이 종이컵의 모양과 다르다.

6 다음 여러 가지 모양의 종이를 사용해 만든 그림자를 통해 알 수 있는 것은 어느 것입니까? (   )

△ 원 모양 종이 그림자   △ 별 모양 종이 그림자

① 그림자는 물체 앞에 생긴다.
② 그림자는 빛이 없을 때 생긴다.
③ 종이의 모양과 그림자의 모양이 같다.
④ 종이의 모양과 그림자의 모양이 다르다.
⑤ 종이의 재질에 따라 그림자가 달라진다.

7 다음과 같이 태양에서 나온 빛은 어떻게 나아갑니까?
(   )

① 사방으로 곧게 나아간다.
② 사방으로 휘어져 나아간다.
③ 한 방향으로만 휘어져 나아간다.
④ 두 방향으로만 휘어져 나아간다.
⑤ 세 방향으로만 휘어져 나아간다.

천재, 금성, 김영사, 동아, 아이스크림, 지학사

8 다음은 손전등 빛을 비추고 물체를 돌려 방향을 바꿀 때 스크린에 나타난 모습입니다. ☐ 안에 들어갈 알맞은 말을 쓰시오.

물체를 놓는 방향이 달라지면 ☐☐☐ 의 모양이 달라지기도 합니다.

(   )

9 다음과 같이 물체와 스크린을 그대로 두고 손전등을 움직여 그림자의 크기를 작게 하려면 ㉠과 ㉡ 중 어느 방향으로 움직여야 하는지 쓰시오.

(   )

금성, 김영사, 동아, 비상, 지학사

10 다음과 같이 스크린과 손전등은 그대로 두고 물체를 움직일 때 물체의 위치에 따라 그림자의 크기가 어떻게 변할지 ㉠, ㉡에 들어갈 알맞은 말을 각각 쓰시오.

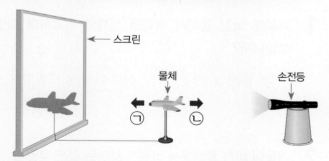

구분	그림자의 크기
㉠ 물체를 손전등에서 멀게 할 경우	
㉡ 물체를 손전등에 가깝게 할 경우	

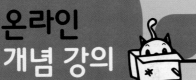
1 거울에 비친 물체의 모습

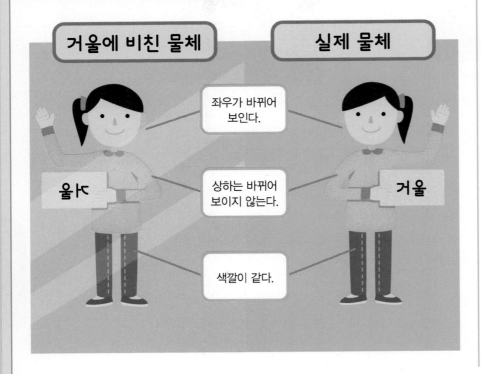

※ 중요한 내용을 정리해 보세요!

● 거울에 비친 물체와 실제 물체의 공통점은?

● 거울에 비친 물체와 실제 물체의 차이점은?

개념 확인하기

정답 24쪽

🖋 다음 문제를 읽고 답을 찾아 ☐ 안에 ✔표를 하시오.

1 거울에 비친 물체의 색깔은 실제와 비교하여 어떻게 보입니까?

　㉠ 같게 보인다. ☐　　㉡ 다르게 보인다. ☐

2 거울에 비친 물체에서 바뀌어 보이는 것은 무엇입니까?

　㉠ 상하 ☐　　㉡ 좌우 ☐

3 'ㄱ' 글자를 거울에 비추어 보면 어떤 모양으로 보입니까?

　㉠ ㄱ ☐　　㉡ ㄱ(반전) ☐

4 왼쪽 팔을 들고 있는 학생의 거울에 비친 모습은 어느 쪽 팔을 들고 있는 것처럼 보입니까?

　㉠ 왼쪽 ☐　　㉡ 오른쪽 ☐

5 거울에 비친 물체의 모습에 대한 설명으로 옳은 것은 어느 것입니까?

　㉠ 거울에 물체를 비추면 모두 무지개색으로 바뀐다. ☐

　㉡ 거울에 비친 물체의 색깔은 모두 한 가지 색으로 보인다. ☐

　㉢ 거울에 비친 물체의 상하는 실제 물체와 같아 보인다. ☐

② 빛의 반사

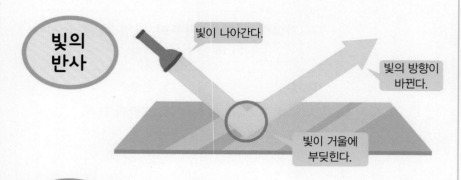

빛의 반사

빛이 나아간다.

빛의 방향이 바뀐다.

빛이 거울에 부딪힌다.

빛의 반사 이용

거울로 자신의 모습을 보거나 보이지 않는 곳에 있는 물체를 볼 수 있다.

3 단원

✽ 중요한 내용을 정리해 보세요!

● 빛의 반사란?

● 거울로 보이지 않는 곳에 뒤에 있는 물체를 볼 수 있는 까닭은?

개념 확인하기

정답 24쪽

✍ 다음 문제를 읽고 답을 찾아 ☐ 안에 ✔표를 하시오.

1 빛이 나아가다가 거울에 부딪칠 때 바뀌는 것은 어느 것입니까?

　⑦ 방향 ☐　　　ⓛ 색깔 ☐

2 거울은 빛의 어떤 성질을 이용하여 물체의 모습을 비추는 도구입니까?

　⑦ 빛의 직진 ☐　　　ⓛ 빛의 반사 ☐

3 빛이 나아가는 길에 거울을 놓았을 때에 대한 설명으로 옳은 것은 어느 것입니까?

　⑦ 빛이 거울을 통과해 계속 나아간다. ☐

　ⓛ 빛이 거울에 부딪쳐 빛의 방향이 바뀐다. ☐

4 자신의 모습을 볼 수 있는 방법으로 옳은 것은 어느 것입니까?

　⑦ 거울을 이용한다. ☐

　ⓛ 손전등을 이용한다. ☐

　ⓒ 그림자를 이용한다. ☐

5 뒤에 있는 친구를 직접 보지 않아도 거울을 이용하면 볼 수 있는 까닭으로 옳은 것은 어느 것입니까?

　⑦ 빛의 세기가 바뀌기 때문이다. ☐

　ⓛ 빛의 방향이 바뀌기 때문이다. ☐

1 다음의 거울에 비친 인형의 모습에 대한 설명으로 옳은 것을 보기 에서 골라 기호를 쓰시오.

보기
ㄱ 입고 있는 옷의 색깔이 다릅니다.
ㄴ 위로 들고 있는 팔의 높이가 다릅니다.
ㄷ 실제 인형은 왼쪽 팔을 들고 있는데, 거울에 비친 인형은 오른쪽 팔을 들고 있습니다.

(   )

2 다음 중 종이에 바르게 쓴 숫자를 거울에 비출 때 그 결과로 옳은 것은 어느 것입니까? (   )

비상

① 2 거울 2
② 4 거울 4
③ 5 거울 5
④ 7 거울 7
⑤ 9 거울 9

3 다음은 거울에 비친 물체의 모습에 대한 설명입니다. ☐ 안에 들어갈 알맞은 말은 어느 것입니까? (   )

거울에 물체를 비추어 보면 실제 물체와 ☐이/가 바뀌어 보입니다.

① 색깔
② 좌우
③ 크기
④ 색깔과 크기
⑤ 좌우와 색깔

4 다음은 오른쪽과 같이 구급차 앞부분 글자의 좌우가 바뀌어 있는 까닭입니다. ( ) 안의 알맞은 말에 ○ 표를 하시오.

자동차의 뒷거울로 구급차를 보았을 때 글자가 (거꾸로 / 똑바로) 보이게 하기 위해서입니다.

5 다음 거울에 비친 모습에서 잘못된 부분을 두 군데 골라 기호를 쓰시오.

(,   )

6 다음과 같이 빛이 지나가는 길에 거울을 놓았을 때의 결과로 옳은 것을 보기 에서 골라 기호를 쓰시오.

← 거울

보기
ⓐ 빛이 거울에 모두 흡수됩니다.
ⓑ 빛이 나아가는 방향이 바뀝니다.
ⓒ 빛이 나아가던 방향으로 계속 곧게 나아갑니다.

(   )

7 다음 중 위 **6**번의 답으로 알 수 있는 빛의 성질은 어느 것입니까? (   )
① 빛의 굴절   ② 빛의 반사
③ 빛의 흡수   ④ 빛의 직진
⑤ 빛의 휘어짐

8 다음 중 우리 생활에서 거울을 이용한 예가 <u>아닌</u> 것은 어느 것입니까? (   )
① 화장을 할 때
② 무용하는 모습을 볼 때
③ 100 m 달리기 후 기록을 확인할 때
④ 미용실에서 머리를 자르는 모습을 볼 때
⑤ 신발 가게에서 신발을 신은 모습을 볼 때

9 다음 중 미용실에서 머리 모양을 볼 때 거울을 이용한 경우는 어느 것입니까? (   )

①    ②

③    ④

⑤

3 단원
진도 완료 체크

10 다음과 같이 자동차 뒷거울을 이용하는 까닭으로 가장 알맞은 것은 어느 것입니까? (   )

① 신발 신은 모습을 보기 위해서이다.
② 세수할 때 얼굴을 보기 위해서이다.
③ 외출복의 맵시를 확인하기 위해서이다.
④ 다른 자동차의 위치를 보기 위해서이다.
⑤ 무용하는 자신의 모습을 보기 위해서이다.

연습 🐱 도움말을 참고하여 내 생각을 차근차근 써 보세요.

1 다음은 손전등, ㄱ자 모양 블록, 스크린을 차례대로 놓은 모습입니다. [총 8점]

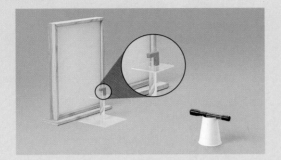

(1) 위에서 손전등의 불을 켰을 때 스크린에 생기는 그림자의 모양을 그리시오. [2점]

(2) 위 (1)번의 답과 같은 모양의 그림자가 스크린에 생기는 까닭을 빛의 성질과 관련지어 쓰시오. [6점]

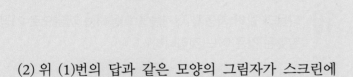

🐱 물체 모양과 그림자 모양이 비슷한 까닭을 빛의 성질과 관련지어 생각해 보세요.

꼭 들어가야 할 말 빛 / 직진

_____

_____

2 다음은 거울에 비친 인형과 글자의 모습입니다. [총 10점]

⬆ 거울에 비친 인형의 모습

⬆ 거울에 비친 글자의 모습

(1) 다음은 위의 두 모습을 보고 알 수 있는 내용입니다. □ 안에 들어갈 알맞은 말을 쓰시오. [2점]

거울에 물체를 비추어 보면 물체의 □□□이/가 바뀌어 보인다는 것을 알 수 있습니다.

(   )

(2) 위의 거울에 다음의 글자를 비추면 어떤 모양으로 보일지 오른쪽 칸에 그리시오. [2점]

(3) 다음과 같이 구급차의 앞부분에 글자를 좌우로 바꾸어 쓴 까닭을 거울의 성질과 관련지어 쓰시오. [6점]

_____

_____

1 다음 중 그림자에 대한 설명으로 옳은 것은 어느 것입니까? (   )

① 그림자는 항상 생긴다.

② 그림자는 빛과 관계없이 생긴다.

③ 그림자의 모양은 물체의 모양과 관계없다.

④ 그림자는 물체가 빛을 만나면 반사하기 때문에 생긴다.

⑤ 그림자는 빛이 나아가다가 물체를 만나서 물체를 통과하지 못하면 생긴다.

7종 공통

2 다음 중 물체 앞에서 빛을 비출 때 그림자가 생기는 위치는 어디입니까? (   )

① 물체 앞쪽   ② 물체 뒤쪽

③ 물체 위쪽   ④ 물체 왼쪽

⑤ 물체 오른쪽

천재, 금성, 김영사, 아이스크림

3 다음 중 공, 손전등, 흰 종이를 이용해 공의 그림자를 만들 때 놓은 순서가 옳은 것은 어느 것입니까?

(   )

① 공 – 손전등 – 흰 종이

② 공 – 흰 종이 – 손전등

③ 손전등 – 공 – 흰 종이

④ 손전등 – 흰 종이 – 공

⑤ 흰 종이 – 손전등 – 공

7종 공통

4 다음 중 투명 플라스틱 컵과 종이컵을 각각 손전등과 스크린 사이에 놓고 손전등을 비추어 보았을 때의 모습으로 옳지 <u>않은</u> 것은 어느 것입니까? (   )

① 종이컵의 그림자가 생긴다.

② 종이컵은 빛이 통과하지 못한다.

③ 종이컵의 그림자는 선명하고 진하다.

④ 투명 플라스틱 컵은 빛을 조금만 통과시킨다.

⑤ 투명 플라스틱 컵의 그림자는 윤곽이 선명하지 않고 희미하다.

7종 공통

5 오른쪽과 같은 원 모양 종이를 사용해 그림자를 만들 때 나타나는 그림자의 모양으로 옳은 것은 어느 것입니까?

(   )

원 모양 종이

① 별 모양   ② 원 모양

③ 네모 모양   ④ 삼각형 모양

⑤ 원기둥 모양

7종 공통

6 다음 중 물체의 모양과 비슷한 그림자가 생기는 까닭으로 옳은 것은 어느 것입니까? (   )

① 빛이 곧게 나아가기 때문이다.

② 그림자는 물체의 앞쪽에 생기기 때문이다.

③ 빛이 물체의 겉 표면을 따라 움직이기 때문이다.

④ 그림자는 물체의 모양과 관계없이 항상 같기 때문이다.

⑤ 물질의 색깔만 같으면 같은 모양의 그림자가 생기기 때문이다.

천재, 금성, 김영사, 동아, 아이스크림, 지학사

7 다음 중 아래와 같이 ㄱ자 모양 블록으로 만든 여러 가지 모양의 그림자를 보고 알 수 있는 점에 대한 설명으로 옳은 것은 어느 것입니까? (   )

① 물체의 색깔에 따라 그림자의 크기가 달라진다.

② 손전등의 밝기에 따라 그림자의 모양이 달라진다.

③ 스크린의 크기에 따라 그림자의 모양이 달라진다.

④ 물체를 놓는 방향에 따라 그림자의 모양이 달라진다.

⑤ 물체를 놓는 방향에 관계없이 그림자의 모양은 항상 같다.

천재, 금성, 김영사, 동아, 아이스크림, 지학사

8 컵을 놓고 컵의 정면에서 빛을 비출 때 다음과 같은 그림자가 생기는 것은 어느 것입니까? (   )

①    ②

③    ④

7종 공통

9 다음은 그림자의 크기를 변화시키는 실험의 준비 과정입니다. ☐ 안에 들어갈 알맞은 말은 어느 것입니까?
(   )

> 손전등과 스크린 사이에 비행기 모양 종이를 놓고 손전등으로 비행기 모양 종이에 빛을 비추어 ☐ 에 그림자가 생기도록 합니다.

① 바닥   ② 공중
③ 스크린   ④ 손전등의 전구
⑤ 손전등의 스위치

7종 공통

10 다음 중 물체의 그림자 크기를 변화시키는 방법으로 옳은 것은 어느 것입니까? (   )
① 물체의 색깔을 조절한다.
② 손전등의 위치를 조절한다.
③ 손전등의 색깔을 조절한다.
④ 손전등의 밝기를 조절한다.
⑤ 스크린의 크기를 조절한다.

7종 공통

11 다음 중 비행기 모양 종이와 스크린은 그대로 두고 손전등을 비행기 모양 종이에 가깝게 할 때, 그림자의 변화에 대한 설명으로 옳은 것은 어느 것입니까? (   )

① 그림자가 점점 커진다.
② 그림자가 점점 작아진다.
③ 그림자가 점점 연해진다.
④ 그림자는 아무 변화 없다.
⑤ 그림자가 갑자기 사라진다.

7종 공통

12 다음 중 아래의 글자를 거울에 비추어 본 모습을 나타낸 것으로 옳은 것은 어느 것입니까? (   )

과학

① 과학   ② ㅓ학ㄷ

③ 학과   ④ 파학

7종 공통

13 다음 중 거울에 비친 물체의 모습에 대한 설명으로 옳은 것은 어느 것입니까? (   )
① 실제 물체와 좌우가 바뀌어 보인다.
② 실제 물체와 상하가 바뀌어 보인다.
③ 실제 물체보다 크기가 작게 보인다.
④ 실제 물체보다 크기가 크게 보인다.
⑤ 실제 물체의 색깔과 다른 색깔로 보인다.

지학사

14 다음 중 실제 모양과 거울에 비친 모양이 같은 도형이 <u>아닌</u> 것은 어느 것입니까? (   )

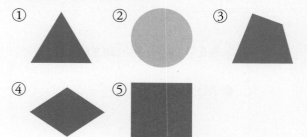

① ② ③ ④ ⑤

7종 공통

15 다음 중 빛이 지나가는 길에 거울을 놓았을 때에 대한 설명으로 옳은 것은 어느 것입니까? (   )

① 빛이 검은색으로 변한다.
② 거울이 빛을 모두 흡수한다.
③ 빛이 나아가는 방향이 바뀐다.
④ 빛이 거울을 통과하여 나아간다.
⑤ 빛은 항상 거울에 들어왔던 방향으로 되돌아 나아간다.

7종 공통

16 다음 중 빛의 반사에 대한 설명으로 옳은 것은 어느 것입니까? (   )

① 빛의 색깔이 변하는 것이다.
② 빛이 곧게 나아가는 것이다.
③ 빛이 물체를 통과하는 것이다.
④ 빛이 물체의 표면에 모두 흡수되는 것이다.
⑤ 빛이 나아가다 거울에 부딪쳐서 빛의 방향이 바뀌는 것이다.

7종 공통

17 다음 중 자신의 모습을 보거나 보이지 않는 곳에 있는 물체의 모습을 볼 수 있는 도구는 어느 것입니까?

(   )

① 빗   ② 거울
③ 손전등   ④ 망원경
⑤ 돋보기

7종 공통

18 다음 중 세수를 할 때 얼굴을 보기 위해 거울을 이용한 경우는 어느 것입니까? (   )

7종 공통

19 다음 중 일상생활에서 거울을 이용하는 예가 <u>아닌</u> 것은 어느 것입니까? (   )

① 내 뒷모습을 볼 때
② 치과에서 윗니를 살펴볼 때
③ 가게의 구석구석을 살펴볼 때
④ 어두운 밤길에 손전등을 비출 때
⑤ 자동차의 옆 거울을 통하여 뒤쪽에서 오는 자동차를 볼 때

3
단원

진도 완료 체크

7종 공통

20 다음 중 자신의 모습을 보기 위해 거울을 사용하는 경우가 <u>아닌</u> 것은 어느 것입니까? (   )

①
🔺 무용실 거울

②
🔺 자동차 뒷거울

③

🔺 미용실 거울

④
🔺 화장대 거울

· 답안 입력하기   · 온라인 피드백 받기

❶ 화산과 화산 분출물

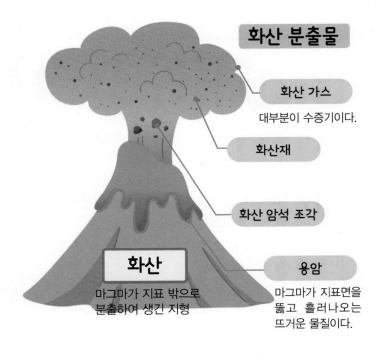

화산 분출물

화산 가스
대부분이 수증기이다.

화산재

화산 암석 조각

화산
마그마가 지표 밖으로 분출하여 생긴 지형

용암
마그마가 지표면을 뚫고 흘러나오는 뜨거운 물질이다.

✳ 중요한 내용을 정리해 보세요!

● 화산이란?

● 화산이 분출할 때 나오는 물질은?

개념 확인하기

정답 27쪽

🍃 다음 문제를 읽고 답을 찾아 ☐ 안에 ✔표를 하시오.

1 마그마가 지표 밖으로 분출하여 생긴 지형은 무엇입니까?

㉠ 화산 ☐　　㉡ 분화구 ☐

2 화산의 산꼭대기는 대부분 어떤 모양입니까?

㉠ 위로 볼록하다. ☐
㉡ 움푹 파여있다. ☐
㉢ 모양을 알 수 없다. ☐

3 화산이 분출할 때 나오는 물질을 무엇이라고 합니까?

㉠ 마그마 ☐　　㉡ 화산 분출물 ☐

4 화산 가스는 대부분 무엇으로 이루어져 있습니까?

㉠ 물 ☐　　㉡ 수증기 ☐

5 마그마가 지표면을 뚫고 흘러나오는 뜨거운 물질을 무엇이라고 합니까?

㉠ 용암 ☐　　㉡ 퇴적암 ☐

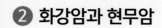

개념 강의

❷ 화강암과 현무암

현무암

색깔 　어두운색

만들어지는 장소 　지표 가까운 곳

알갱이 크기 　매우 작다.

용암이 지표 가까이에서 빠르게 식기 때문이다.

화강암

색깔 　밝은색

만들어지는 장소 　땅속 깊은 곳

알갱이 크기 　크다.

마그마가 땅속 깊은 곳에서 서서히 식기 때문이다.

✳ 중요한 내용을 정리해 보세요!

● 화강암과 현무암의 모습은?

● 화강암과 현무암의 특징은?

4 단원

개념 확인하기

정답 27쪽

✎ 다음 문제를 읽고 답을 찾아 ☐ 안에 ✔표를 하시오.

1 마그마의 활동으로 만들어진 암석은 무엇입니까?

　　㉠ 화강암 ☐ 　　㉡ 퇴적암 ☐

2 현무암이 만들어지는 장소는 어디입니까?

　　㉠ 지표 가까운 곳 ☐ 　　㉡ 땅속 깊은 곳 ☐

3 화강암의 색깔은 어떠합니까?

　　㉠ 밝은색 ☐ 　　㉡ 어두운색 ☐

4 표면에 크고 작은 구멍이 뚫려 있는 암석은 무엇입니까?

　　㉠ 화강암 ☐ 　　㉡ 현무암 ☐

5 마그마가 땅속 깊은 곳에서 서서히 식어 만들어진 화강암의 알갱이의 크기는 어떠합니까?

　　㉠ 크다. ☐ 　　㉡ 매우 작다. ☐

1 다음은 화산에 대한 설명입니다. ☐ 안에 들어갈 알맞은 말은 어느 것입니까? (   )

> 땅속 깊은 곳에 암석이 녹은 ☐이/가 지표 밖으로 분출하여 생긴 지형을 화산이라고 합니다.

① 용암   ② 화산재   ③ 분화구
④ 마그마   ⑤ 공기 방울

2 다음의 설악산에 대한 설명으로 옳은 것은 어느 것입니까? (   )

① 화산이다.
② 산꼭대기에 분화구가 있다.
③ 산꼭대기가 움푹 파여 있다.
④ 산꼭대기에 뾰족한 산봉우리가 많다.
⑤ 현재 화산 활동이 일어나고 있어 연기가 난다.

3 다음 중 화산에 대한 설명으로 옳은 것은 어느 것입니까? (   )
① 우리나라에는 화산이 없다.
② 설악산과 지리산은 화산이다.
③ 산꼭대기가 길게 연결되어 있다.
④ 화산의 크기와 생김새가 모두 같다.
⑤ 산꼭대기에 용암이 분출한 분화구가 있는 곳이 있다.

[4~5] 다음은 화산 활동 모형실험의 과정입니다. 물음에 답하시오.

천재, 김영사, 비상, 아이스크림

4 위의 실험 결과로 알맞은 것을 보기에서 골라 기호를 쓰시오.

> 보기
> ㉠ 흘러나온 마시멜로는 시간이 지나도 굳지 않습니다.
> ㉡ 화산 모형 윗부분에서 실제 화산 가스가 피어오릅니다.
> ㉢ 녹은 마시멜로가 화산 활동 모형의 입구로 부풀어 오른 후 흘러내립니다.

(   )

천재, 김영사, 비상, 아이스크림

5 위의 화산 활동 모형실험에서 흐르는 마시멜로는 실제 화산 분출물의 무엇에 해당합니까? (   )
① 연기   ② 용암
③ 수증기   ④ 화산재
⑤ 화산 가스

천재, 김영사, 비상, 아이스크림

6 다음 중 화산이 분출할 때 나오는 기체 상태의 물질로, 대부분 수증기인 것은 어느 것입니까? (   )
① 용암   ② 마그마
③ 화산재   ④ 화산 가스
⑤ 화산 암석 조각

7 다음 중 화강암에 대한 설명을 잘못 말한 친구의 이름을 쓰시오.

> 지섭: 마그마의 활동으로 만들어진 암석이야.
> 효영: 대체로 밝은색이고, 반짝이는 알갱이가 보여.
> 주희: 알갱이의 크기가 매우 작아서 맨눈으로 구별하기 어려워.

(   )

금성

8 다음 중 현무암을 많이 볼 수 있는 곳을 두 군데 골라 기호를 쓰시오.

ㄱ △ 제주도 ㄴ △ 속리산
ㄷ △ 설악산 ㄹ △ 울릉도

(,   )

9 다음은 화산 활동으로 이로운 점을 나타낸 모습입니다. 아래 모습과 관련된 화산 활동의 이로운 점으로 옳은 것은 어느 것입니까? (   )

① 용암이 산불을 발생시킨다.
② 용암이 마을이나 농경지를 덮는다.
③ 화산재의 영향으로 호흡기 질병을 유발한다.
④ 땅속의 높은 열을 이용하여 온천 개발에 활용한다.
⑤ 화산재는 땅을 기름지게 하여 농작물이 잘 자라도록 해 준다.

10 다음은 화산 활동이 우리에게 주는 피해입니다. ☐ 안에 들어갈 알맞은 물질은 어느 것입니까? (   )

> ☐ 의 영향으로 항공기 운항이 어렵고, 호흡기 질병 및 날씨의 변화에 영향을 주어 동·식물에게 피해를 줄 수 있습니다.

① 용암 ② 화산재
③ 분화구 ④ 마시멜로
⑤ 화산 암석 조각

4 단원

❶ 지진이 발생하는 까닭

지진 | 땅이 끊어지면서 흔들리는 현상

원인 | 땅이 지구 내부에서 작용하는 힘을 오랫동안 받아 끊어지면서 발생한다.

지진의 세기는 규모로 나타내지.

✳ 중요한 내용을 정리해 보세요!

● 지진이란?

● 지진이 발생하는 까닭은?

개념 확인하기

정답 27쪽

🍃 다음 문제를 읽고 답을 찾아 ☐ 안에 ✔표를 하시오.

1 땅이 끊어지면서 흔들리는 현상은 무엇입니까?

　　㉠ 태풍 ☐ 　　　㉡ 지진 ☐

2 지진은 어느 정도의 시간 동안 작용하는 힘에 의해 발생합니까?

　　㉠ 짧은 시간 ☐ 　　㉡ 오랜 시간 ☐

3 지진이 발생했을 때 나타나는 현상은 무엇입니까?

　　㉠ 비가 내리며 번개가 친다. ☐
　　㉡ 땅이 휘어지거나 끊어진다. ☐

4 지진이 발생할 때 땅에 작용하는 힘은 무엇입니까?

　　㉠ 지구 내부에서 작용하는 힘 ☐
　　㉡ 지구 표면에서 작용하는 힘 ☐

5 규모가 나타내는 것은 무엇입니까?

　　㉠ 지진의 세기 ☐
　　㉡ 지진 발생 시기 ☐
　　㉢ 지진의 피해 정도 ☐

❷ 지진 발생 시 대처 방법

학교 안

책상 아래로 들어가
몸과 머리를 보호한다.

건물 안

승강기 대신 계단을
이용한다.

지진 발생 시 대처 방법

산

산에서 빨리 내려오고,
산사태에 주의한다.

열차 안

손잡이나 기둥을 잡아
넘어지지 않도록 한다.

✴ 중요한 내용을 정리해 보세요!

● 지진 발생 시 장소별 대처 방법은?
· 학교 안
· 건물 안
· 산
· 열차 안

4 단원

개념 확인하기

정답 27쪽

✍ 다음 문제를 읽고 답을 찾아 ☐ 안에 ✔표를 하시오.

1 학교 안에서 지진 발생 시 대피 장소로 적절한 곳은 어디입니까?

| ㉠ 책상 옆 ☐ | ㉡ 책상 아래 ☐ |

2 학교 안에서 지진 발생 시 대처 방법은 무엇입니까?

㉠ 좁은 장소로 대피한다. ☐

㉡ 머리와 몸을 보호한다. ☐

3 건물 안에서 지진 발생 시 신속하게 밖으로 나가기 위해 이용해야 하는 것은 무엇입니까?

| ㉠ 계단 ☐ | ㉡ 승강기 ☐ |

4 산에서 지진 발생 시 발생할 수 있는 피해는 무엇입니까?

| ㉠ 태풍 ☐ | ㉡ 우박 ☐ |
| ㉢ 가뭄 ☐ | ㉣ 산사태 ☐ |

5 열차 안에서 지진 발생 시 대처 방법은 무엇입니까?

㉠ 열차 의자에 가만히 앉아 초조해한다. ☐

㉡ 손잡이나 기둥을 잡아 넘어지지 않도록 한다.

☐

[1~3] 다음은 양손으로 우드록을 밀면서 우드록의 변화를 관찰하는 실험입니다. 물음에 답하시오.

양손으로
미는 힘

우드록

1 위의 실험은 어떤 자연 현상을 설명하기 위한 것입니까?

( )

① 천둥　　② 안개　　③ 지진
④ 침식　　⑤ 태풍

2 다음 보기 에서 위의 실험에 대한 설명으로 옳은 것을 골라 기호를 쓰시오.

보기
㉠ 우드록을 수직 방향으로 밀면서 관찰합니다.
㉡ 우드록을 계속 밀어 우드록이 끊어져도 손에 떨림은 느껴지지 않습니다.
㉢ 우드록을 계속 밀면 우드록이 휘어지다가 어느 순간 소리를 내며 끊어집니다.

( )

3 다음 중 위의 실험에서 양손으로 미는 힘은 실제 자연 현상에서 무엇에 해당합니까? ( )

① 땅
② 화산
③ 지진
④ 화산 분출 시 작용하는 힘
⑤ 지구 내부에서 작용하는 힘

4 다음 중 지진이 발생하는 까닭으로 옳지 않은 것은 어느 것입니까? ( )

① 화산 활동이 일어난다.
② 지하 동굴이 무너진다.
③ 지표의 약한 부분이 무너진다.
④ 짧은 시간 동안 가해진 힘에 의해 발생한다.
⑤ 지구 내부에서 작용하는 힘을 오랫동안 받아 발생한다.

5 다음 보기 에서 규모에 대한 설명으로 옳은 것을 두 가지 골라 기호를 쓰시오.

보기
㉠ 규모의 숫자가 클수록 강한 지진입니다.
㉡ 규모가 크면 무조건 지진의 피해 정도도 큽니다.
㉢ 규모 4.6인 지진이 규모 7.5인 지진보다 더 강합니다.
㉣ 규모가 큰 지진이 발생하면 인명 및 재산 피해가 발생할 수 있습니다.

(,)

6 다음 중 지진의 피해 사례를 알아볼 때 조사할 내용으로 알맞지 않은 것은 어느 것입니까? ( )

① 지진의 규모
② 지진 발생 연도
③ 지진 발생 지역
④ 지진 피해 내용
⑤ 지진 발생 지역의 날씨

7 다음은 최근 다른 나라에서 발생한 지진 피해의 모습입니다. 아래의 모습을 통해 알 수 있는 점으로 옳은 것은 어느 것입니까? (   )

⬆ 네팔(2015년)　　　⬆ 터키(2011년)

① 다른 나라는 지진에 안전한 지역이다.

② 세계 여러 곳에서 규모가 작은 지진만 발생하였다.

③ 세계 여러 곳에서 지진으로 인해 인명 및 재산 피해가 일어났다.

④ 우리나라는 지진으로 인한 피해가 크지만, 다른 나라는 피해가 적다.

⑤ 지진의 규모가 달라도 내진 설계 등에 따라 지진의 피해 정도가 항상 같다.

지학사

8 다음은 2016년 일본과 에콰도르에서 발생한 지진 피해 사례를 조사한 표입니다. 표를 통해 알 수 있는 점으로 옳은 것을 두 가지 고르시오. (,   )

발생 지역	규모	피해 내용
일본	7.0 이상	69명의 사망자 발생
에콰도르		660여 명의 사망자 발생

① 발생 지역의 기온에 따라 피해 정도가 다르다.

② 에콰도르에서는 화산과 지진이 동시에 발생하였다.

③ 지진의 규모가 비슷해도 지진의 피해 정도가 차이난다.

④ 일본에서는 규모의 숫자가 작아 약한 지진이 발생하였다.

⑤ 일본과 에콰도르에서 규모 7.0 이상의 지진이 발생하여 인명 피해가 일어났다.

9 다음 중 지진이 발생하기 전에 해야 할 일로 옳지 <u>않은</u> 것은 어느 것입니까? (   )

① 안전한 대피 공간을 미리 파악한다.

② 집 안에서 떨어지기 쉬운 물건은 고정한다.

③ 부상자가 있는지 확인하여 구조 요청을 한다.

④ 평소에 지진 발생 상황에 따른 행동 요령을 익힌다.

⑤ 물, 간단한 옷, 손전등 등 생존에 필요한 물품들을 준비한다.

4
단원

10 다음과 같이 건물 안과 밖에서 지진 발생 시 대처 방법으로 옳은 것을 보기 에서 골라 기호를 쓰시오.

진도 완료 체크

⬆ 건물 안　　　⬆ 건물 밖

보기

㉠ 건물 안: 승강기를 이용하여 밖으로 나갑니다.

㉡ 건물 밖: 머리를 보호하고 건물과 벽 주변에서 떨어집니다.

㉢ 건물 안: 건물 안에서만 머무르고 밖으로 대피하지 않습니다.

㉣ 건물 밖: 자동차를 이용하여 옆 건물로 신속하게 이동합니다.

(   )

연습 🦉 도움말을 참고하여 내 생각을 차근차근 써 보세요.

1 다음은 세계 여러 지역에 있는 화산의 모습입니다. [총 8점]

⬆ 시나붕산

⬆ 후지산

⬆ 백두산

⬆ 킬라우에아산

(1) 다음은 위의 화산에 대한 설명입니다. ☐ 안에 들어갈 알맞은 말을 쓰시오. [2점]

> 화산은 땅속 깊은 곳에서 암석이 녹은 ☐이/가 지표면으로 분출하여 만들어진 지형입니다.

( )

(2) 위의 세계 여러 지역에 있는 화산의 모습을 비교하여 알 수 있는 내용을 두 가지 쓰시오. [6점]

> 🦉 위의 화산들은 어떤 점이 다른지, 그리고 어떤 공통점이 있는지 관찰해 보세요.
> **꼭 들어가야 할 말** 생김새 / 경사 / 높이 / 마그마 분출 흔적 등

_____

_____

2 다음은 지진이 발생했을 때 상황에 따라 대처하는 방법을 조사한 것입니다. [총 14점]

상황	대처 방법
교실 안에 있을 때	책상 아래로 들어가 머리를 보호하고, ㉠책상 다리를 꼭 붙잡음.
건물 안에 있을 때	무거운 물건이 넘어질 염려가 있는 곳에서 멀리 피함.
건물 밖에 있을 때	머리를 보호하고, ㉡건물이나 벽 주변에 바짝 붙어 있음.
승강기 안에 있을 때	
집 안에 있을 때	전기와 가스를 차단하고, 밖으로 나갈 수 있도록 ㉢문을 열어 둠.
지하철에 있을 때	㉣고정된 물체를 잡고 안내 방송에 따라 행동함.

(1) 위의 ㉠~㉣ 중 대처 방법이 옳지 않은 것을 골라 기호를 쓰시오. [2점]

( )

(2) 위의 ☐ 안에 들어갈 알맞은 대처 방법을 쓰시오. [6점]

_____

_____

(3) 지진이 발생한 후에 해야 할 일을 두 가지 쓰시오. [6점]

_____

_____

1 다음의 백두산에 대한 설명으로 옳은 것은 어느 것입니까? ( )

① 화산이 아닌 산이다.

② 우리나라에서 볼 수 없다.

③ 산꼭대기에 큰 호수가 있다.

④ 산꼭대기가 길게 연결되어 있다.

⑤ 산꼭대기에 뾰족한 산봉우리가 많으며, 마그마가 분출한 흔적이 없다.

천재

2 다음 중 화산과 화산이 아닌 산에 대한 설명으로 옳지 않은 것은 어느 것입니까? ( )

① 화산: 마그마가 분출하여 생긴 지형이다.

② 화산: 산꼭대기에 분화구가 있는 것도 있다.

③ 화산: 우리나라 화산의 생김새는 모두 같다.

④ 화산이 아닌 산: 산꼭대기가 파여 있지 않고 위로 볼록하다.

⑤ 화산이 아닌 산: 설악산, 지리산 등이 속하며, 분화구가 없다.

7종 공통

3 다음 중 세계 여러 지역에 있는 화산에 대한 설명으로 옳은 것은 어느 것입니까? ( )

① 화산의 크기가 모두 같다.

② 산꼭대기에 분화구가 없다.

③ 화산의 생김새가 모두 같다.

④ 마그마가 분출한 흔적이 있다.

⑤ 시나붕산, 후지산, 설악산 등이 속한다.

7종 공통

[4~5] 다음은 화산 활동 모형실험의 과정을 나타낸 것입니다. 물음에 답하시오.

1 알루미늄 포일로 쿠킹 컵을 감싸 화산 활동 모형을 만듭니다.

2 쿠킹 컵 속에 마시멜로를 넣은 다음 그 위에 식용 색소를 뿌립니다.

3 화산 활동 모형을 은박 접시 위에 올린 뒤, 알코올 램프로 은박 접시를 가열합니다.

4 위의 실험 과정에서 식용 색소는 무엇을 나타내기 위해 사용합니까? ( )

① 용암　　　　　② 화산재

③ 화산 가스　　　④ 굳은 마시멜로

⑤ 화산 암석 조각

비상

5 위의 실험에서 굳은 마시멜로는 실제 화산 분출물에서 무엇에 해당합니까? ( )

① 용암　　　　　② 마그마

③ 화산재　　　　④ 화산 가스

⑤ 용암이 굳어서 된 암석

천재, 김영사, 비상, 아이스크림

6 다음 중 화산 분출물에 대한 설명으로 옳은 것은 어느 것입니까? ( )

① 화산재는 고체 분출물이다.

② 고체 화산 분출물의 크기는 모두 같다.

③ 마그마가 분출하여 기체인 용암이 된다.

④ 화산이 분출할 때 수증기는 나오지 않는다.

⑤ 화산 가스는 한 가지 기체로 이루어져 있다.

7종 공통

4단원

7 다음 중 현무암과 화강암의 알갱이 크기가 다른 까닭으로 옳은 것은 어느 것입니까? ( )

① 마그마의 종류가 다르기 때문이다.

② 마그마의 온도가 다르기 때문이다.

③ 만들어지는 장소가 다르기 때문이다.

④ 만들어질 때의 날씨가 다르기 때문이다.

⑤ 만들어질 때의 습도가 다르기 때문이다.

8 다음 중 화강암에 대한 설명으로 옳은 것은 어느 것입니까? ( )

① 어두운색이다.

② 알갱이의 크기가 작다.

③ 표면에 구멍이 뚫려 있는 것도 있다.

④ 지표 가까이에서 만들어진 암석이다.

⑤ 땅속 깊은 곳에서 만들어진 암석이다.

9 다음 중 화산 활동이 우리 생활에 주는 피해가 <u>아닌</u> 것은 어느 것입니까? ( )

① 용암이 흘러 산불이 난다.

② 태풍이 불고 비가 많이 내린다.

③ 화산이 분출하여 지형이 변하고 산사태가 일어난다.

④ 화산 가스의 영향으로 호흡기 질병에 걸릴 수 있다.

⑤ 화산재가 햇빛을 가려 날씨의 변화가 나타나기도 한다.

10 다음 중 화산 활동이 우리 생활에 주는 이로운 점으로 옳은 것은 어느 것입니까? ( )

① 용암이 산불을 발생시킨다.

② 용암이 마을과 농경지를 덮는다.

③ 화산재의 영향으로 항공기 운항이 어렵다.

④ 화산재가 쌓이고 오랜 시간이 지나면 땅이 기름져진다.

⑤ 용암이 날씨 변화에 영향을 주어 동·식물에게 이로움만을 준다.

11 다음은 어떤 자연 현상에 대한 설명입니다. ☐ 안에 들어갈 알맞은 말은 어느 것입니까? ( )

> 땅이 지구 내부에서 작용하는 힘을 오랫동안 받으면 휘어지거나 끊어지는데, 땅이 끊어지면서 흔들리는 것을 ☐☐(이)라고 합니다.

① 화산 ② 가뭄 ③ 홍수

④ 지진 ⑤ 산사태

12 다음 중 지진이 발생하였을 때 나타나는 현상으로 알맞지 <u>않은</u> 것은 어느 것입니까? ( )

① 땅이 흔들린다.

② 바람이 세게 분다.

③ 산사태가 나기도 한다.

④ 도로가 갈라지기도 한다.

⑤ 건물이 무너지기도 한다.

13 다음 중 지진에 대한 설명으로 옳은 것은 어느 것입니까? ( )

① 모든 지진은 큰 피해를 준다.

② 우리나라는 지진에 안전한 지역이 아니다.

③ 지진은 다른 나라에서만 나타나는 현상이다.

④ 강한 지진이 발생하여도 도로나 건물은 안전하다.

⑤ 지진의 세기를 나타내는 숫자가 작을수록 강한 지진을 나타낸다.

14 오른쪽의 지진 발생 모형실험과 실제 자연 현상을 비교한 내용으로 옳지 <u>않은</u> 것은 어느 것입니까? ( )

① 우드록은 땅에 해당한다.
② 양손으로 미는 힘은 화산에 해당한다.
③ 우드록이 끊어질 때의 떨림은 지진에 해당한다.
④ 지진은 오랜 시간 동안 가해진 힘에 의해 발생한다.
⑤ 우드록은 짧은 시간 동안 가해진 힘에 의해 끊어진다.

15 다음 중 지진의 세기를 나타내는 단위는 무엇입니까? ( )

① 규모 ② 높이 ③ 마그마
④ 미터(m) ⑤ 킬로그램(kg)

16 다음 중 지진의 규모에 대한 설명으로 옳은 것은 어느 것입니까? ( )

① 건물이 무너진 정도를 숫자로 나타낸 것이다.
② 규모를 나타내는 숫자가 클수록 강한 지진이다.
③ 규모가 같으면 반드시 지진의 피해 정도도 같다.
④ 지진이 일어났을 때 사람이 느끼는 정도를 숫자로 나타낸 것이다.
⑤ 일반적으로 지진의 규모가 클수록 지진으로 인한 피해 정도가 작아진다.

17 다음의 2019년 지진 피해 사례 표를 보고 알 수 있는 점으로 옳은 것은 어느 것입니까? ( )

발생 지역	규모	피해 내용
필리핀 루손	6.1	사망자와 부상자 발생

① 다른 나라는 지진에 안전하다.
② 규모가 작은 지진이 발생하였다.
③ 내진 설계를 하여 지진의 피해가 적다.
④ 가뭄으로 인하여 지진이 발생한 사례이다.
⑤ 규모 6.0 이상의 지진으로 인명 피해가 일어났다.

18 다음 중 지진의 발생에 대비하여 건물을 짓는 방법으로 가장 옳은 것은 어느 것입니까? ( )

① 높은 건물만 짓는다.
② 지붕을 가볍게 만든다.
③ 물속에 건물을 짓는다.
④ 산 위에 건물을 짓는다.
⑤ 내진 설계가 된 건물을 짓는다.

19 다음 중 지진이 발생하기 전 대비하는 방법으로 옳지 <u>않은</u> 것은 어느 것입니까? ( )

① 흔들리는 물건을 고정한다.
② 비상용품과 구급 배낭을 준비한다.
③ 지진 정보를 얻을 수 있는 방법을 알아 둔다.
④ 지진이 발생했을 때 대피할 장소를 알아 둔다.
⑤ 집 안에 깨지기 쉬운 물건은 높은 곳에 올려둔다.

20 다음 중 지진이 발생했을 때 대처 방법으로 옳은 것은 어느 것입니까? ( )

① 집 안의 벽 쪽으로 대피한다.
② 집 안의 전깃불을 모두 켜 둔다.
③ 승강기를 이용하여 신속하게 대피한다.
④ 밖에 있을 경우 재빨리 건물 안으로 대피한다.
⑤ 지하철에 있을 때는 고정된 물체를 잡고 안내 방송에 따라 행동한다.

· 답안 입력하기 · 온라인 피드백 받기

❶ 물의 순환

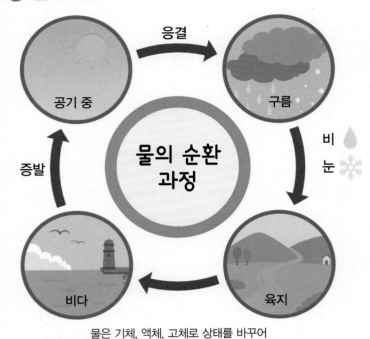

응결

공기 중

구름

비 🌢
눈 ❄️

증발

바다

육지

물은 기체, 액체, 고체로 상태를 바꾸어
순환하므로 지구 전체에 있는 물의 양은 항상 일정하다.

❋ 중요한 내용을 정리해 보세요!

● 물의 순환이란?

● 물이 순환할 때 지구 전체 물의 양의 변화는?

개념 확인하기

정답 30쪽

🌿 다음 문제를 읽고 답을 찾아 ☐ 안에 ✔표를 하시오.

1 물이 상태를 바꾸며 육지, 바다, 공기, 생명체 사이를 돌고 도는 과정을 무엇이라고 합니까?

　　㉠ 물의 순환 ☐　　　㉡ 물의 증발 ☐

2 물이 순환할 때 지구의 전체 물의 양은 어떻게 됩니까?

　　㉠ 변화가 없다. ☐

　　㉡ 일정하게 줄어든다. ☐

　　㉢ 일정하게 늘어난다. ☐

3 바다의 물이 공기 중으로 증발할 때 물의 상태는 어떻게 변합니까?

　　㉠ 액체에서 고체로 변한다. ☐

　　㉡ 액체에서 기체로 변한다. ☐

4 공기 중의 수증기가 구름이 될 때 어떤 현상이 일어납니까?

　　㉠ 응결 ☐　　　㉡ 증발 ☐

5 구름 속 물방울은 어떤 형태로 육지에 내려옵니까?

　　㉠ 빙하 ☐　　　㉡ 비나 눈 ☐

❷ 물의 중요성과 물 부족 현상

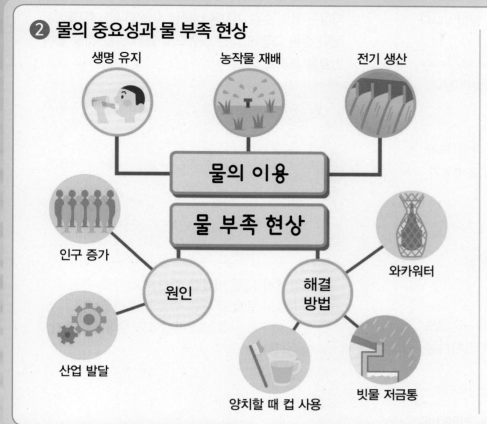

✳ 중요한 내용을 정리해 보세요!

● 물을 이용하는 예는?

● 물 부족 현상의 해결 방법은?

개념 확인하기

정답 30쪽

✑ 다음 문제를 읽고 답을 찾아 ☐ 안에 ✔표를 하시오.

1 물을 이용하는 예로 옳지 않은 것은 무엇입니까?

ㄱ 책을 빌릴 때 ☐

ㄴ 전기를 만들 때 ☐

ㄷ 농작물을 키울 때 ☐

2 식물은 물을 어떻게 이용합니까?

ㄱ 물건을 만들 때 이용한다. ☐

ㄴ 생명을 유지하는 데 이용한다. ☐

3 물 부족 현상의 원인은 무엇입니까?

ㄱ 인구 감소 ☐   ㄴ 산업 발달 ☐

4 수증기의 응결 현상을 이용하여 물을 얻는 장치는 무엇입니까?

ㄱ 와카워터 ☐   ㄴ 빗물 저금통 ☐

5 물을 절약하기 위한 방법은 무엇입니까?

ㄱ 양치할 때 컵을 사용한다. ☐

ㄴ 양치할 때 물을 틀어 놓고 한다. ☐

[1~2] 다음은 물의 이동 과정을 알아보는 실험 방법입니다. 물음에 답하시오.

1 플라스틱 컵 바닥에 젖은 모래를 비스듬히 눌러 담고, 벽면을 따라 물을 천천히 붓기

2 모래 위에 조각 얼음을 올려놓기

3 컵 뚜껑을 뒤집어 구멍을 랩으로 덮어 막고 조각 얼음 일곱 개를 넣은 뒤 플라스틱 컵 위에 올려놓기

컵 뚜껑
조각 얼음
랩
플라스틱 컵
조각 얼음
물
젖은 모래

4 열 전구 스탠드를 플라스틱 컵에서 약 20 cm 정도 떨어진 곳에 놓고, 불을 켠 후 컵 안에서 일어나는 변화 관찰하기

천재

1 위 실험에 대한 설명으로 옳지 <u>않은</u> 것은 어느 것입니까?
( )

① 위 실험으로 물의 상태가 변한다는 것은 알 수 없다.

② 모래 위의 얼음이 열 전구 스탠드의 열 때문에 녹는다.

③ 열 전구 스탠드는 플라스틱 컵에 열을 가하기 위한 장치이다.

④ 위 실험에서 액체 상태의 물이 기체 상태의 수증기로 변하기도 한다.

⑤ 열 전구 스탠드를 켜고 약 15분이 지나면 컵 안쪽 뚜껑 밑면에 맺힌 큰 물방울들을 볼 수 있다.

천재

2 위 실험의 열 전구 스탠드를 태양이라고 하고 플라스틱 컵 안을 지구라고 할 때, 컵 안의 물이 나타내는 것으로 옳은 것은 어느 것입니까? ( )

① 땅, 육지 　② 강, 바다 　③ 비, 육지

④ 눈, 빙하 　⑤ 얼음, 만년설

3 다음은 물의 순환 과정을 나타낸 모습입니다. 보기에서 물의 순환 과정에 대한 설명으로 옳지 <u>않은</u> 것을 골라 기호를 쓰시오

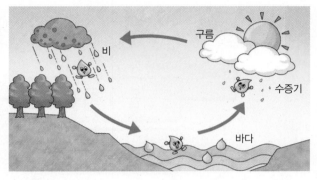

구름
비
수증기
바다

보기
㉠ 하늘에서 내린 빗물은 바다로 흘러갑니다.
㉡ 물방울이 증발할 때는 수증기로 바뀝니다.
㉢ 물이 머무르는 장소가 바뀌어도 상태는 바뀌지 않습니다.

( )

4 다음은 물의 순환에 대한 내용입니다. 밑줄 친 내용에 해당되는 곳이 <u>아닌</u> 것은 어느 것입니까? ( )

물은 상태가 변하면서 <u>여러 곳</u>을 끊임없이 돌고 도는데, 이 과정을 물의 순환이라고 합니다.

① 육지 　② 바다 　③ 태양

④ 공기 　⑤ 생명체

5 다음 중 물의 순환 과정을 통해 알 수 있는 점으로 옳은 것은 어느 것입니까? ( )

① 물은 흘러가면 없어진다.

② 물의 상태가 끊임없이 변한다.

③ 지구에 있는 전체 물의 양은 변한다.

④ 물은 장소나 위치에 상관없이 상태가 같다.

⑤ 비, 눈 등이 내리지 않으면 이용할 수 있는 물의 양이 늘어난다.

비상

6 다음의 물을 이용하는 경우 중 얼음을 이용한 것은 어느 것입니까? ( )

①
△ 공장에서 이용함.

②
△ 전기를 만들 때 이용함.

③
△ 불을 끌 때 이용함.

④
△ 생선을 보관할 때 이용함.

7 다음의 물 부족 현상의 결과로 나타난 모습에 대해 잘못 말한 친구는 누구입니까? ( )

㉠
△ 마실 물이 부족한 모습

㉡
△ 농작물이 잘 자라지 않는 모습

① 수현: ㉠과 ㉡을 해결할 수 있는 방법은 없어.

② 민서: ㉠과 ㉡을 해결할 수 있는 여러 가지 방법이 있어.

③ 지훈: 머니 메이커를 이용하면 ㉡을 해결할 수 있어.

④ 채린: 와카워터 등의 장치는 주로 ㉠을 해결하는 데 도움이 되지.

⑤ 아영: ㉠의 상황이 지속되면 사람들은 생명을 유지하기 어려워져.

8 다음 보기 에서 물 부족 현상의 원인으로 옳지 않은 것을 골라 기호를 쓰시오.

보기
㉠ 비가 많이 내립니다.
㉡ 물을 아껴 쓰지 않습니다.
㉢ 인구가 증가해 물 이용량이 늘어납니다.
㉣ 산업의 발달로 이용할 수 있는 깨끗한 물이 줄어듭니다.

( )

9 다음 중 이용 가능한 물을 모으기 위한 방법으로 옳은 것을 두 가지 고르시오. (,)

① 빗물은 더러우므로 모으지 않는다.

② 마실 수 있는 물을 바닷물로 바꾼다.

③ 이용한 물은 다시 쓸 수 없으므로 버린다.

④ 땅속에 있는 물을 퍼 올리는 장치를 이용한다.

⑤ 공기 중의 수증기가 응결하여 생기는 물방울을 모은다.

5 단원

10 다음 중 일상생활에서 실천할 수 있는 물을 아껴 쓰는 방법으로 옳은 것에 ○표를 하시오.

(1) 양치할 때는 컵을 사용합니다. ( )

(2) 설거지할 때는 물을 받아서 합니다. ( )

(3) 손을 씻을 때는 물을 틀어 놓고 비누칠을 합니다. ( )

연습 🐱 도움말을 참고하여 내 생각을 차근차근 써 보세요.

1 다음은 물방울 친구가 들려주는 여행 이야기의 일부분입니다. [총 14점]

나는 바다에서 헤엄을 치고 있었는데, 어느 날 수증기가 되어 하늘 높이 올라가 ☐ 속으로 들어갔어. 그리고 갑자기 추워지더니 친구들과 함께 비가 되어 땅으로 떨어졌어.

(1) 위의 ☐ 안에 들어갈 알맞은 말을 쓰시오. [2점]

(   )

(2) 위에서 땅으로 떨어진 빗물 중 식물의 뿌리로 흡수된 물방울은 어떻게 되는지 쓰시오. [6점]

_____

_____

(3) 위에서 물방울의 여행에는 어떤 특징이 있는지 쓰시오. [6점]

🐱 물의 순환과 관련된 특징을 생각해 보세요.
꼭 들어가야 할 말 상태 / 이동

_____

2 다음은 세계 여러 나라의 '나라별 물 부족 현황'입니다.
[총 14점]

물이 충분한 나라	물이 부족할 수 있는 나라
일본, 미국, 캐나다, 브라질	중국, 독일, 수단, 나이지리아
물이 부족한 나라	물이 많이 부족한 나라
인도, 소말리아, 에티오피아	이집트, 리비아, 알제리, 사우디아라비아

(1) 다음은 위 자료를 통해 알 수 있는 점입니다. ☐ 안에 들어갈 알맞은 말을 쓰시오. [2점]

인도와 이집트, 알제리는 물이 ☐ 한 나라입니다.

(   )

(2) 위와 같이 물 부족 현상이 나타나는 까닭을 **보기**의 단어를 모두 사용하여 쓰시오. [6점]

보기
인구, 산업, 오염, 물 이용량

_____

_____

(3) 위와 같은 물 부족 현상을 해결할 방법 중 우리가 실천할 수 있는 것을 두 가지 쓰시오. [6점]

_____

_____

3 전기를 만들 때 물을 어떻게 이용하는지 쓰시오. [8점]

_____

_____

[1~2] 다음은 물의 이동 과정을 알아보는 실험 방법입니다. 물음에 답하시오.

> ❶ 플라스틱 컵 바닥에 젖은 모래를 비스듬히 눌러 담고, 벽면을 따라 물을 천천히 붓기
> ❷ 모래 위에 조각 얼음을 올려놓기
> ❸ 컵 뚜껑을 뒤집어 구멍을 랩으로 덮어 막고 조각 얼음 일곱 개를 넣은 뒤 플라스틱 컵 위에 올려놓기
>
>
> 컵 뚜껑
> 조각 얼음
> 랩
> 플라스틱 컵
> 조각 얼음
> 물
> 젖은 모래
>
> ❹ 열 전구 스탠드를 플라스틱 컵에서 약 20 cm 정도 떨어진 곳에 놓고, 불을 켠 후 컵 안에서 일어나는 변화 관찰하기

1 위의 실험을 통해 관찰할 수 있는 것은 어느 것입니까? ( )
천재

① 뚜껑이 녹는 과정
② 모래가 없어지는 과정
③ 얼음의 크기가 커지는 과정
④ 물이 컵 밖으로 넘치는 과정
⑤ 플라스틱 컵 뚜껑 밑에 물방울이 맺히는 과정

2 위 실험 장치의 열 전구 스탠드를 태양이라고 하고 컵 안을 지구라고 할 때에 대한 설명으로 옳지 <u>않은</u> 것은 어느 것입니까? ( )
천재

① 컵 안의 물방울은 빙하를 나타낸다.
② 컵 안의 모래는 땅과 육지를 나타낸다.
③ 컵 안의 물은 바다, 강, 호수를 나타낸다.
④ 모래 위의 얼음이 녹는 것은 땅에 쌓인 눈이 녹는 현상을 나타낸다.
⑤ 컵 안쪽 뚜껑에 맺힌 물방울은 수증기가 응결하여 구름이 생기는 현상을 나타낸다.

3 다음은 물의 순환에 대한 설명입니다. ☐ 안에 들어갈 가장 알맞은 말은 어느 것입니까? ( )
7종 공통

> 물의 순환이란 물이 기체, ☐, 고체로 상태를 바꾸며 육지와 바다, 공기, 생명체 사이를 끊임없이 돌고 도는 과정입니다.

① 산
② 기름
③ 모래
④ 액체
⑤ 산소

4 다음 중 물이 주로 기체 상태로 있는 곳은 어디입니까?
7종 공통
( )

① 강
② 바다
③ 땅속
④ 공기 중
⑤ 사람 몸속

5 다음 중 물의 순환에 대한 설명으로 옳지 <u>않은</u> 것은 어느 것입니까? ( )
7종 공통

① 물은 여러 곳을 끊임없이 이동한다.
② 육지에 내린 물은 강, 호수 등에 모인다.
③ 지구를 순환하는 물의 양은 점점 줄어든다.
④ 물은 고체인 얼음, 액체인 물, 기체인 수증기로 상태를 바꾼다.
⑤ 지구를 순환하는 물은 없어지거나 새로 생기지 않고 상태만 변한다.

6 다음 중 수증기가 응결하여 생기는 것은 어느 것입니까?
7종 공통
( )

① 눈
② 얼음
③ 구름
④ 빙하
⑤ 만년설

5
단원

7종 공통

7 다음 중 물이 얼어 고체 상태가 된 것은 어느 것입니까?
( )

① 이슬　　　② 얼음　　　③ 안개
④ 빗물　　　⑤ 수증기

7종 공통

8 다음 중 물의 순환과 관련된 특징으로 옳은 것은 어느 것입니까? ( )

① 물은 액체 상태로만 이동한다.
② 물이 순환할 때는 상태가 변하지 않는다.
③ 물은 순환하면서 생활에 다양하게 이용된다.
④ 물의 순환으로 지구 전체에 있는 물의 양은 점점 줄어든다.
⑤ 물의 순환으로 지구 전체에 있는 물의 양은 점점 늘어난다.

7종 공통

9 오른쪽은 물방울이 이동하는 모습입니다. 물방울이 머물렀던 장소와 물방울의 상태를 잘못 짝지은 것은 어느 것입니까? ( )

① 강 – 액체 상태의 물
② 바다 – 액체 상태의 물
③ 식물 – 액체 상태의 물
④ 식물 – 고체 상태의 얼음
⑤ 공기 중 – 기체 상태의 수증기

7종 공통

10 다음 중 물을 흡수할 때는 액체 상태의 물로, 내보낼 때는 기체 상태의 수증기로 내보내는 것은 어느 것입니까?
( )

① 눈　　　② 식물　　　③ 빙하
④ 공기　　　⑤ 구름

7종 공통

11 다음 중 생명체의 생명 유지에 물이 이용되는 모습은 어느 것입니까? ( )

① 　②

③ 　④

7종 공통

12 다음 중 우리 생활에서 물을 이용하는 경우에 대한 설명으로 옳지 <u>않은</u> 것은 어느 것입니까? ( )

① 마실 때 이용한다.
② 농작물을 키울 때 이용한다.
③ 계단을 올라갈 때 이용한다.
④ 공장에서 물건을 만들 때 이용한다.
⑤ 물건과 주변을 깨끗하게 만들 때 이용한다.

7종 공통

13 다음 중 물 부족 현상의 원인으로 옳은 것은 어느 것입니까? ( )

① 비가 많이 내리기 때문이다.
② 인구가 줄어들고 있기 때문이다.
③ 사람들이 물을 아껴 쓰기 때문이다.
④ 집집마다 물 이용량이 줄어들고 있기 때문이다.
⑤ 산업 발달로 물 이용량이 늘고 물이 심하게 오염되었기 때문이다.

14 다음 중 물 부족 현상을 해결하기 위한 방안으로 옳지 <u>않은</u> 것은 어느 것입니까? (   )

7종 공통

① 이용한 물은 즉시 하수구로 흘러가게 한다.

② 빗물을 저장소에 모아 화단을 가꾸거나 청소할 때 이용한다.

③ 물이 새는 곳을 즉시 수리할 수 있도록 자동 경보기를 붙인다.

④ 바닷물에 녹아 있는 소금기를 제거할 수 있는 기술을 개발한다.

⑤ 설거지할 때 물을 계속 틀어 놓지 않도록 절수 발판을 설치한다.

15 다음 물 부족 현상을 해결하기 위한 장치에 대해 <u>잘못</u> 말한 친구는 누구입니까? (   )

김영사, 동아, 비상, 지학사

⬆ 와카워터

⬆ 해수 담수화 시설

① 상현: 해수 담수화 시설은 바닷물을 이용하지.

② 진명: 와카워터는 응결 현상을 이용한 장치야.

③ 도영: 와카워터는 수증기에서 물을 얻는 장치야.

④ 경아: 와카워터로 모은 물은 더러워서 마실 수 없어.

⑤ 소민: 해수 담수화 시설로 바닷물에서 소금 성분을 제거하면 깨끗한 물을 얻을 수 있어.

16 오른쪽 장치에 대한 설명으로 옳은 것은 어느 것입니까?

(   )

아이스크림

⬆ 머니 메이커

① 빗물을 모은다.

② 이슬을 이용한다.

③ 주로 바다에서 사용한다.

④ 얼음을 녹여서 물을 얻는다.

⑤ 땅속의 물을 퍼 올려 물을 얻는다.

17 다음 중 빗물을 모아 물을 얻는 장치는 어느 것입니까?

(   )

천재, 금성, 김영사, 동아, 비상, 아이스크림

① 정수기   ② 와카워터

③ 빗물 저금통   ④ 머니 메이커

⑤ 해수 담수화 시설

18 다음 중 물의 순환을 이용해 물 모으는 장치를 설계하려고 할 때 생각하지 <u>않아도</u> 되는 것은 어느 것입니까?

(   )

7종 공통

① 장치의 모양   ② 장치의 크기

③ 필요한 재료   ④ 장치의 색깔

⑤ 물 모으는 방법

19 다음은 일상생활에서 물을 절약하는 방법입니다. ☐ 안에 들어갈 알맞은 말은 어느 것입니까? (   )

7종 공통

> 설거지할 때나 세수할 때 물을 ☐ 하면 물을 절약할 수 있습니다.

① 틀고   ② 받아서   ③ 흐르게

④ 나오게   ⑤ 넘치게

20 다음 중 물을 절약하는 방법으로 옳지 <u>않은</u> 것은 어느 것입니까? (   )

7종 공통

① 샤워 시간을 줄인다.

② 양치할 때 컵을 사용한다.

③ 세제를 많이 사용하여 세탁기를 돌린다.

④ 기름기가 있는 그릇은 휴지로 닦고 설거지한다.

⑤ 빗물을 모아 화단을 가꾸거나 청소할 때 이용한다.

5 단원

진도 완료 체크

· 답안 입력하기   · 온라인 피드백 받기

1 다음 식물의 잎 중 잎이 둥글고 잎이 세 개씩 붙어 있는 것은 어느 것입니까? (   )

7종 공통

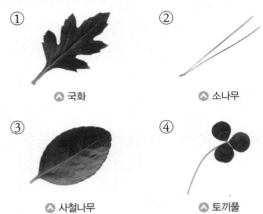

① 국화
② 소나무
③ 사철나무
④ 토끼풀

2 다음 중 강이나 연못에서 사는 식물 중 물속에 잠겨서 사는 식물에 대한 설명으로 옳지 <u>않은</u> 것은 어느 것입니까?

7종 공통

(   )

① 뿌리는 땅속에 있다.
② 검정말, 나사말 등이 있다.
③ 키가 크고 줄기가 튼튼하다.
④ 잎은 대부분 가늘고 긴 모양이다.
⑤ 줄기가 물의 흐름에 따라 잘 휘어진다.

3 다음과 같이 연꽃잎에 물이 떨어진 모습을 보고 알 수 있는 연꽃잎의 특징으로 옳은 것은 어느 것입니까?

7종 공통

(   )

① 연꽃잎은 물보다 차갑다.
② 연꽃잎은 물을 잘 흡수한다.
③ 연꽃잎은 물을 저장하는 성질이 있다.
④ 연꽃잎은 젖지 않고 물을 그대로 흘려보낸다.
⑤ 연꽃잎에 물을 떨어뜨리면 물의 색깔이 변한다.

4 다음 중 지느러미엉겅퀴의 특징을 활용하여 만든 것은 어느 것입니까? (   )

지학사

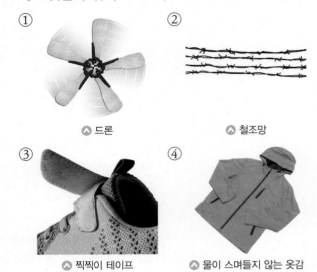

① 드론
② 철조망
③ 찍찍이 테이프
④ 물이 스며들지 않는 옷감

5 다음과 같이 물이 액체 상태일 때의 특징을 바르게 설명한 것은 어느 것입니까? (   )

7종 공통

① 단단하다.
② 눈에 보이지 않는다.
③ 일정한 모양과 부피가 있다.
④ 일정한 모양은 있으나 일정한 부피가 없다.
⑤ 일정한 모양은 없으나 일정한 부피가 있다.

6 다음과 같이 물이 얼기 전과 언 후에 대한 설명으로 옳은 것은 어느 것입니까? (   )

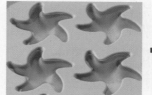 

⬆ 물이 얼기 전   ⬆ 물이 언 후

① 물이 액체 상태에서 기체 상태로 변한다.
② 물이 얼어 얼음이 되면 부피는 줄어든다.
③ 물이 얼어 얼음이 되면 부피는 늘어난다.
④ 물이 얼어 얼음이 되면 무게는 줄어든다.
⑤ 물이 끓을 때 위와 같은 모습을 볼 수 있다.

천재, 김영사, 동아, 비상, 아이스크림, 지학사

7 다음과 같이 꽁꽁 언 튜브형 얼음과자가 녹았을 때에 대한 설명으로 옳지 <u>않은</u> 것은 어느 것입니까? (   )

⬆ 얼음과자가 녹기 전   ⬆ 얼음과자가 녹은 후

① 얼음과자가 녹아 물이 되면 부피는 변한다.
② 얼음과자가 녹아 물이 되면 부피는 늘어난다.
③ 고체 상태의 얼음과자가 액체 상태의 물로 변한다.
④ 얼음과자가 녹아 물이 되면 무게는 변하지 않는다.
⑤ 얼음과자가 녹아 물이 되면 용기에 빈 공간이 생긴다.

7종 공통

8 다음 중 증발과 응결에서 물의 상태 변화를 바르게 나타낸 것은 어느 것입니까? (   )

	증발	응결
①	액체 → 기체	기체 → 고체
②	액체 → 고체	고체 → 액체
③	기체 → 액체	고체 → 기체
④	고체 → 액체	액체 → 고체
⑤	액체 → 기체	기체 → 액체

7종 공통

9 다음 ㉠, ㉡에 들어갈 알맞은 말을 바르게 짝지은 것은 어느 것입니까? (   )

위의 도자기 컵에 빛을 비출 때 그림자가 선명하고 진한 까닭은 도자기 컵이 ㉠ 하여 ㉡ 을(를) 통과시키지 못하기 때문입니다.

	㉠	㉡
①	투명	빛
②	투명	색깔
③	투명	소리
④	불투명	빛
⑤	불투명	냄새

7종 공통

10 다음의 그림자에 대한 설명에 맞게 ☐ 안에 들어갈 알맞은 말은 어느 것입니까? (   )

투명 플라스틱 컵

⬆ 투명 플라스틱 컵의 그림자

빛이 나아가다가 안경알, 유리컵, 투명 플라스틱 컵 등과 같은 투명한 물체를 만나면 ☐ 그림자가 생깁니다.

① 큰   ② 연한   ③ 진한
④ 뚜렷한   ⑤ 분명한

7종 공통

11 다음 중 그림자의 크기 변화를 관찰하는 실험에 대한 설명으로 옳지 <u>않은</u> 것은 어느 것입니까? (   )

스크린
물체
손전등

㉠   ㉡   ㉢

① ㉠과 ㉢은 그대로 두고, ㉡을 ㉠에서 멀리 하면 그림자의 크기가 커진다.

② ㉠과 ㉡은 그대로 두고, ㉢을 ㉡에 가까이 하면 그림자의 크기가 커진다.

③ ㉠과 ㉡은 그대로 두고, ㉢을 ㉡에서 멀리 하면 그림자의 크기가 커진다.

④ ㉠과 ㉢은 그대로 두고, ㉡을 ㉠에 가까이 하면 그림자의 크기가 작아진다.

⑤ ㉠과 ㉡은 그대로 두고, ㉢을 ㉡에서 멀리 하면 그림자의 크기가 작아진다.

7종 공통

12 다음 중 거울을 사용할 때의 좋은 점에 대한 설명으로 옳지 <u>않은</u> 것은 어느 것입니까? (   )

① 물체를 크게 볼 수 있다.

② 자신의 뒷모습을 볼 수 있다.

③ 자신의 전체 모습을 볼 수 있다.

④ 공간을 넓어 보이게 할 수 있다.

⑤ 뒤쪽에서 오는 자동차를 볼 수 있다.

7종 공통

13 다음 중 화산에 대한 설명으로 옳지 <u>않은</u> 것은 어느 것입니까? (   )

① 화산은 주변 지형보다 높다.

② 화산은 모두 분화구가 있다.

③ 화산의 크기와 생김새는 다양하다.

④ 화산 꼭대기에 호수가 있기도 하다.

⑤ 화산은 마그마가 분출한 흔적이 있다.

7종 공통

14 다음 중 화산과 화산 분출물에 대한 설명으로 옳은 것은 어느 것입니까? (   )

① 시나붕산은 우리나라의 화산이다.

② 화산 분출물인 용암은 액체 물질이다.

③ 모든 화산에는 마그마가 분출한 흔적이 없다.

④ 현재 화산 활동이 일어나고 있는 화산은 없다.

⑤ 화산 분출물인 화산재와 화산 가스는 고체 물질이다.

7종 공통

15 다음과 같은 피해를 주는 자연 현상은 무엇입니까?
(   )

> • 땅이 흔들려서 건물이 무너집니다.
> • 높은 곳에 두었던 물건이 아래로 떨어질 수 있습니다.

① 황사   ② 장마   ③ 가뭄

④ 지진   ⑤ 소나기

전체 범위

진도 완료 체크

16 다음 중 지진 발생 시 장소별 대처 방법으로 가장 적절한 것은 어느 것입니까? (　　)

① 건물 안: 계단 대신 승강기를 이용한다.

② 건물 밖: 건물과 벽 주변에서 멀리 떨어진다.

③ 산: 산사태의 위험이 있으므로 산꼭대기로 대피한다.

④ 극장 안: 안내 방송을 무시하고 극장 밖으로 급히 대피한다.

⑤ 학교 안: 선생님의 지시에 따라 좁은 장소로 신속하게 이동한다.

17 다음 물의 순환 과정 중 응결이 일어나는 때는 언제입니까? (　　)

① 구름이 비나 눈이 되어 내릴 때

② 공기 중의 수증기가 구름이 될 때

③ 땅에 내린 비가 땅속으로 스며들 때

④ 바다에서 물이 공기 중으로 올라갈 때

⑤ 식물의 잎에서 물이 공기 중으로 나갈 때

18 다음 중 우리 생활에서 물을 이용하는 경우로 옳지 않은 것은 어느 것입니까? (　　)

① 요리할 때 물을 이용한다.

② 몸을 씻을 때 물을 이용한다.

③ 일기를 쓸 때 물을 이용한다.

④ 식물을 키울 때 물을 이용한다.

⑤ 전기를 만들 때 물을 이용한다.

19 다음 중 세계 여러 나라에서 물이 부족한 까닭으로 옳은 것은 어느 것입니까? (　　)

① 인구가 감소하고 있어서

② 산업 발달로 깨끗한 물이 늘어나서

③ 한 번 이용한 물은 다시 쓸 수 없어서

④ 지구에 있는 물이 점점 줄어들고 있어서

⑤ 환경이 오염되어 이용 가능한 물이 줄어들어서

20 다음 중 바닷물을 마실 수 있는 물로 바꾸는 장치는 어느 것입니까? (　　)

①
△ 와카워터

②
△ 빗물 저금통

③
△ 머니 메이커

④
△ 해수 담수화 시설

· 답안 입력하기 · 온라인 피드백 받기

MEMO

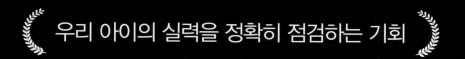

우리 아이의 실력을 정확히 점검하는 기회

40년의 역사
전국 초·중학생 213만 명의 선택

HME 학력평가
해법수학 · 해법국어

응시 학년	수학 | 초등 1학년 ~ 중학 3학년
	국어 | 초등 1학년 ~ 초등 6학년

응시 횟수	수학 | 연 2회 (6월 / 11월)
	국어 | 연 1회 (11월)

주최 **천재교육** \| 주관 **한국학력평가 인증연구소** \| 후원 **서울교육대학교**

*응시 날짜는 변동될 수 있으며, 더 자세한 내용은 HME 홈페이지에서 확인 바랍니다.

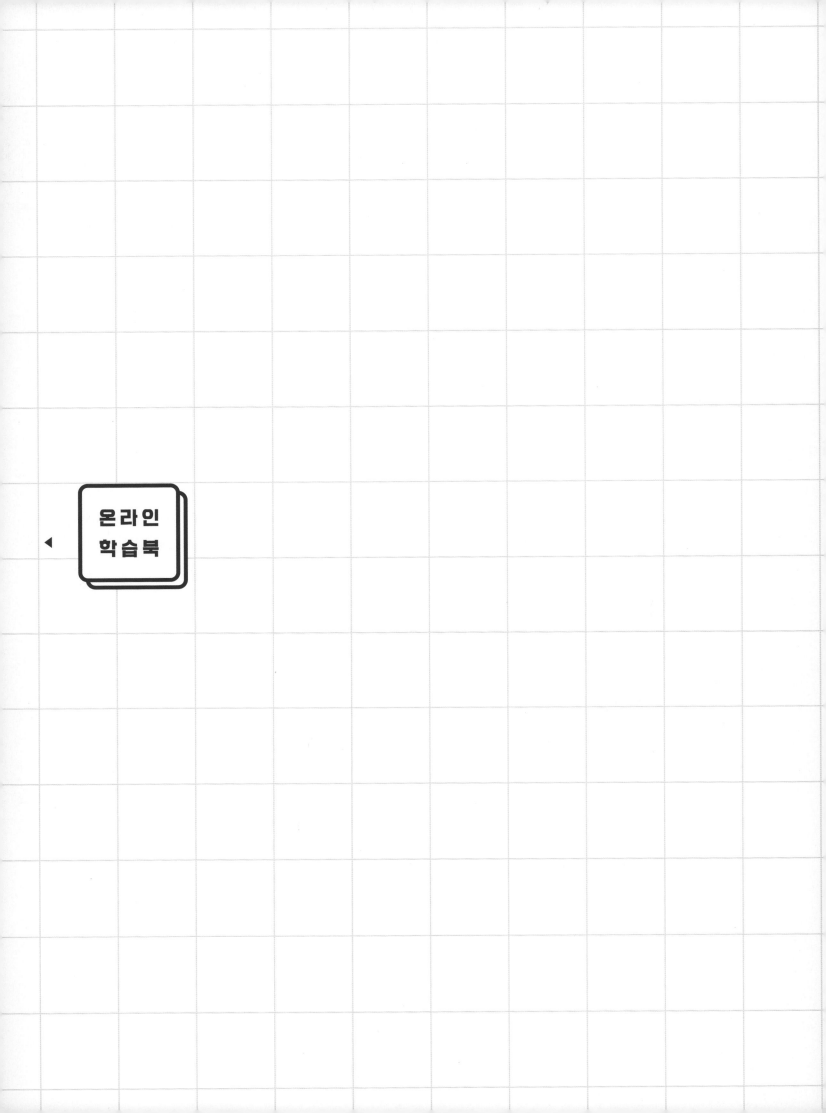

온라인
학습북

수학 전문 교재

- **연산 학습**

  빅터연산   예비초~6학년, 총 20권

  창의융합 빅터연산   예비초~4학년, 총 16권

- **개념 학습**

  개념클릭 해법수학   1~6학년, 학기용

- **수준별 수학 전문서**

  해결의법칙(개념/유형/응용)   1~6학년, 학기용

- **단원평가 대비**

  수학 단원평가   1~6학년, 학기용

- **단기완성 학습**

  초등 수학전략   1~6학년, 학기용

- **상위권 학습**

  최고수준 S 수학   1~6학년, 학기용

  최고수준 수학   1~6학년, 학기용

  최강 TOT 수학   1~6학년, 학년용

- **경시대회 대비**

  해법 수학경시대회 기출문제   1~6학년, 학기용

예비 중등 교재

- **해법 반편성 배치고사 예상문제**   6학년
- **해법 신입생 시리즈(수학/영어)**   6학년

맞춤형 학교 시험대비 교재

- **열공 전과목 단원평가**   1~6학년, 학기용(1학기 2~6년)

한자 교재

- **해법 NEW 한자능력검정시험 자격증 한번에 따기**   6~3급, 총 8권
- **씽씽 한자 자격시험**   8~7급, 총 2권
- **한자전략**   1~6학년, 총 6단계

배움으로 행복한 내일을 꿈꾸는
천재교육 커뮤니티 안내 . . . .

 교재 안내부터 구매까지 한 번에!
천재교육 홈페이지

자사가 발행하는 참고서, 교과서에 대한 소개는 물론
도서 구매도 할 수 있습니다. 회원에게 지급되는 별을 모아
다양한 상품 응모에도 도전해 보세요!

 다양한 교육 꿀팁에 깜짝 이벤트는 덤!
천재교육 인스타그램

천재교육의 새롭고 중요한 소식을 가장 먼저 접하고 싶다면?
천재교육 인스타그램 팔로우가 필수!
깜짝 이벤트도 수시로 진행되니 놓치지 마세요!

 수업이 편리해지는
천재교육 ACA 사이트

오직 선생님만을 위한, 천재교육 모든 교재에 대한 정보가 담긴
아카 사이트에서는 다양한 수업자료 및 부가 자료는 물론
시험 출제에 필요한 문제도 다운로드하실 수 있습니다.

https://aca.chunjae.co.kr

 천재교육을 사랑하는 샘들의 모임
천사샘

학원 강사, 공부방 선생님이시라면 누구나 가입할 수 있는 천사샘!
교재 개발 및 평가를 통해 교재 검토진으로 참여할 수 있는 기회는 물론
다양한 교사용 교재 증정 이벤트가 선생님을 기다립니다.

 아이와 함께 성장하는 학부모들의 모임공간
튠맘 학습연구소

튠맘 학습연구소는 초·중등 학부모를 대상으로 다양한 이벤트와 함께
교재 리뷰 및 학습 정보를 제공하는 네이버 카페입니다.
초등학생, 중학생 자녀를 둔 학부모님이라면 튠맘 학습연구소로 오세요!

수학의 해법이 풀리다!

해결의 법칙
시리즈

단계별 맞춤 학습

개념, 유형, 응용의 단계별 교재로
교과서 차시에 맞춘 쉬운 개념부터
응용·심화까지 수학 완전 정복

혼자서도 OK!

이미지로 구성된 핵심 개념과 셀프 체크,
모바일 코칭 시스템과 동영상 강의로
자기주도 학습 및 홈 스쿨링에 최적화

300여 명의 검증

수학의 메카 천재교육 집필진과
300여 명의 교사·학부모의
검증을 거쳐 탄생한 친절한 교재

흔들리지 않는 탄탄한 수학의 완성! (초등 1~6학년 / 학기별)

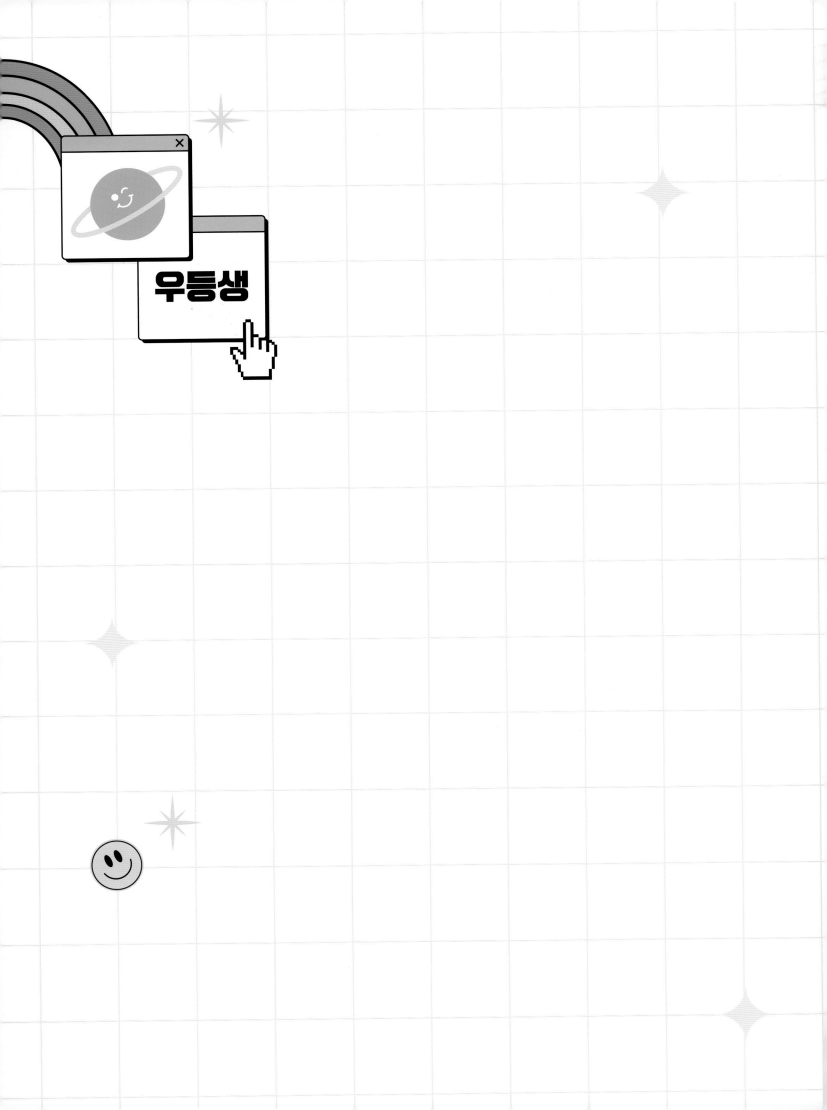

#홈스쿨링

우등생

정답은 정확하게
풀이는 자세하게

홈 풀이집

과학 4·2

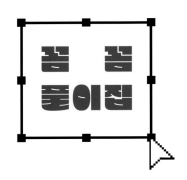

꼼꼼 풀이집

정답과 풀이

4-2

1. 식물의 생활

개념 다지기   9쪽

1 ②   **2** (1) (나) (2) (다) (3) (가)   **3** ③   **4** ㉡
5 예 둥근가

1 잎의 가장자리가 톱니 모양인 것은 단풍나무와 사철나무의 잎이고, 이 중 잎이 손바닥 모양으로 깊게 갈라져 있는 것은 단풍나무의 잎입니다.

2 잎몸은 잎맥이 퍼져 있는 부분이고, 잎맥은 잎몸에서 선처럼 보이는 것입니다. 잎자루는 잎몸과 줄기 사이에 있는 부분입니다.

3 소나무 잎은 바늘처럼 길고 뾰족하며, 잎이 한곳에 두 개씩 뭉쳐납니다.

4 '예쁘다'의 기준은 사람에 따라 다르기 때문에 잎을 분류하는 기준으로 알맞지 않습니다.

5 토끼풀과 사철나무 잎의 모양은 둥글고, 국화와 강아지풀은 잎의 모양이 둥글지 않습니다.

단원 실력 쌓기   10~13쪽

Step ①

1 세 개   **2** 두(2)   **3** 잎의 끝 모양
4 사철나무   **5** 소나무   **6** ④   **7** ③, ⑤
8 ㉠ 예 좁고 ㉡ 예 매끈 **9** ㉡   **10** ⑤   **11** ②
12 대휘   **13** (1) ㉡ (2) ㉠   **14** (1) ㉠, ㉣ (2) ㉡, ㉢

Step ②

15 ❶ 세(3) **❷** 예 톱니
16 (1) ㉠ 소나무 ㉡ 강아지풀
    (2) 예 잎의 가장자리가 매끈하다.
        잎의 모양이 길쭉하다. 등
17 (1) ㉣
    (2) 예 잎의 모양이 둥근가?,
        잎의 가장자리가 톱니 모양인가? 등

> **15** 토끼풀, 톱니
> **16** (1) 소나무
>   (2) 매끈
> **17** (1) 단풍
>   (2) 가장

Step ③

18 (1) (나) (2) (다) (3) (가) (4) (라)   **19** ㉣
20 (1) 예 잎이 한곳에 두 개씩 뭉쳐나는 것은 ㉠이고, 두 개씩 뭉쳐나지 않는 것은 ㉡, ㉢, ㉣이다.
    (2) 예 잎의 가장자리가 매끈한 것은 ㉠, ㉢이고, 매끈하지 않은 것은 ㉡, ㉣이다.

---

1 토끼풀의 잎은 세 개씩 붙어 있습니다.

2 소나무는 잎이 한곳에 두 개씩 뭉쳐납니다.

3 누가 분류하여도 같은 분류 결과가 나오는 것을 분류 기준으로 정해야 합니다.

4 강아지풀은 잎이 좁고 길쭉한 모양입니다.

5 토끼풀은 잎의 가장자리가 톱니 모양입니다.

6 ①은 토끼풀, ②는 강아지풀, ③은 사철나무 잎입니다.

7 단풍나무 잎은 손바닥 모양으로 깊게 갈라져 있으며, 잎의 가장자리는 톱니 모양입니다.

8 강아지풀 잎의 모양은 좁고 길쭉하며, 잎의 가장자리가 매끈하고 털이 있습니다.

9 식물은 종류에 따라 잎의 생김새가 다릅니다.

10 단풍나무는 잎이 손바닥 모양으로 깊게 갈라져 있고, 국화는 잎의 가장자리가 깊게 갈라져 있습니다.

11 잎맥은 잎몸에서 선처럼 보이는 것입니다.

12 누가 분류해도 같은 결과가 나오는 것을 분류 기준으로 정해야 합니다.

13 사철나무와 토끼풀은 잎이 둥근 모양이고, 소나무와 강아지풀은 잎이 둥글지 않습니다.

14 토끼풀과 단풍나무 잎의 가장자리는 톱니 모양이고, 소나무와 강아지풀 잎의 가장자리는 매끈합니다.

15 토끼풀의 잎은 모양이 둥글고, 세 개씩 붙어 있습니다.

16 소나무와 강아지풀의 잎의 가장자리는 매끈합니다.

채점 기준		
(1)	㉠ '소나무', ㉡ '강아지풀'을 모두 정확히 씀.	상
	㉠ '소나무', ㉡ '강아지풀' 중 한 가지만 정확히 씀.	중
(2)	**정답 키워드** 가장자리 | 매끈 | 모양 | 길쭉 등 '잎의 가장자리가 매끈하다.', '잎의 모양이 길쭉하다.' 등과 같이 내용을 정확히 씀.	상
	두 잎의 공통점을 썼지만, 표현이 정확하지 않음.	중

17 누가 분류해도 같은 결과가 나오는 것을 분류 기준으로 정해야 합니다.

채점 기준		
(1)	'㉣'을 정확히 씀.	
(2)	**정답 키워드** 모양 | 가장자리 등 '잎의 모양이 둥근가?', '잎의 가장자리가 톱니 모양인가?' 등과 같이 내용을 정확히 씀.	상
	잎을 생김새에 따라 분류할 수 있는 기준 두 가지 중에 한 가지만 정확히 씀.	중

18 ㉠은 소나무, ㉡은 토끼풀, ㉢은 강아지풀, ㉣은 국화의 잎입니다.

19 국화는 잎의 가장자리가 깊게 갈라져 있고, 울퉁불퉁합니다.

20 잎이 한곳에 두 개씩 뭉쳐나는 것은 소나무의 잎이고, 잎의 가장자리가 매끈한 것은 소나무와 강아지풀의 잎입니다.

개념 다지기 17쪽

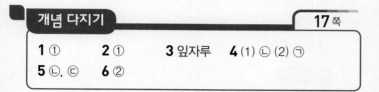

1 ①은 풀, ②, ③, ④는 나무에 해당합니다.

2 부레옥잠의 잎을 물속에 넣고 손을 떼면 물속에 잠겨 있던 부레옥잠이 물 위로 떠오릅니다.

3 부레옥잠은 잎자루에 공기주머니가 많이 있어 볼록하게 부풀어 있습니다.

4 수련과 마름은 잎과 꽃이 물 위에 떠 있습니다. 검정말과 나사말은 물속에 잠겨서 삽니다.

5 사막에는 선인장, 용설란, 리돕스 등이 삽니다.

6 극지방에 사는 식물은 키가 작아서 추위와 바람의 영향을 적게 받습니다.

개념 다지기 19쪽

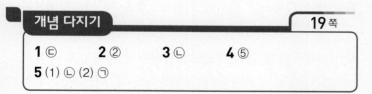

1 도꼬마리 열매는 부직포에 잘 붙고 쉽게 떨어지지 않습니다.

2 도꼬마리 열매는 가시가 많고, 가시 끝이 갈고리 모양으로 휘어져 있습니다.

3 도꼬마리 열매의 가시 끝이 갈고리 모양으로 휘어져 있어 천에 붙으면 잘 떨어지지 않는 특징을 활용하여 찍찍이 테이프를 만들었습니다.

4 바람을 타고 빙글빙글 돌며 떨어지는 단풍나무 열매의 특징을 활용하여 바람을 타고 떨어지는 드론을 만들었습니다.

5 지느러미엉겅퀴의 줄기와 잎에 가시가 있는 특징을 활용하여 철조망을 만들었고, 물에 젖지 않는 연잎의 특징을 활용하여 물이 스며들지 않는 옷감을 만들었습니다.

단원 실력 쌓기 20~23쪽

Step 1
1 나무, 풀 **2** 잎자루 **3** 적응 **4** 예 가시 모양
5 찍찍이 테이프 **6** (1) 나무 (2) 풀 **7** ⑤
8 예 공기 방울 **9** ④ **10** ㉠
11 ㉠ 줄기 ㉡ 잎 **12** ①, ③ **13** ④ **14** ⑤
15 ㉢

Step 2
16 (1) 상수리나무
　(2) ❶ 예 굵다 ❷ 한해살이
　　❸ 여러해살이
17 (1) 도꼬마리 열매
　(2) 예 도꼬마리 열매 가시 끝이 갈고리 모양으로 휘어져 있어 천에 붙으면 잘 떨어지지 않는 특징을 활용하여 만들었다.

> **16** (1) 상수리나무
> 　(2) 다름
> **17** (1) 도꼬마리
> 　(2) 가시

Step 3
18 예 구멍(공기주머니) **19** 물에 떠서 사는 식물
20 예 부레옥잠은 잎자루에 있는 공기주머니 속의 공기 때문에 물에 떠서 살 수 있다.

1 들이나 산에서 사는 식물은 풀과 나무로 구분할 수 있습니다.

2 부레옥잠은 잎자루에 공기주머니가 있어 부풀어 있습니다.

3 식물은 사는 곳의 환경에 적응하여 생김새와 생활 방식이 사는 곳의 환경에 따라 다릅니다.

4 선인장의 잎은 좁은 가시 모양입니다.

5 도꼬마리 열매에는 가시가 많고, 가시 끝이 갈고리 모양으로 휘어져 있어 천에 붙으면 잘 떨어지지 않습니다.

6 나무는 풀보다 키가 크고 줄기가 굵습니다.

7 풀은 대부분 한해살이 식물입니다.

8 자른 부레옥잠의 잎자루를 물속에 넣고 손가락으로 누르면 공기 방울이 위로 올라갑니다.

9 부레옥잠은 물에 떠서 사는 식물입니다.

10 물속에 잠겨서 사는 식물은 줄기와 잎이 물의 흐름에 따라 잘 휘어집니다.

11 선인장은 굵은 줄기에 물을 저장하고, 잎이 가시 모양이어서 물이 밖으로 빠져나가는 것을 막습니다.

12 용설란과 리돕스는 두꺼운 잎에 물을 저장하여 물이 적은 사막에서 살 수 있습니다.

13 남극구슬이끼는 키가 작아서 추위와 바람의 영향을 적게 받습니다.

14 천에 붙으면 잘 떨어지지 않는 도꼬마리 열매의 특징을 활용하여 찍찍이 테이프를 만들었습니다.

15 물이 스며들지 않는 옷감은 물에 젖지 않는 연잎의 특징을 활용하여 만들었습니다.

16

채점 기준		
(1)	'상수리나무'를 정확히 씀.	
(2)	❶ '굵다', ❷ '한해살이', ❸ '여러해살이'를 모두 정확히 씀.	상
	❶ '굵다', ❷ '한해살이', ❸ '여러해살이' 중 두 가지만 정확히 씀.	중
	❶ '굵다', ❷ '한해살이', ❸ '여러해살이' 중 한 가지만 정확히 씀.	하

17 찍찍이 테이프는 천에 붙으면 잘 떨어지지 않는 도꼬마리 열매의 특징을 활용하여 만들었습니다.

채점 기준		
(1)	'도꼬마리 열매'를 정확히 씀.	
(2)	정답 키워드 가시 | 갈고리 모양 | 떨어지지 않는 특징 등 '도꼬마리 열매 가시 끝이 갈고리 모양으로 휘어져 있어 천에 붙으면 잘 떨어지지 않는 특징을 활용하여 만들었다.'와 같이 내용을 정확히 씀.	상
	찍찍이 테이프가 활용한 도꼬마리 열매의 특징을 썼지만, 표현이 정확하지 않음.	중

18 부레옥잠의 잎자루에는 공기주머니가 있습니다.

19 부레옥잠은 물상추, 개구리밥 등과 같이 물에 떠서 사는 식물입니다.

20 부레옥잠의 잎자루에 공기주머니가 있어서 물에 뜰 수 있는 것은 물이 많은 환경에 적응한 것입니다.

대단원 평가 24~27 쪽

1 ② **2** ④ **3** ㉠ **4** ⑤
5 (1) ㉠ (2) 예 사람마다 '예쁘다'의 기준이 다르기 때문에 분류 기준으로 알맞지 않다. **6** ㉡, ㉢ **7** ③
8 ㉠ **9** ⑤ **10** 예 여러 개의 공기 방울이 위로 올라간다. **11** ④ **12** (1) 연꽃 (2) 예 물가나 물속의 땅에 뿌리를 내린다. 줄기가 단단하다. 키가 크게 자란다. 등
13 예 적응 **14** ㉡ **15** ①, ⑤ **16** (1) ㉠ (2) ㉡ (3) ㉠
17 ④ **18** ① **19** ① **20** ㉢

---

1 사철나무의 잎은 달걀 모양이고, 잎의 가장자리는 톱니 모양입니다.

2 ①은 단풍나무, ②는 강아지풀, ③은 소나무, ④는 국화의 잎입니다.

3 ㉠은 잎맥, ㉡은 잎몸, ㉢은 잎자루입니다.

4 강아지풀과 소나무 잎의 전체적인 모양은 길쭉하고, 단풍나무와 토끼풀 잎의 모양은 길쭉하지 않습니다.

5 사람에 따라 분류 결과가 달라지는 것은 분류 기준으로 알맞지 않습니다.

채점 기준		
(1)	'㉠'을 정확히 씀.	4점
(2)	정답 키워드 기준 | 다르기 때문 등 '사람마다 '예쁘다'의 기준이 다르기 때문에 분류 기준으로 알맞지 않다.'와 같이 내용을 정확히 씀.	8점
	분류 기준으로 알맞지 않은 까닭을 썼지만, 표현이 정확하지 않음.	4점

6 명아주와 토끼풀은 풀이고, 밤나무와 단풍나무는 나무입니다.

7 강아지풀은 한해살이 식물이고, 상수리나무는 여러해살이 식물입니다. 강아지풀의 줄기보다 상수리나무의 줄기가 더 굵고, 두 식물의 잎 색깔은 초록색입니다.

8 풀은 나무보다 줄기가 가늘고, 풀은 대부분 한해살이 식물이지만, 나무는 모두 여러해살이 식물입니다.

9 부레옥잠은 잎이 둥글고, 잎자루가 볼록하게 부풀어 있습니다. 부레옥잠의 잎자루에는 공기주머니가 있어 물에 떠서 살 수 있습니다.

10 부레옥잠은 잎자루에 있는 공기주머니 속의 공기 때문에 물에 떠서 살 수 있습니다.

채점 기준		
정답 키워드 공기 방울 | 올라간다 등 '여러 개의 공기 방울이 위로 올라간다.'와 같이 내용을 정확히 씀.		8점
잎자루를 물속에 넣고 눌렀을 때 나타나는 현상을 썼지만, 표현이 정확하지 않음.		4점

11 ①은 잎이 물에 떠 있는 식물이고, ②는 잎이 물 위로 높이 자라는 식물입니다. ③, ⑤는 물에 떠서 사는 식물입니다.

12 잎이 물 위로 높이 자라는 식물에는 갈대, 부들, 연꽃 등이 있습니다.

채점 기준		
(1)	'연꽃'을 정확히 씀.	4점
(2)	**정답** **키워드** 땅 | 뿌리 | 줄기 | 단단 등 '물가나 물속의 땅에 뿌리를 내린다.', '줄기가 단단하다.', '키가 크게 자란다.' 등과 같이 내용을 정확히 씀.	8점
	물 위로 높이 자라는 식물의 특징 두 가지 중 한 가지만 정확히 씀.	4점

13 오랜 기간에 걸쳐 사는 곳의 환경에 알맞은 생김새와 생활 방식을 갖게 되는 것을 적응이라고 합니다.

14 갯메꽃은 바닷가, 민들레는 들과 산에 사는 식물입니다.

15 선인장은 굵은 줄기에 물을 저장합니다.

16 사막에 사는 리톱스와 용설란은 두꺼운 잎에 물을 저장하고, 바오바브나무는 굵은 줄기에 물을 저장합니다.

17 북극버들은 극지방에 사는 식물로, 키가 작습니다.

18 연잎의 특징을 활용하여 물이 스며들지 않는 옷감을 만들었습니다.

19 연잎은 아주 작은 크기의 수많은 돌기로 덮여 있는데, 이 구조 때문에 물방울은 잎 속으로 스며들지 못합니다.

20 바람을 타고 빙글빙글 돌며 떨어지는 단풍나무 열매의 특징을 활용하여 드론을 만들었습니다.

2. 물의 상태 변화

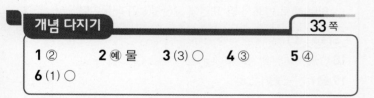

개념 다지기 33쪽

1 ② **2** 예 물 **3** (3) ○ **4** ③ **5** ④
6 (1) ○

1 물은 흐르는 성질이 있어 손에 쉽게 잡히지 않습니다.

2 종이에 묻은 물이 공기 중으로 날아갔기 때문에 점차 글씨가 사라집니다.

3 물이 얼어 얼음이 되면 부피가 늘어나므로 물의 높이가 처음 높이보다 더 높아진 것이 언 후의 모습입니다.

4 물이 얼어 얼음이 될 때 무게는 변하지 않습니다.

5 얼음이 녹을 때 부피가 줄어들기 때문에 플라스틱 시험관 안의 물의 높이가 낮아집니다.

6 꽁꽁 얼어 있던 얼음과자가 녹으면 부피가 줄어들어 용기 안에 빈 공간이 생깁니다.

단원 실력 쌓기 34~37쪽

Step 1
1 얼음 **2** 물 **3** 예 변하지 않는다.
4 예 줄어든다. **5** 예 커진다. **6** ㉡
7 ③ **8** 예 공기 **9** ②, ③ **10** 늘어남 **11** ②
12 ㉠ 예 얼어 ㉡ 예 늘어나기 **13** ③ **14** ②

Step 2
15 ❶ 예 있고
  ❷ 예 잡히지 않는다

16 예 물이 얼면 부피는 늘어나고, 무게는 변하지 않는다.

17 (1) 500
  (2) 예 얼음이 녹으면 무게가 변하지 않기 때문이다.

> **15** 얼음, 물
> **16** 부피, 무게
> **17** (1) 같습
>   (2) 무게

Step 3
18 ㈎ ㉢ ㈏ ㉠ **19** ❶ 예 늘어난다 ❷ 예 변하지 않는다
20 예 날씨가 추워지면 수도 계량기가 터지기도 한다. 겨울철 장독 안에 넣어 둔 물이 얼어 장독이 깨진다. 등

1 얼음은 손으로 만져 보면 차갑고 모양이 일정하며 단단합니다.

2 물은 일정한 모양이 없고 흐르는 성질이 있습니다.

3 물이 얼어 얼음이 되면 부피가 늘어나지만, 무게는 변하지 않습니다.

4 얼음이 녹아 물이 되면 부피가 줄어듭니다.

5 물이 얼면 부피가 늘어나므로 페트병이 커집니다.

6 손에 잡히지 않고 페트리 접시를 기울일 때 흐르는 것은 물입니다.

7 얼음은 모양이 일정하고 흐르지 않으며, 물은 일정한 모양이 없고 흐릅니다.

8 종이에 묻은 물이 공기 중으로 날아갔기 때문에 점차 글씨가 사라집니다.

9 물의 기체 상태인 수증기는 눈에 보이지 않습니다.

> **왜** 틀렸을까?
> ①, ④, ⑤: 단단하고, 일정한 모양이 있으며, 손으로 잡을 수 있는 것은 물의 고체 상태인 얼음에 대한 설명입니다.

10 물이 얼어 얼음이 될 때 부피는 늘어납니다.

11 물이 얼어 얼음으로 될 때 무게는 변하지 않습니다.

12 겨울철에 물이 얼어 부피가 늘어나기 때문에 물을 가득 담아 두었던 장독이 깨집니다.

13 얼음을 녹이면 물의 높이가 낮아지므로 얼음이 녹으면 부피가 줄어드는 것을 알 수 있습니다.

14 페트병 안에 든 얼음이 녹아 물이 되면서 부피가 줄어들기 때문에 페트병의 크기가 줄어듭니다.

15 얼음은 물보다 차갑고 단단하여 손으로 잡을 수 있으며, 물은 얼음보다 덜 차갑고 손에 잡히지 않습니다.

16 채점 기준

정답 키워드 부피	늘어나다	무게	변하지 않다	
'물이 얼면 부피는 늘어나고, 무게는 변하지 않는다.'와 같이 내용을 정확히 씀.	상
'물이 얼면 부피는 변하고, 무게는 변하지 않는다.'와 같이 부피가 어떻게 변하는지 정확히 쓰지 못함.	중
'물이 얼면 부피가 늘어난다'. 또는 '물이 얼면 무게가 변하지 않는다.'와 같이 무게 변화와 부피 변화 중 한 가지 내용만 씀.	하

17 채점 기준

(1)	'500'을 정확히 씀.	
(2)	정답 키워드 얼음	녹다	무게	변하지 않다 '얼음이 녹으면 무게가 변하지 않기 때문이다.'와 같이 내용을 정확히 씀.	상
	'무게는 변하지 않기 때문이다.'와 같이 '얼음이 녹으면' 또는 '얼음이 물로 변하면'과 같은 내용을 포함하여 쓰지 못함.	중

18 물의 부피를 비교하기 위해서 물의 높이를 표시하고, 전자저울로 물의 무게를 측정합니다.

19 물이 얼 때 부피는 늘어나지만, 무게는 변하지 않습니다.

20 물이 얼면 부피가 늘어나므로 겨울철 수도 계량기가 터지거나, 물이 든 장독이 깨지기도 합니다.

개념 다지기   41 쪽

1 ㉢	**2** ④	**3** ④	**4** (1) × (2) ○ (3) ×
5 ③	**6** 늘어남		

1 화장지에 물을 뿌려 적시면 처음에는 물기가 가득하여 축축하지만, 일정한 시간이 지나면 화장지의 물기가 없어져 바짝 마릅니다.

2 고드름이 생기는 것은 액체인 물이 고체인 얼음으로 상태가 변하는 예와 관련이 있습니다.

3 기포는 액체인 물이 기체로 변한 수증기입니다.

4 물이 증발하거나 끓을 때에는 공통적으로 물이 수증기가 되는 상태 변화가 일어납니다.

5 공기 중의 수증기가 응결해 차가운 플라스틱병의 표면에서 물방울로 맺혔으므로 병 표면의 물방울의 색깔은 무색투명합니다.

6 플라스틱병 표면에 맺힌 물방울의 무게만큼 무게가 늘어납니다.

단원 실력 쌓기   42~45 쪽

Step 1

1 증발   **2** 수증기   **3** 기체   **4** 끓음   **5** 응결
6 예 낮아진다   **7** ③   **8** ①, ③   **9** ⑤
10 ④   **11** ①   **12** ㉣   **13** ①
14 (1) – ㉡ (2) – ㉠

Step 2

15 (1) ㉡
   (2) ❶ 예 표면 ❷ 수증기
16 예 물이 수증기로 변해 공기 중으로 날아갔기 때문이다.
17 (1) 예 늘어난다.
   (2) 예 공기 중의 수증기가 응결하여 물로 변해서 병 표면에 달라붙었기 때문이다.

> **15** (1) 기체
>   (2) 표면, 수증기
> **16** 수증기
> **17** (1) 물방울
>   (2) 응결

Step 3

18 (1) ㉠, ㉢, ㉣, ㉤ (2) ㉡, ㉥
19 ❶ ㉠, ㉣ ❷ ㉢, ㉤
20 예 ㉠, ㉣은 증발, ㉡, ㉥은 응결, ㉢, ㉤은 끓음과 관련된 현상이다.

1 증발은 액체인 물이 표면에서 기체인 수증기로 상태가 변하는 현상입니다.

2 액체 상태의 물이 기체 상태인 수증기로 변하여 공기 중으로 날아갑니다.

3 물을 끓이면 물이 기체 상태인 수증기로 변해 공기 중으로 날아갑니다.

4 끓음은 물 표면과 물속에서 물이 수증기가 되는 현상으로, 증발할 때보다 물의 양이 빠르게 줄어듭니다.

5 응결은 기체인 수증기가 액체인 물로 상태가 변하는 현상입니다.

6 물이 점점 줄어들어 물의 높이가 낮아집니다.

7 비커에 담은 물의 양이 줄어드는 까닭은 물이 수증기로 변해 공기 중으로 날아갔기 때문입니다.

8 고추가 마르거나, 감이 마르는 것은 물이 표면에서 수증기로 변하는 증발과 관련된 현상입니다.

9 물이 끓을 때에는 크고 작은 기포가 연속하여 많이 생기므로 물의 높이가 빠르게 낮아집니다. 이때 물 표면과 물속에서 물이 수증기가 됩니다.

10 끓음은 증발보다 물의 양이 빠르게 줄어듭니다.

11 플라스틱병 표면에 맺혀 있는 물방울은 공기 중의 수증기가 응결하여 차가운 병 표면에 달라붙은 것으로, 투명합니다.

12 시간이 지남에 따라 플라스틱병 표면에 물방울이 생기기 때문에 병 표면에 생긴 물방울의 무게만큼 무게가 늘어나게 됩니다.

13 응결은 기체인 수증기가 액체인 물로 변하는 현상입니다. 물감이 마르는 것은 물이 수증기로 증발하는 현상입니다.

14 팥빙수 만들기와 인공 눈 만들기는 물이 얼음으로 상태가 변하는 것을 이용하는 예이고, 스팀다리미로 옷의 주름 펴기나, 가습기 틀기는 물이 수증기로 상태가 변하는 것을 이용하는 예입니다.

15

채점 기준		
(1)	'ⓒ'을 정확히 씀.	
(2)	❶에 '표면', ❷에 '수증기'를 정확히 씀.	상
	❶과 ❷ 중 한 가지만 정확히 씀.	중

16

채점 기준		
정답 키워드 수증기 | 공기 중 | 날아가다(사라지다)		
'물이 수증기로 변해 공기 중으로 날아갔기 때문이다.'와 같이 내용을 정확히 씀.		상
'물이 없어지기 때문이다.'와 같이 '물이 수증기로 변한다.'라는 내용을 포함하여 쓰지 못함.		중

17

채점 기준		
(1)	'늘어난다.'를 정확히 씀.	
(2)	**정답 키워드** 수증기 | 응결 | 물 | 달라붙다	
	'공기 중의 수증기가 응결하여 물로 변해서 병 표면에 달라붙었기 때문이다.'와 같이 내용을 정확히 씀.	상
	'물이 병 표면에 달라붙었기 때문이다.'와 같이 물이 어디에서 생겼는지 설명하지 못함.	중

18 물이 증발하거나 끓을 때에는 물에서 수증기로 상태가 변하고, 물이 응결할 때에는 수증기에서 물로 상태가 변합니다.

19 빨래나 감을 말리는 것은 증발 현상이고, 물이 끓거나 달걀을 삶는 것은 끓음 현상입니다.

20 증발은 물 표면에서 물이 수증기로 변하는 현상이고, 응결은 수증기에서 물로 변하는 현상이며, 끓음은 물속과 물 표면에서 물이 수증기로 변하는 현상입니다.

대단원 평가 46~49쪽

1 ①   **2** ②, ③   **3** 수증기   **4** (1) ㉠ 얼음 ㉡ 수증기
(2) 예 서로 다른 상태로 변할 수 있다.   **5** 낮아, 얼음
6 (1) 예 커진다. (2) 예 페트병에 들어 있는 물이 얼면서 부피가 늘어났기 때문이다.   **7** ③   **8** ①   **9** ②
10 ④, ⑤   **11** ㉣, 예 물기가 바짝 마른다.   **12** ⑤
13 ③   **14** ㉠ 물이 끓을 때 ㉡ 물이 끓기 전
15 (1) 물 → 수증기 (2) 물 → 수증기   **16** 남일
17 ⑤   **18** ④   **19** (1) ㉠ (2) 예 맑은 날 아침 풀잎이나 열매에 물방울이 맺힌다. 냉장고에서 꺼낸 음료수병의 표면에 물방울이 맺힌다. 등   **20** ②, ③

1 물은 일정한 모양이 없고 흐르는 성질이 있습니다.

2 고체 상태의 물은 얼음이라고 하며, 모양이 일정합니다.

3 수증기는 일정한 모양이 없고 눈에 보이지 않습니다.

4

채점 기준		
(1)	㉠에 '얼음', ㉡에 '수증기'를 정확히 씀.	4점
(2)	**정답 키워드** 다른 상태 | 변하다	
	'서로 다른 상태로 변할 수 있다.'와 같이 내용을 정확히 씀.	4점
	'변한다.'와 같이 간단하게만 씀.	2점

5 플라스틱 시험관 안의 물은 점차 온도가 낮아져 얼게 된다.

6

채점 기준		
(1)	'커진다.'를 정확히 씀.	4점
(2)	**정답 키워드** 물 | 얼다 | 부피 | 늘어나다	
	'페트병에 들어 있는 물이 얼면서 부피가 늘어났기 때문이다.'와 같이 내용을 정확히 씀.	6점
	'물이 얼었기 때문이다.'와 같이 물이 얼음이 될 때 부피가 늘어남을 포함하여 설명하지 못함.	3점

7 추운 겨울에 물이 얼면 부피가 늘어나기 때문에 수도 계량기가 터지기도 합니다.

8 과정 **2**에서는 얼음을 녹이기 위해 플라스틱 시험관을 따뜻한 물이 든 비커에 넣어 둡니다.

9 얼음이 완전히 녹은 후 물의 높이를 관찰하여 녹기 전의 높이와 비교해 봄으로써 얼음이 녹을 때의 부피 변화를 알 수 있습니다.

10 얼음이 녹으면 부피는 줄어들지만 무게는 변하지 않습니다.

11

채점 기준	
정답 키워드 ②	물기	마르다	
②을 고르고, '물기가 바짝 마른다.'와 같이 내용을 정확히 고쳐 씀.	8점
②을 골랐지만, 잘못된 내용을 바르게 고쳐 쓰지 못함.	4점

12 액체인 물이 기체인 수증기로 변하여 공기 중으로 날아가므로 물로 그린 그림이 보이지 않습니다.

13 얼음 얼리기는 물이 얼음으로 상태가 변하는 현상입니다.

14 물이 끓기 전에는 물속에 작은 기포가 조금씩 생기지만, 물이 끓을 때에는 물속의 기포가 많이 올라와 터지면서 물 표면이 울퉁불퉁해집니다.

15 증발과 끓음 현상은 둘 다 액체인 물이 기체인 수증기로 상태가 변합니다.

16 증발은 물 표면에서 물이 수증기로 변하고, 끓음은 물 표면과 물속에서 물이 수증기로 변합니다.

17 공기 중의 수증기가 응결하여 차가운 병의 표면에 물방울로 맺힙니다.

18 응결은 기체인 수증기가 차가운 물체나 찬 공기를 만나 액체인 물로 상태가 변하는 현상입니다.

19

채점 기준		
(1)	'ⓒ'을 정확히 씀.	4점
(2)	**정답 키워드** 풀잎(열매)	물방울	냉장고에서 꺼낸 음료수병 등	
	'맑은 날 아침 풀잎이나 열매에 물방울이 맺힌다.', '냉장고에서 꺼낸 음료수병의 표면에 물방울이 맺힌다.' 등과 같이 내용을 정확히 씀.	6점
	응결의 상태 변화를 관찰할 수 있는 예를 썼지만 표현이 부족함.	3점

20 가습기와 스팀다리미는 물이 수증기로 변하는 상태 변화를 이용하는 예입니다.

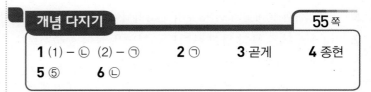

3. 그림자와 거울

개념 다지기
55쪽

1 (1) – ⓒ (2) – ㉠   **2** ㉠   **3** 곧게   **4** 종현
5 ⑤   **6** ⓒ

1 공을 흰 종이 앞에 놓은 뒤, 손전등 빛을 공을 바라보는 방향으로 비출 때 그림자가 생깁니다.

2 투명 플라스틱 컵은 빛이 대부분 통과하기 때문에 더 연한 그림자가 생깁니다.

3 빛이 곧게 나아가는 성질을 빛의 직진이라고 합니다.

4 같은 물체라도 물체를 놓는 방향에 따라 그림자의 모양이 달라질 수 있습니다.

5 그림자의 크기는 손전등과 물체 사이의 거리에 따라 달라집니다.

6 ㉠과 같이 손전등과 물체 사이의 거리가 멀 때 그림자의 크기가 작아지고, ⓒ과 같이 손전등과 물체 사이의 거리가 가까울 때 그림자의 크기가 커집니다.

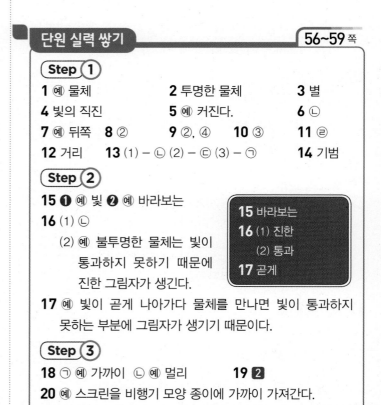

단원 실력 쌓기
56~59쪽

Step 1
1 예 물체   **2** 투명한 물체   **3** 별
4 빛의 직진   **5** 예 커진다.   **6** ⓒ
7 예 뒤쪽   **8** ②   **9** ②, ④   **10** ③   **11** ②
12 거리   **13** (1) – ⓒ (2) – ⓒ (3) – ㉠   **14** 기범

Step 2
15 ❶ 예 빛 ❷ 예 바라보는
16 (1) ⓒ
　(2) 예 불투명한 물체는 빛이 통과하지 못하기 때문에 진한 그림자가 생긴다.

17 예 빛이 곧게 나아가다 물체를 만나면 빛이 통과하지 못하는 부분에 그림자가 생기기 때문이다.

15 바라보는	
16 (1) 진한	
(2) 통과	
17 곧게	

Step 3
18 ㉠ 예 가까이 ⓒ 예 멀리   **19** ❷
20 예 스크린을 비행기 모양 종이에 가까이 가져간다.

1 그림자가 생기려면 빛과 물체가 있어야 합니다.

2 투명한 물체는 빛이 대부분 통과하여 연한 그림자가 생깁니다.

3 물체의 모양과 그림자의 모양은 같습니다.

4 빛이 곧게 나아가는 성질을 빛의 직진이라고 합니다.

5 물체와 스크린을 그대로 두었을 때 손전등을 물체에 더 가까이 가져가면 그림자의 크기가 커집니다.

6 그림자가 생기려면 빛을 물체를 바라보는 방향으로 비추어야 합니다.

7 물체를 바라보는 방향으로 손전등을 비출 때 그림자는 물체의 뒤쪽에 생깁니다.

8 ①, ③, ④는 투명한 물체이고, ②는 불투명한 물체입니다.

9 투명 플라스틱 컵은 빛이 대부분 통과하여 연한 그림자가 생깁니다.

10 그림자의 모양이 물체의 모양과 비슷한 까닭은 빛이 곧게 나아가기 때문입니다.

11 물체의 모양과 그림자의 모양은 비슷합니다.

12 그림자의 크기는 손전등과 물체 사이의 거리에 따라 달라집니다.

13 물체와 스크린을 그대로 두었을 때, 손전등과 물체 사이의 거리가 가까울수록 그림자의 크기는 커지고, 멀수록 그림자의 크기는 작아집니다.

14 스크린과 물체를 그대로 두었을 때 물체와 손전등 사이의 거리가 가까우면 그림자의 크기가 커집니다.

15 그림자가 생기려면 빛과 물체가 필요하고, 빛을 물체를 바라보는 방향으로 비추어야 합니다.

16

채점 기준		
(1)	'ⓒ'을 정확히 씀.	
(2)	**정답 키워드** 불투명한 물체 | 빛 | 통과하지 못하다 '불투명한 물체는 빛이 통과하지 못하기 때문에 진한 그림자가 생긴다.'와 같이 내용을 정확히 씀.	상
	'불투명한 물체는 진한 그림자가 생긴다.'라고만 씀.	중

17

채점 기준		
	정답 키워드 빛 | 곧게 나아가다 | 물체 | 통과하지 못하다 '빛이 곧게 나아가다 물체를 만나면 빛이 통과하지 못하는 부분에 그림자가 생기기 때문이다.'와 같이 내용을 정확히 씀.	상
	'빛이 물체를 통과하지 못하기 때문이다.'라고만 씀.	중

18 과정 **2**는 손전등을 비행기 모양 종이에 가까이 가져가는 모습이고, 과정 **3**은 멀리 가져가는 모습입니다.

19 손전등과 물체 사이의 거리가 가까울수록 그림자의 크기가 커집니다.

20 물체와 손전등을 그대로 두고, 스크린을 물체에 가까이 가져가면 그림자의 크기가 작아집니다.

개념 다지기 63쪽

1 왼손　　**2** ③　　**3** (1) - ㉠ (2) - ㉡　　**4** 방향
5 (1) × (2) ○　　**6** ③

1 거울에 비친 손이 오른손처럼 보이므로, 실제로는 왼손을 거울에 비춘 것입니다.

2 거울에 비친 물체의 모양은 실제 물체와 좌우가 바뀌어 보입니다.

3 물체를 거울에 비추어 보면, 물체의 좌우는 바뀌어 보이지만 상하는 바뀌어 보이지 않습니다.

4 빛이 나아가다 거울에 부딪치면 빛의 방향이 바뀌는 성질을 빛의 반사라고 합니다.

5 거울로 빛의 방향을 바꾸면 보이지 않는 곳에 있는 물체의 모습을 볼 수 있습니다.

6 거울을 이용하여 건축물이나 예술 작품을 만들 수 있습니다.

단원 실력 쌓기 64~67쪽

Step 1

1 예 좌우　**2** 예 상하　**3** 예 방향　**4** 빛의 반사　**5** 거울
6 ㉡　　**7** ③　　**8** ㉢　　**9** ②　　**10** ㉡
11 ④　　**12** ①　　**13** ③　　**14** (1) - ㉠ (2) - ㉡

Step 2

15 ❶ 예 방향 ❷ 반사
16 (1) 강아지 좋아하니?
　　(2) 예 글자를 거울에 비추었을 때 글자의 색깔과 상하는 바뀌어 보이지 않는다.
17 예 자신의 모습을 볼 수 있다. 공간이 넓어 보이게 한다. 등

15 반사	
16 (1) 좌우	
	(2) 색깔
17 넓게	

Step 3

18 꽃피는 우정　　**19** ❶ 오른손 ❷ 파란색
20 예 물체를 거울에 비추어 보면, 물체의 색깔과 상하는 바뀌어 보이지 않지만 좌우는 바뀌어 보인다.

1 물체를 거울에 비추어 보면 물체의 좌우가 바뀌어 보입니다.

2 물체를 거울에 비추어 보면 물체의 색깔과 물체의 상하는 바뀌어 보이지 않습니다.

3 빛이 나아가다가 거울에 부딪치면 빛의 방향이 바뀝니다.

4 빛이 나아가다가 거울에 부딪치면 빛의 방향이 바뀌는 성질을 빛의 반사라고 합니다.

5 거울은 빛의 반사를 이용해 물체의 모습을 비추는 도구입니다.

6 거울에 비친 글자는 좌우가 바뀌어 보입니다.

7 실제 인형이 왼쪽 팔을 들고 있기 때문에 거울에 비친 모습은 오른쪽 팔을 들고 있습니다.

8 거울에 비친 모습과 실제 모습이 같은 도형은 ㉢ 정사각형입니다.

9 '몸, 용, 봄, 응'은 실제 글자와 거울에 비친 글자의 모습이 같습니다.

10 손전등의 빛이 거울에 부딪치면 거울에서 빛의 방향이 바뀝니다.

11 빛의 방향이 바뀌어야 하는 ④번 위치에 거울을 놓아야 합니다.

12 자동차 뒷거울과 신발 가게의 거울에 이용된 빛의 성질은 빛의 반사입니다.

13 과일의 무게를 측정할 때에는 저울을 이용합니다.

14 거울을 이용해 옷을 입은 자신의 모습이나, 무용하는 자신의 모습을 볼 수 있습니다.

15 빛이 나아가다가 거울에 부딪치면 빛의 방향이 바뀌는데, 이러한 빛의 성질을 빛의 반사라고 합니다.

16 물체를 거울에 비추어 보면 물체의 색깔과 상하는 바뀌어 보이지 않습니다.

채점 기준

(1)	'강아지 좋아하니?'를 정확히 씀.	
(2)	**정답 키워드** 색깔 | 상하 | 바뀌지 않다 '글자를 거울에 비추었을 때 글자의 색깔과 상하는 바뀌어 보이지 않는다.'와 같이 내용을 정확히 씀.	상
	'색깔'과 '상하' 중 한 가지 내용만 씀.	중

17 승강기의 거울로 자신의 모습을 볼 수 있고, 거울로 인해 공간이 넓어 보이는 효과도 있습니다.

채점 기준

정답 키워드 자신의 모습 | 보다 | 공간 | 넓어 보이다 등 '자신의 모습을 볼 수 있다.', '공간이 넓어 보이게 한다.' 등의 내용을 정확히 씀.	상
두 가지 중 한 가지 내용만 씀.	중

18 거울에 비친 글자는 좌우가 바뀌어 보입니다.

19 실험을 통해 물체를 거울에 비추어 보면 물체의 색깔과 상하는 바뀌지 않고, 좌우만 바뀌는 것을 확인할 수 있습니다.

20 거울에 비친 물체는 상하와 색깔은 그대로이지만, 물체의 좌우가 바뀌어 보입니다.

대단원 평가 68~71쪽

1 ㉢   **2** 지원   **3** (1) – ㉠ (2) – ㉡
4 무색 비닐, **예** 빛이 나아가다가 무색 비닐과 같은 투명한 물체를 만나면 빛이 대부분 통과하므로 연한 그림자가 생긴다.
5 ②, ③   **6** ㉠   **7** ⑤   **8** ④
9 (1) ㉠ (2) **예** 스크린을 비행기 모양 종이(물체)에서 멀리 가져간다.   **10** ①, ④   **11** **예** 좌우   **12** ㉠
13 ⑤   **14** **예** 인형의 색깔과 상하는 바뀌어 보이지 않지만 좌우는 바뀌어 보인다.   **15** ②   **16** ④
17 ㉡, ㉢   **18** (1) – ㉡ (2) – ㉠   **19** ㉠
20 (1) 미용실 거울 (2) **예** 무용하는 자신의 모습을 볼 수 있다. 등

1 손전등 빛을 공을 바라보는 방향으로 비출 때 흰 종이에 그림자가 생깁니다.

2 물체에 빛을 비추면 물체의 뒤쪽에 그림자가 생깁니다.

3 안경알은 투명한 물체로 연한 그림자가 생기며, 그늘막은 불투명한 물체로 진한 그림자가 생깁니다.

4 **채점 기준**

정답 키워드 무색 비닐 | 투명하다 | 빛 | 통과하다 | 그림자 | 연하다	
'무색 비닐'을 쓰고, '빛이 나아가다가 무색 비닐과 같은 투명한 물체를 만나면 빛이 대부분 통과하므로 연한 그림자가 생긴다.'와 같이 내용을 정확히 씀.	8점
'무색 비닐'을 썼지만, 그 까닭을 정확히 쓰지 못함.	4점

5 불투명한 물체는 빛이 통과하지 않아 진하고 선명한 그림자가 생깁니다.

6 직사각형, 원형의 그림자가 모두 나타날 수 있는 물체는 ㉠입니다.

7 같은 물체라도 물체를 놓는 방향에 따라 그림자의 모양이 달라질 수 있습니다.

8 태양이나 전등에서 나오는 빛이 사방으로 곧게 나아가는 것은 빛의 직진 때문입니다.

9 손전등과 물체를 그대로 두고 스크린을 물체에 가까이 가져가면 그림자의 크기는 작아지고, 스크린을 물체에서 멀리 가져가면 그림자의 크기는 커집니다.

채점 기준		
(1)	'㉠'을 정확히 씀.	2점
(2)	정답 키워드 스크린 | 물체 | 멀리 | 가져가다 '스크린을 비행기 모양 종이(물체)에서 멀리 가져간다.'와 같이 내용을 정확히 씀.	8점
	'스크린을 멀리 가져간다.'와 같이 '물체에서 멀리 가져간다.'라는 내용을 포함하여 쓰지 못함.	4점

10 스크린과 물체를 그대로 두고 손전등을 물체에서 멀게 하거나, 물체와 손전등을 그대로 두고 스크린을 물체에 가까이 하면 그림자의 크기가 작아집니다.

11 거울에서 물체의 좌우는 바뀌어 보입니다.

12 물체를 거울에 비추어 보면 좌우가 바뀌어 보이기 때문에 실제 시계의 시각은 2시입니다.

13 숫자 '0, 1, 8'은 거울에 비친 모양과 실제 모양이 같습니다.

14

채점 기준		
정답 키워드 색깔 | 상하 | 바뀌어 보이지 않다 | 좌우 | 바뀌어 보이다 '인형의 색깔과 상하는 바뀌어 보이지 않지만 좌우는 바뀌어 보인다.'와 같이 내용을 정확히 씀.		8점
공통점과 차이점 중 한 가지만 정확히 씀.		4점

15 물체를 거울에 비추어 보면 좌우가 바뀌어 보이기 때문에 구급차의 앞부분 글자의 좌우가 바뀌어 있습니다.

16 빛이 나가다가 거울에 부딪치면 빛의 방향이 바뀝니다.

17 빛이 나아가다가 거울에 부딪치면 방향이 바뀌는 성질을 이용하여 빛을 빨간색 꽃 위치까지 보낼 수 있습니다.

18 세면대 거울을 통해 세수할 때 자신의 얼굴을 볼 수 있고, 자동차 뒷거울을 통해 자동차 뒤의 도로 상황을 확인할 수 있습니다.

19 승강기 거울을 통해 자신의 모습을 볼 수 있고, 승강기 안의 공간을 더 넓어 보이게 할 수도 있습니다.

20 거울을 이용하여 자신의 모습을 보거나, 주변에 있는 다른 모습을 볼 수 있습니다. 또 뒤를 돌아보지 않고도 뒷모습을 볼 수 있습니다.

채점 기준		
(1)	'미용실 거울'을 정확히 씀.	4점
(2)	정답 키워드 무용하는 자신의 모습 | 보다 등 '무용하는 자신의 모습을 볼 수 있다.' 등과 같이 내용을 정확히 씀.	6점
	거울의 쓰임새를 썼지만 표현이 부족함.	3점

4. 화산과 지진

개념 다지기 77쪽

1 땅속 깊은 곳 　**2** ①, ③ 　**3** ㉡ 　**4** ②
5 (1) 현무암 (2) 화강암 　**6** ①, ④

1 마그마는 땅속 깊은 곳에 암석이 녹아 있는 것입니다.

2 우리나라 화산으로는 한라산과 백두산이 있고, 설악산과 지리산은 화산이 아닙니다.

3 흘러나온 마시멜로는 시간이 지나면 굳습니다. 화산 모형 윗부분에서 나는 연기는 실제 화산에서 화산 가스에 해당합니다.

4 화산 분출물인 용암은 마그마가 지표면을 뚫고 나오는 뜨거운 물질입니다.

5 화성암의 종류에는 현무암과 화강암이 있습니다. 현무암은 어두운색이며 알갱이가 매우 작고, 화강암은 밝은색이며 알갱이가 큽니다.

6 용암이 산불을 발생시키거나 화산재의 영향으로 항공기 운항이 어려운 것은 화산 활동이 우리 생활에 주는 피해입니다.

단원 실력 쌓기 78~81 쪽

Step 1

1 화산 2 설악산 3 화산 분출물 4 현무암
5 지열 발전 6 ㉡ 7 ㉢ 8 ④
9 ⑩ 식용 색소 10 고체 11 ⑩ 화산재
12 ② 13 ㉠, ㉣ 14 ③

Step 2

15 (1) ㉢
 (2) ❶ ⑩ 산꼭대기 ❷ ⑩ 마그마
16 (1) 화산 가스
 (2) ⑩ 용암(액체), 화산재(고체),
 화산 암석 조각(고체) 등이
 있다.
17 (1) ⑩ 화산재
 (2) ⑩ 땅속의 높은 열을 이용
 하여 지열 발전 및 온천 개발에 활용한다.

> 15 (1) 화산
> (2) 뾰족하지 않고,
> 있습니다.
> 16 (1) 화산 가스
> (2) 화산재, 용암
> 17 (1) 화산재
> (2) 이로운 점

Step 3

18 화강암
19 ❶ ⑩ 밝은색 ❷ ⑩ 작음
20 ⑩ 화강암은 마그마가 땅속 깊은 곳에서 서서히 식어서
 알갱이의 크기가 크고, 현무암은 용암이 지표 가까이에서
 빠르게 식어서 알갱이의 크기가 작다.

1 화산은 마그마가 지표 밖으로 분출하여 생긴 지형입니다.

2 한라산과 백두산은 우리나라의 화산입니다.

3 화산이 분출할 때 나오는 물질은 화산 분출물입니다.

4 현무암의 색깔은 어둡습니다.

5 화산 활동으로 인해 발생한 땅속의 높은 열을 지열 발전에
 활용할 수 있습니다.

6 설악산은 위로 볼록하고 분화구가 없습니다.

7 지리산은 화산이 아닌 산입니다.

8 화산은 땅속 깊은 곳에서 암석이 녹은 마그마가 지표면
 으로 분출하여 만들어진 지형으로, 산꼭대기가 뾰족하지
 않고 움푹 파여 있습니다.

9 용암을 나타내기 위해 빨간색의 식용 색소를 뿌립니다.

10 화산 암석 조각은 고체 상태의 화산 분출물입니다.

11 화산 분출물에는 화산 가스, 용암, 화산재, 화산 암석
 조각 등이 있습니다.

12 반짝이는 알갱이가 있는 것은 화강암입니다.

13 화강암은 속리산과 설악산 등에서 볼 수 있습니다.

14 화산재는 오랜 시간이 지나면 땅을 기름지게 하여 농작
 물이 잘 자라도록 해 줍니다.

15 화산은 마그마가 지표 밖으로 분출하여 생긴 지형입니다.

채점 기준		
(1)	'㉢'을 씀.	
(2)	❶ '산꼭대기', ❷ '마그마'를 모두 정확히 씀.	상
	❶ '산꼭대기', ❷ '마그마' 중 한 가지만 정확히 씀.	중

16 화산 분출물에는 화산 가스(기체), 용암(액체), 화산재
 (고체)와 화산 암석 조각(고체) 등이 있습니다.

채점 기준		
(1)	'화산 가스'를 정확히 씀.	
(2)	**정답 키워드** 용암(액체)	화산재(고체)	화산 암석 조각(고체) 등 '화산이 분출할 때 나오는 물질에는 용암(액체), 화산재 (고체), 화산 암석 조각(고체) 등이 있다.'와 같이 내용을 정확히 씀.	상
	화산이 분출할 때 나오는 물질을 썼지만, 물질의 상태를 정확히 쓰지 못함.	중

17 화산이 분출할 때 나오는 물질인 화산재는 우리 생활에
 영향을 미칩니다.

채점 기준		
(1)	'화산재'를 정확히 씀.	
(2)	**정답 키워드** 지열 발전	온천 등 '땅속의 높은 열을 이용하여 지열 발전 및 온천 개발에 활용한다.'와 같이 내용을 정확히 씀.	상
	화산 활동의 이로운 점을 한 가지 썼지만, 표현이 정확하지 않음.	중

18 화강암은 반짝이는 알갱이가 있습니다.

19 화강암은 색깔이 밝습니다. 현무암은 맨눈으로 구별하기
 어려울 정도로 알갱이의 크기가 매우 작습니다.

개념 다지기 85 쪽

1 지진 2 ④ 3 세기, 클수록 4 ㉢
5 ⑤

1 우드록이 끊어질 때의 떨림은 지진에 해당합니다.

2 지진은 오랜 시간 동안 작용하는 힘에 의해 발생합니다.

3 규모는 지진의 세기를 나타내는 단위로 규모의 숫자가 클수록 강한 지진입니다.

4 우리나라는 지진에 안전한 지역이 아닙니다. 일반적으로 지진의 규모가 클수록 피해 정도도 커집니다.

5 승강기 안에서 지진이 발생했을 때는 모든 층의 버튼을 눌러 가장 먼저 열리는 층에서 내립니다.

단원 실력 쌓기   86~89쪽

Step 1

1 지진 **2** 땅 **3** 규모 **4** 규모 5.8인 지진
5 계단 **6** ⑤ **7** 오랜 **8** ㉣
9 ② **10** 예 재산 **11** ① **12** ⑤ **13** 예은
14 ⑤ **15** ㉠ 지진 발생 후 ㉡ 지진 발생 전

Step 2

16 (1) 규모

    (2) ❶ 예 큰 ❷ 예 아니다

17 (1) ㉠, ㉣

    (2) ㉠ 예 승강기 안에 있을 때는 모든 층의 버튼을 눌러 가장 먼저 열리는 층에서 내린 후 계단을 이용한다.
    ㉣ 예 건물 밖에 있을 때는 머리를 보호하고 건물이나 벽 주변에서 떨어진다.

> **16** (1) 세기
>   (2) 클수록
> **17** (1) 먼저
>   (2) 거리

Step 3

18 예 수평
19 ❶ 예 양손으로 미는 힘 ❷ 예 지진 ❸ 예 떨림
20 예 지진은 땅이 지구 내부에서 작용하는 힘을 오랫동안 받으면 끊어져서 발생한다. 등

1 지진은 땅이 끊어지면서 흔들리는 것을 말합니다.

2 지진 발생 모형실험에서 우드록은 실제 자연 현상에서 땅을 나타냅니다.

3 규모는 지진의 세기를 나타내는 단위입니다.

4 규모의 숫자가 클수록 강한 지진입니다.

5 건물 밖으로 나갈 때는 계단을 이용하여 빠르게 이동합니다.

6 우드록은 짧은 시간 동안 가해진 힘에 의해 끊어지지만, 실제 지진은 오랜 시간 동안 지구 내부의 힘이 작용하여 발생합니다.

7 지진은 오랜 시간 동안 작용하는 힘에 의해 발생합니다.

8 홍수, 폭설, 태풍은 지진이 발생하는 원인이 아닙니다.

9 지진의 규모가 같아도 피해 정도는 다를 수 있습니다.

10 규모가 큰 지진이 발생하면 건물이나 도로 등이 무너져서 인명 및 재산 피해가 발생합니다.

11 지진의 피해 사례를 알기 위해서 지진의 규모, 발생 일시, 발생 지역, 인명 및 재산 피해 정도 등을 조사합니다.

12 지진의 규모가 비슷해도 내진 설계, 지진 대피 훈련 등에 따라 지진의 피해 정도가 많이 차이 나기도 합니다.

13 지진 발생 시, 건물 안에서는 계단을 이용하여 빠르게 대피하고 학교 안에서는 선생님의 지시에 따라 넓은 장소로 이동합니다.

14 산에서 지진 발생 시, 산사태의 위험이 있으므로 산과 떨어진 안전한 곳으로 대피합니다.

15 지진 발생 전, 흔들리거나 떨어지기 쉬운 물건을 고정합니다. 지진 발생 후, 부상자가 있는지 확인하여 응급 처치를 하거나 구조 요청을 합니다.

16 채점 기준

(1)	'규모'를 정확히 씀.	
(2)	**정답 키워드** 크다 | 아니다	
	❶ '큰', ❷ '아니다'를 모두 정확히 씀.	상
	❶ '큰', ❷ '아니다' 중 한 가지만 정확히 씀.	중

17 승강기 안에서는 모든 층의 버튼을 눌러 가장 먼저 열리는 층에서 내린 후 계단을 이용하고, 건물 밖에 있을 때는 머리를 보호하고 건물이나 벽 주변에서 떨어집니다.

채점 기준

(1)	'㉠', '㉣'을 모두 정확히 씀.	
(2)	**정답 키워드** 가장 빨리 열리는 층 | 벽에서 떨어진다 등	
	㉠에 '승강기 안에 있을 때는 모든 층의 버튼을 눌러 가장 먼저 열리는 층에서 내린 후 계단을 이용한다.', ㉣에 '건물 밖에 있을 때는 머리를 보호하고 건물이나 벽 주변에서 떨어진다.'와 같이 내용을 모두 정확히 씀.	상
	㉠, ㉣의 잘못된 내용 중 한 가지만 정확히 씀.	중

18 양손으로 우드록을 수평 방향으로 계속 밀면서 우드록이 어떻게 변화하는지 관찰합니다.

19 우드록에 계속 힘을 주면 우드록이 결국 끊어지면서 손에 떨림이 느껴지는데, 그 떨림은 실제 자연 현상에서 지진에 해당합니다.

20 지진은 땅이 지구 내부에서 작용하는 힘을 오랫동안 받아 끊어져서 발생합니다.

대단원 평가 　 90~93 쪽

1 ㉡ 　 **2** ⑤ 　 **3** ⑩ 산꼭대기가 뾰족하지 않고 움푹 파여 있다. 등 　 **4** ②, ⑤ 　 **5** (1) ㉢ (2) ㉠ (3) ㉡
6 ㉠, ㉣ 　 **7** 화강암, 현무암 　 **8** ④ 　 **9** (1) 현무암
(2) ⑩ 현무암은 용암이 지표 가까운 곳에서 빨리 식어 만들어져 알갱이의 크기가 작다. 　 **10** ①, ② 　 **11** ① 　 **12** ⑤
13 ④ 　 **14** ④, ⑤ 　 **15** (1) ㉠ (2) ㉣ (3) ㉢ (4) ㉡
16 ① 　 **17** (1) 규모 (2) ⑩ 우리나라도 지진에 안전한 지역이 아니다. 지진으로 인해 건물이나 도로 등이 무너져서 재산 피해가 발생할 수 있다. 등 　 **18** ⑩ 라디오
19 ② 　 **20** ⑩ 책상 아래로 들어가 몸과 머리를 보호한다. 흔들림이 멈추면 선생님의 지시에 따라 넓은 장소로 신속하게 이동한다. 등

1 화산은 산꼭대기가 움푹 파여 있고, 화산이 아닌 산은 산꼭대기가 파여 있지 않고 위로 볼록합니다.

2 우리나라의 화산에는 한라산, 백두산, 울릉도 등이 있으며, 세계 여러 곳의 화산에는 후지산, 시나붕산 등이 있습니다.

3 화산은 산꼭대기가 뾰족하지 않고 움푹 파여 있습니다.

채점 기준		
정답 키워드 산꼭대기 | 움푹 파이다 등		
'산꼭대기가 뾰족하지 않고 움푹 파여 있다.' 등의 내용을 정확히 씀.		8점
화산의 공통적인 특징을 썼지만, 표현이 부족함.		4점

4 가열 후 시간이 지나면 마시멜로 굳습니다. 화산재와 화산 가스는 실제 화산 분출물입니다.

5 연기는 실제 화산에서 화산 가스를, 흐르는 마시멜로는 용암, 굳은 마시멜로는 용암이 굳어서 된 암석을 나타냅니다.

6 화산재와 화산 암석 조각은 고체 물질이며, 화산 가스는 대부분 수증기로 이루어진 기체 물질입니다.

7 화강암은 반짝이는 알갱이가 있으며, 현무암은 표면에 크고 작은 구멍이 많이 뚫려 있는 것도 있습니다.

8 화강암은 밝은색을 띠며, 알갱이의 크기가 큽니다. 대체로 밝은 바탕에 검은색 알갱이가 보입니다.

9 현무암은 용암이 지표 가까운 곳에서 빨리 식어 만들어져 알갱이의 크기가 작습니다.

채점 기준		
(1)	'현무암'을 정확히 씀.	2점
(2)	정답 키워드 지표 가까이 | 빠르게 식다 등 '현무암은 용암이 지표 가까운 곳에서 빨리 식어 만들어져 알갱이의 크기가 작다.'와 같은 내용을 정확히 씀.	8점
	'빨리 식었기 때문이다.'와 같이 장소와 관련지어 정확히 쓰지 못함.	4점

10 용암이 마을을 덮거나 산불을 발생시키며, 화산재는 항공기 운항과 날씨의 변화에 영향을 줍니다.

11 지진 발생 모형실험입니다.

12 우드록을 계속 밀면 우드록이 결국 소리를 내며 끊어지고, 손에 떨림이 느껴집니다.

13 우드록이 끊어질 때의 떨림은 실제 자연 현상에서 지진에 해당합니다.

14 지진은 땅이 지구 내부에서 작용하는 힘을 오랫동안 받아 끊어지거나 화산 활동이 일어날 때 발생합니다.

15 화산은 마그마가 지표 밖으로 분출하여 생긴 지형입니다. 지진은 땅이 지구 내부에서 작용하는 힘을 오랫동안 받을 때 발생합니다.

16 규모의 숫자가 작을수록 약한 지진입니다.

17 지진의 세기를 나타내는 단위를 규모라고 합니다.

채점 기준		
(1)	'규모'를 정확히 씀.	2점
(2)	정답 키워드 안전하지 않다 | 무너지다, 재산 피해 등 '우리나라도 지진에 안전한 지역이 아니다.', '지진으로 인해 건물이나 도로 등이 무너져서 재산 피해가 발생할 수 있다.' 등의 내용을 정확히 씀.	8점
	우리나라에서 발생한 지진의 모습을 보고 알게 된 점을 썼지만, 표현이 부족함.	4점

18 지진 발생 후 라디오나 공공 기관의 안내 방송 등 올바른 정보에 따라 행동합니다.

19 열차 안에서는 손잡이나 기둥을 잡아 넘어지지 않도록 합니다.

20 학교 안에서 지진 발생 시 책상 아래로 들어가 몸과 머리를 보호하고, 선생님의 지시에 따라 행동합니다.

채점 기준		
정답 키워드 작다 | 알갱이 | 부식물 등		
'책상 아래로 들어가 몸과 머리를 보호한다.', '흔들림이 멈추면 선생님의 지시에 따라 넓은 장소로 신속하게 이동한다.' 등의 내용을 정확히 씀.		8점
지진이 발생했을 때 대처 방법을 썼지만, 표현이 부족함.		4점

5. 물의 여행

개념 다지기　99 쪽

1 ②	**2** ④	**3** 도는	**4** ④
5 ㉠	**6** ㉠		

1 물이 이동하는 과정을 알아보기 위한 장치입니다.

2 열 전구 스탠드의 불을 켜고 약 5분이 지나면 모래 위에 있는 얼음이 모두 녹은 것을 관찰할 수 있습니다.

3 물의 순환이란 물이 상태를 바꾸며 육지와 바다, 공기, 생명체 사이를 끊임없이 돌고 도는 과정입니다.

4 바다에 있는 물은 액체 상태이고, 공기 중의 수증기는 기체 상태입니다.

5 불을 끌 때 물을 이용합니다.

6 빗물 저금통에 모은 빗물을 재활용하면 물을 절약할 수 있습니다.

단원 실력 쌓기　100~103 쪽

Step 1

1 기체　　**2** 예 물의 순환　　**3** 비　　**4** 산업 발달

5 빗물 저금통　　**6** ㉢　　**7** ㉠　　**8** ②

9 눈　　**10** ⑤　　**11** ㉡　　**12** ㉡

13 (1) ㉢ (2) ㉣ (3) ㉠　　**14** ⑤　　**15** ①

Step 2

16 (1) 전기

　　(2) ❶ 예 동물

　　　　❷ 예 생명

17 예 마실 물이 부족해진다. 깨끗이 씻을 수 없다. 등

18 (1) 예 물 부족

　　(2) 예 빗물 저금통에 빗물을 모아 사용할 수 있는 물을 얻고, 해수 담수화 시설을 이용하여 바닷물을 마실 수 있는 물로 바꾼다.

> **16** (1) 물
> 　　(2) 생명
> **17** 부족
> **18** (1) 부족
> 　　(2) 빗물, 바닷물

Step 3

19 ❶ 예 수증기　❷ 예 구름　❸ 예 비　❹ 예 바다

20 예 동물과 식물의 생명을 유지한다. 농작물을 키울 때 이용한다. 불을 끌 때 이용한다. 등

---

1 수증기는 기체 상태입니다.

> **더 알아보기**
> **물의 상태**
> • 기체: 공기 중의 수증기 등
> • 액체: 강, 바다, 비, 안개, 지하수 등
> • 고체: 눈, 빙하, 만년설 등

2 물이 상태를 바꾸며 육지와 바다, 공기, 생명체 사이를 끊임없이 돌고 도는 과정을 물의 순환이라고 합니다.

3 눈은 고체 상태입니다.

4 산업 발달 때문에 물이 오염되어서 이용할 수 있는 물이 줄어들고 있습니다.

5 빗물 저금통에 빗물을 모아 화단에 물을 주거나 청소할 때 사용합니다.

6 설탕은 물의 이동 과정을 알아보는 실험 장치를 꾸미기 위해 필요한 준비물이 아닙니다.

> **더 알아보기**
> **물의 이동 과정을 알아보는 실험 장치를 꾸미는 과정**
> **1** 플라스틱 컵 바닥에 젖은 모래를 비스듬히 눌러 담고, 벽면을 따라 물을 천천히 붓기
> **2** 모래 위에 조각 얼음을 올려놓기
> **3** 컵 뚜껑을 뒤집어 구멍을 랩으로 덮어 막고 조각 얼음 일곱 개를 넣은 뒤 플라스틱 컵 위에 올려놓기
>
>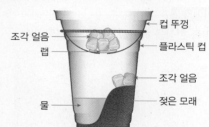
>
> 컵 뚜껑 / 조각 얼음 / 플라스틱 컵 / 랩 / 조각 얼음 / 물 / 젖은 모래
>
> **4** 열 전구 스탠드를 플라스틱 컵에서 약 20 cm 정도 떨어진 곳에 놓고, 불을 켜기

7 물은 기체, 액체, 고체로 상태를 바꾸며 이동합니다.

8 지구의 물은 새로 생기거나 없어지지 않고 상태만 변하기 때문에 지구 전체에 있는 물의 양은 항상 일정합니다.

9 바다와 비는 액체 상태이고, 눈은 고체 상태입니다.

> **더 알아보기**
> **물이 고체 상태일 때의 다양한 모습**
>
>
>
> 눈　　빙하　　만년설

10 문을 열고 닫을 때는 물을 이용하지 않습니다.

11 한 번 이용한 물은 없어지지 않습니다.

> **왜 틀렸을까?**
> ㉠ 한 번 이용한 물은 없어지지 않고, 순환합니다.
> ㉢ 해수 담수화 시설을 이용하여 소금 성분이 있는 바닷물을 마실 수 있는 물로 바꿀 수 있습니다.

12 ㉠은 공장에서 물을 이용하는 모습, ㉢은 불을 끌 때 물을 이용하는 모습, ㉣은 생명체의 생명 유지에 물을 이용하는 모습입니다.

13 ㉡은 전기를 만들 때 물을 이용하는 모습입니다.

14 물이 부족한 까닭은 산업의 발달로 물이 오염되어서 이용 가능한 물이 줄어들었기 때문입니다.

> **왜 틀렸을까?**
> ① 물을 낭비하기 때문에 물이 부족합니다.
> ② 빗물을 활용하는 것은 물 부족 현상을 해결하기 위한 방법입니다.
> ③ 인구가 증가하기 때문에 물이 부족합니다.
> ④ 물 이용량이 늘었기 때문에 물이 부족합니다.

15 와카워터는 응결 현상을 이용하여 공기 중의 수증기로부터 마실 수 있는 물을 얻어서 물 부족 현상을 해결하는 장치입니다.

> **더 알아보기**
>
> **물 부족 현상을 해결하기 위한 장치의 이용**
>
>
> ⊙ 머니 메이커
>
>    
> ⊙ 빗물 저금통   ⊙ 해수 담수화 시설
>
> • 머니 메이커: 땅속의 물을 퍼 올려서 밭에 물을 주는 데 이용합니다.
> • 빗물 저금통: 빗물을 모아 화단에 물을 주거나 청소할 때 이용합니다.
> • 해수 담수화 시설: 바닷물에서 소금 성분을 제거해 마실 수 있는 물로 바꿉니다.

16

채점 기준		
(1)	'전기'를 정확히 씀.	
(2)	❶ '동물', ❷ '생명'을 모두 정확히 씀.	상
	❶ '동물', ❷ '생명' 중 한 가지만 정확히 씀.	중

17

채점 기준		
정답 키워드 마실 물 | 부족 등		
'마실 물이 부족해진다.', '깨끗이 씻을 수 없다.' 등과 같이 내용을 정확히 씀.		상
물 부족 현상의 결과로 나타나는 모습을 썼지만, 표현이 정확하지 않음.		중

18 빗물 저금통과 해수 담수화 시설은 물 부족 현상을 해결하기 위한 장치입니다.

채점 기준		
(1)	'물 부족'을 정확히 씀.	
(2)	**정답 키워드** 빗물 | 바닷물 | 마실 수 있는 물 등 '빗물 저금통에 빗물을 모아 사용할 수 있는 물을 얻고, 해수 담수화 시설을 이용하여 바닷물을 마실 수 있는 물로 바꾼다.'와 같이 내용을 정확히 씀.	상
	빗물 저금통과 해수 담수화 시설을 이용하는 방법 중 한 가지만 정확히 씀.	중

19 물은 기체, 액체, 고체로 상태를 바꾸며 육지와 바다, 공기, 생명체 사이를 끊임없이 돌고 돕니다.

20 물은 동물과 식물의 생명을 유지하는 데 이용됩니다. 또 농작물을 키울 때, 불을 끌 때 등 일상생활에서 다양하게 이용됩니다.

대단원 평가   104~107쪽

1 ①   **2** ②   **3** 예 모래 위의 얼음이 녹는 것은 땅에 쌓인 눈이 녹는 현상과 같다. 플라스틱 컵 안쪽 뚜껑에 맺힌 물방울은 공기 중의 수증기가 응결하여 구름이 생기는 현상과 같다. 등   **4** ⑤   **5** ㉢   **6** ㉡
7 (1) 하영 (2) 예 ㈎에서 증발한 물은 ㈏에서 응결하여 구름이 돼. **8** ④   **9** ⑤   **10** ④   **11** ⑤
12 ㉡   **13** 예 상태   **14** (1) ㉣, ㉢, ㉡
(2) 예 물방울은 나무의 생명을 유지하는 데 이용된다.
15 ③, ⑤   **16** ①   **17** ㉡   **18** ④
19 예 바닷물에서 소금 성분을 제거한다.   **20** ②, ④

1 모래는 물에 녹아 없어지지 않습니다.

2 플라스틱 컵 안의 물은 지구의 바다, 강, 호수 등으로 생각할 수 있습니다.

3 플라스틱 컵에 열 전구 스탠드를 비추었을 때 일어나는 변화를 물의 순환 과정과 관련지어 설명할 수 있습니다.

4 물의 순환이란 물이 상태를 바꾸며 육지와 바다, 공기, 생명체 사이를 끊임없이 돌고 도는 과정입니다.

5 물은 다른 곳으로 이동할 수 있습니다.

6 바다에서 액체 상태였던 물이 증발하여 기체 상태의 수증기가 됩니다.

7 공기 중의 수증기는 응결하여 구름이 됩니다.

8 바다, 강, 호수 등에 있는 물이 증발하여 수증기가 되고, 수증기가 하늘 높이 올라가면 응결하여 구름이 됩니다.

9 물은 순환하면서 상태만 변하기 때문에 지구 전체에 있는 물의 양은 항상 일정합니다.

10 지하수는 액체 상태입니다.

11 물은 상태를 바꾸며 순환합니다.

12 바다에서 물방울의 상태는 액체입니다.

13 물은 여러 곳에서 볼 수 있으며, 머무는 곳에 따라서 부르는 이름이 달라집니다.

14 물은 생명체의 생명을 유지하는 데 이용됩니다.

15 동물이나 식물의 몸속에 있는 물은 생명체의 생명을 유지하는 데 이용되고, 얼음은 생선을 신선하게 보관하는 데 이용됩니다.

16 우리가 이용한 물은 없어지는 것이 아니라 순환합니다.

17 인구의 증가로 물의 이용량이 많아져서 이용할 수 있는 물의 양이 줄어들고 있습니다.

18 머니 메이커는 땅속의 물을 퍼 올려 물을 얻는 장치입니다.

19 바닷물에서 마실 수 있는 물을 얻으려면 끌어올린 바닷물에서 소금 성분을 제거해야 합니다.

20 빨래는 모아서 하거나 양치할 때 컵을 사용하면 물을 절약할 수 있습니다.

1. 식물의 생활

개념 확인하기 4쪽

1 ㉡   2 ㉡   3 ㉠
4 ㉠   5 ㉡

개념 확인하기 5쪽

1 ㉡   2 ㉠   3 ㉡
4 ㉡   5 ㉠

실력 평가 6~7쪽

1 ③   2 ③   3 ④   4 민재   5 ㉡
6 ④   7 ②   8 (1) ㉠ (2) ㉡   9 ③
10 (1) ㉡ (2) ㉠, ㉢

1 사철나무 잎은 달걀 모양이고, 가장자리는 톱니 모양입니다.

2 잎의 가장자리 모양은 식물마다 다를 수 있습니다.

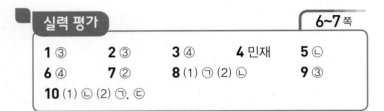

> **더 알아보기**
>
> 잎의 생김새
>
>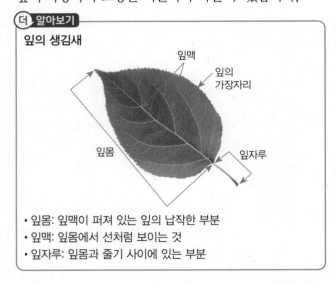
>
> 잎맥
> 잎의 가장자리
> 잎몸
> 잎자루
>
> • 잎몸: 잎맥이 퍼져 있는 잎의 납작한 부분
> • 잎맥: 잎몸에서 선처럼 보이는 것
> • 잎자루: 잎몸과 줄기 사이에 있는 부분

3 강아지풀의 잎은 좁고 길쭉하며, 잎의 가장자리가 매끈합니다.

🔺 강아지풀 잎

4 국화 잎의 가장자리는 깊게 갈라져 있고, 울퉁불퉁합니다.

🔺 국화 잎

5 소나무 잎은 길고 뾰족하며, 가장자리가 매끈합니다.

🔺 소나무 잎

6 단풍나무와 사철나무 잎의 가장자리는 톱니 모양입니다.

7 잎의 크기에 대한 기준은 사람마다 다를 수 있습니다.

8 소나무와 강아지풀 잎의 전체적인 모양은 길쭉하고, 사철나무와 단풍나무 잎의 전체적인 모양은 길쭉하지 않습니다.

9 토끼풀과 단풍나무 잎의 가장자리는 톱니 모양이지만, 소나무와 강아지풀 잎의 가장자리는 매끈합니다.

10 토끼풀 잎의 모양은 둥글고, 국화와 소나무 잎의 모양은 둥글지 않습니다.

개념 확인하기 8쪽

1 ㉡   2 ㉠   3 ㉠
4 ㉠   5 ㉡

개념 확인하기 9쪽

1 ㉠   2 ㉢   3 ㉡
4 ㉠   5 ㉡

실력 평가 10~11쪽

1 ③   2 ②   3 예 공기주머니   4 ②
5 ㉡   6 (1) × (2) × (3) ○   7 ⑤   8 ㉢
9 ③, ④   10 ①

1 ①, ②, ④는 풀, ③은 나무에 해당합니다.

2 단풍나무가 민들레보다 줄기가 더 굵고, 민들레와 단풍나무 모두 땅에 뿌리를 내리고 살며 뿌리, 줄기, 잎으로 구분됩니다.

> **더 알아보기**
>
> **풀과 나무의 공통점과 차이점**
> • 공통점
> ① 대부분 잎이 초록색입니다.
> ② 대부분 땅에 뿌리를 내리고 삽니다.
> ③ 대부분 뿌리, 줄기, 잎으로 구분됩니다.
> • 차이점
> ① 키의 크기: 풀<나무
> ② 줄기의 굵기: 풀<나무
> ③ 풀은 대부분 한해살이 식물이고, 나무는 모두 여러해살이 식물입니다.

3 부레옥잠은 잎자루에 있는 공기주머니 속의 공기 때문에 물에 떠서 살 수 있습니다.

잎몸

잎자루

공기주머니 속의 공기 때문에 볼록하게 부풀어 있습니다.

▲ 부레옥잠의 잎

4 마름은 잎과 꽃이 물에 떠 있고, 물상추는 물에 떠서 삽니다. 나사말은 물속에 잠겨서 삽니다.

> **더 알아보기**
>
> **강이나 연못에 사는 식물**
> • 잎이 물 위로 높이 자라는 식물: 갈대, 부들, 연꽃 등
> • 잎이 물에 떠 있는 식물: 마름, 가래, 수련 등
> • 물에 떠서 사는 식물: 부레옥잠, 물상추, 개구리밥 등
> • 물속에 잠겨서 사는 식물: 물질경이, 검정말, 나사말 등

5 개구리밥은 물에 떠서 사는 식물입니다.

6 선인장은 굵은 줄기에 물을 저장하기 때문에 사막에서 살 수 있습니다.

7 극지방에 사는 남극구슬이끼와 북극버들은 키가 작아서 추위와 바람의 영향을 적게 받습니다.

8 도꼬마리 열매의 가시 끝은 갈고리 모양으로 휘어져 있어 천에 붙으면 잘 떨어지지 않습니다.

9 철조망은 지느러미엉겅퀴의 특징을 활용하여 만든 것이고, 물이 스며들지 않는 옷감은 연잎의 특징을 활용하여 만든 것입니다.

10 드론은 바람을 타고 빙글빙글 돌며 떨어지는 단풍나무 열매의 특징을 활용하여 만든 것입니다.

서술형·논술형 평가 　　　　　　　　　**12**쪽

1 (1) 토끼풀
(2) **예** 잎의 가장자리가 톱니 모양인 것은 ⓒ, ⓒ이고, 톱니 모양이 아닌 것은 ㉠, ㉣이다.

2 (1) ㉠ 나무 ㉡ 풀
(2) 초록색
(3) **예** ㉠은 ㉡보다 키가 크고, 줄기가 굵다.

3 **예** 굵은 줄기에 물을 저장한다. 잎이 가시 모양이어서 물이 밖으로 빠져나가는 것을 막는다. 등

1 토끼풀의 잎은 한곳에 세 개씩 나고, 끝 모양은 둥급니다. 토끼풀과 단풍나무 잎의 가장자리는 톱니 모양이고, 은행나무와 강아지풀의 잎의 가장자리는 톱니 모양이 아닙니다.

채점 기준

(1)	'토끼풀'을 정확히 씀.	2점
(2)	**정답 키워드** 톱니 모양인 것	톱니 모양이 아닌 것 등 '잎의 가장자리가 톱니 모양인 것은 ⓒ, ⓒ이고, 톱니 모양이 아닌 것은 ㉠, ㉣이다.'와 같이 내용을 정확히 씀.	6점
	식물의 잎을 잎의 가장자리 모양에 따라 분류했지만, 일부만 바르게 분류함.	3점

2 떡갈나무, 소나무, 밤나무는 나무이고, 명아주, 강아지풀, 민들레는 풀입니다. 풀과 나무는 대부분 땅에 뿌리를 내리고 살며 뿌리, 줄기, 잎으로 구분되지만, 키, 줄기의 굵기, 한살이 기간 등에서 차이가 있습니다.

채점 기준

(1)	㉠ '나무', ㉡ '풀'을 모두 정확히 씀.	4점
	㉠ '나무', ㉡ '풀' 중 한 가지만 정확히 씀.	2점
(2)	'초록색'을 정확히 씀.	2점
(3)	**정답 키워드** 키	줄기 등 '㉠은 ㉡보다 키가 크고, 줄기가 굵다.'와 같이 내용을 정확히 씀.	6점
	키와 줄기의 차이점 중 한 가지만 바르게 비교함.	3점

3 선인장은 굵은 줄기에 물을 저장하고, 잎이 가시 모양이어서 물이 밖으로 빠져나가는 것을 막기 때문에 햇빛이 강하고 물이 적은 사막의 환경에서 살 수 있습니다.

채점 기준

정답 키워드 굵은 줄기	물 저장	잎	가시 모양 등 '굵은 줄기에 물을 저장한다.', '잎이 가시 모양이어서 물이 밖으로 빠져나가는 것을 막는다.' 등과 같이 내용을 정확히 씀.	6점
건조한 사막에서 살 수 있는 선인장의 특징을 썼지만, 표현이 정확하지 않음.	3점

온라인 학습북 4~12쪽

온라인 학습 단원평가의 **정답**과 함께 **문항 분석**도 확인하세요.

단원평가

13~15쪽

문항 번호	정답	평가 내용	난이도
1	④	잎의 전체적인 모양 구분하기	쉬움
2	③	국화와 소나무 잎의 생김새 알기	보통
3	②	잎을 분류하는 알맞은 기준 알기	쉬움
4	⑤	들이나 산에 사는 식물 구분하기	쉬움
5	③	풀과 나무 구분하기	쉬움
6	⑤	풀과 나무의 특징 알기	어려움
7	④	들이나 산에 사는 식물의 생김새와 이름 알기	어려움
8	①	부레옥잠의 특징 알기	보통
9	⑤	부레옥잠이 물에 떠서 살 수 있는 까닭 알기	보통
10	②	잎이 물에 떠 있는 식물 구분하기	보통
11	⑤	물속에 잠겨서 사는 식물 구분하기	어려움
12	②	사막의 자연환경 알기	쉬움
13	③	용설란이 사막에서 살 수 있는 까닭 알기	어려움
14	③	사막에 사는 식물 구분하기	보통
15	①	선인장의 생김새 알기	쉬움
16	⑤	북극버들이 극지방에서 살 수 있는 까닭 알기	보통
17	⑤	도꼬마리 열매의 특징을 활용한 예 알기	보통
18	⑤	드론이 활용한 식물의 특징 알기	보통
19	②	연꽃잎의 특징을 활용한 예 알기	보통
20	④	지느러미엉겅퀴의 특징을 활용한 예 알기	보통

1 강아지풀 잎은 좁고 길쭉합니다.

2 국화 잎은 가장자리가 깊게 갈라져 있고 울퉁불퉁합니다. 소나무 잎은 길고 뾰족하며, 가장자리가 매끈합니다.

3 '예쁘다'의 기준이 사람에 따라 다르기 때문에 '잎의 색이 예쁜가?'는 분류 기준으로 적합하지 않습니다.

4 부레옥잠은 강이나 연못에 사는 식물입니다.

5 명아주는 풀입니다.

6 나무의 줄기는 풀의 줄기에 비해 굵고 단단합니다.

7 ①은 밤나무, ②는 토끼풀, ③은 강아지풀의 모습입니다.

8 부레옥잠은 물에 떠서 사는 식물이고, 뿌리는 수염처럼 생겼습니다. 전체적인 색깔은 초록색이고, 잎자루에는 많은 공기주머니가 있어 볼록하게 부풀어 있습니다.

9 부레옥잠은 잎자루에 있는 공기주머니 속의 공기 때문에 물에 떠서 살 수 있습니다.

10 연꽃은 잎이 물 위로 높이 자라고, 나사말과 검정말은 물속에 잠겨서 사는 식물입니다. 개구리밥은 물에 떠서 사는 식물입니다.

11 검정말과 물질경이, 나사말은 물속에 잠겨서 삽니다. 마름과 가래는 잎이 물에 떠 있는 식물이고, 부들과 갈대, 연꽃은 잎이 물 위로 높이 자라는 식물입니다. 물상추와 부레옥잠은 물에 떠서 사는 식물입니다.

12 사막은 햇빛이 강하고 건조하며, 낮과 밤의 기온 차이가 큽니다.

13 용설란은 두꺼운 잎에 물을 저장하기 때문에 사막에서 살 수 있습니다.

14 남극구슬이끼는 극지방에서 볼 수 있는 식물입니다.

15 선인장의 줄기는 굵고 초록색이며, 가시 모양의 잎을 가지고 있습니다.

16 북극버들은 키가 작아서 추위와 바람의 영향을 적게 받기 때문에 극지방에서 살 수 있습니다.

17 찍찍이 테이프는 천에 붙으면 잘 떨어지지 않는 도꼬마리 열매의 특징을 활용하여 만든 것입니다.

18 드론은 바람을 타고 빙글빙글 돌며 떨어지는 단풍나무 열매의 특징을 활용하여 만든 것입니다.

19 물이 스며들지 않는 방수복은 물에 젖지 않는 연잎의 특징을 활용하여 만든 것입니다.

20 철조망은 줄기와 잎에 가시가 있는 지느러미엉겅퀴의 특징을 활용하여 만든 것입니다.

2. 물의 상태 변화

개념 확인하기

16쪽

1 ㉠	**2** ㉡	**3** ㉢	**4** ㉠	**5** ㉡

개념 확인하기

17쪽

1 ㉡	**2** ㉢	**3** ㉠	**4** ㉡	**5** ㉡

실력 평가

18~19쪽

1 ④　　**2** ⑤　　**3** ㉠ 고체 ㉡ 액체
4 수증기(기체)　　**5** ②　　**6** ①　　**7** 13.0
8 ②　　**9** ③　　**10** ⑤

1 얼음은 모양이 일정하고, 물은 모양이 일정하지 않습니다.

2 물의 기체 상태인 수증기는 일정한 모양이 없고 눈에 보이지 않습니다.

3 손바닥 위에 올려놓은 고체인 얼음은 녹아서 액체인 물이 됩니다.

4 물로 쓰는 종이에 쓴 칭찬의 글이 시간이 지나면 사라지는 것은 액체인 물이 기체인 수증기로 변해 공기 중으로 날아갔기 때문입니다.

5 얼음이 녹으면 액체인 물이 됩니다.

더 알아보기

물의 세 가지 상태

얼음(고체)	물(액체)	수증기(기체)
• 일정한 모양이 있음. • 차갑고, 단단함.	• 일정한 모양이 없음. • 흐르는 성질이 있음.	• 일정한 모양이 없음. • 눈에 보이지 않음.

6 물이 얼었을 때 시험관 안의 물의 높이가 높아진 것으로 보아 물이 얼면 부피가 늘어난다는 것을 알 수 있습니다.

7 물이 얼 때 무게는 변하지 않으므로 물이 언 후에도 물이 얼기 전 무게인 13.0 g이 됩니다.

8 추운 겨울날 장독에 담겨 있던 물이 얼면서 부피가 늘어나기 때문에 장독이 깨집니다.

9 시험관 표면에 묻어 있는 물기를 닦고 무게를 측정해야 정확한 무게를 측정할 수 있습니다.

10 냉동실에서 꺼낸 튜브형 얼음과자의 부피가 시간이 지나면서 줄어드는 것은 얼음이 녹아 물이 될 때 부피가 줄어들기 때문입니다.

> **왜 틀렸을까?**
>
> ①: 그릇에 남아 있던 물기가 마르는 것은 액체인 물이 표면에서 기체인 수증기로 변하는 증발 현상입니다.
> ②: 떡을 찌는 것은 액체인 물이 기체인 수증기로 변하는 현상을 이용하는 예입니다.
> ③: 물이 든 페트병을 얼리면 부피가 커지는 것은 물이 얼음으로 되면서 부피가 늘어나는 현상입니다.
> ④: 냄비의 물을 가열하면 기포가 생기는 것은 물 표면과 물속에서 물이 기체인 수증기로 변하는 끓음 현상입니다.

개념 확인하기

20쪽

1 ㉠	**2** ㉡	**3** ㉠	**4** ㉡	**5** ㉠

개념 확인하기

21쪽

1 ㉠	**2** ㉢	**3** ㉢	**4** ㉢	**5** ㉡

실력 평가

22~23쪽

1 ⑤　　**2** ㉠ 예 표면 ㉡ 수증기　**3** ①, ③　　**4** ⑤
5 (1) ○ (2) × (3) ○　　**6** ①, ④　　**7** 예 전자저울
8 ⑤　　**9** ②　　**10** ②

1 물의 양이 점점 줄어들어 이틀이 지난 후에는 처음 물의 높이보다 낮아집니다.

2 비커의 물 표면에서 액체인 물이 기체인 수증기로 변하는 증발 현상이 일어납니다.

3 감을 말리는 것과 젖어 있던 길이 마르는 것은 모두 증발 현상의 예입니다.

온라인 학습북 13~23쪽

서술형·논술형 평가 24쪽

왜 틀렸을까?

②: 냄비에 찌개를 끓이는 것은 끓음의 예입니다.

④: 손바닥에 올려놓은 얼음이 녹는 것은 얼음이 녹아 물로 변하는 예입니다.

⑤: 얼음 틀에 물을 담아 냉동실에 넣어 두면 물이 어는 것은 물이 얼음으로 변하는 예입니다.

4 물이 끓으면 액체인 물이 기체인 수증기로 상태가 변하여 공기 중으로 날아가므로 물의 양이 줄어듭니다.

5 비커에 들어 있는 물이 끓는 것은 끓음 현상입니다. ⑴과 ⑶은 끓음에 대한 설명이고, ⑵는 증발에 대한 설명입니다.

더 알아보기

증발과 끓음

구분	증발	끓음
공통점	물이 수증기로 상태가 변함.	
차이점	• 물의 표면에서 물이 수증기로 변함. • 물의 양이 매우 천천히 줄어듦.	• 물의 표면과 물속에서 물이 수증기로 변함. • 증발할 때보다 물의 양이 빠르게 줄어듦.

6 플라스틱병 표면에 작은 물방울이 맺혀 점점 커지고 물방울이 흘러내려 접시에 고입니다.

7 전자저울을 사용하여 무게를 쉽고 빠르게 측정할 수 있습니다.

8 플라스틱병의 표면에 공기 중에 있던 수증기가 응결해 물로 변해서 달라붙었기 때문에 병의 무게가 처음 무게보다 늘어납니다. 따라서 처음 무게인 250.0 g보다 무게가 늘어난 252.0 g이 가장 알맞은 답입니다.

9 젖어 있던 도로가 마르는 것은 증발의 예입니다.

10 ②는 물이 얼음으로 변하는 상태 변화를 이용하고, 나머지는 물이 수증기로 변하는 상태 변화를 이용합니다.

더 알아보기

• **물이 얼음으로 상태가 변하는 예 이용**

△ 팥빙수 만들기

△ 인공 눈 만들기

• **물이 수증기로 상태가 변하는 예 이용**

△ 가습기 틀기

△ 스팀다리미로 옷의 주름 펴기

---

1 ⑴ 얼음 – 고체, 물 – 액체, 수증기 – 기체

⑵ ⑩ 일정한 모양이 있다. 차갑고 단단하다. 등

2 ⑴ <

⑵ ⑩ 물이 얼어 얼음이 될 때에는 부피가 늘어난다.

⑶ ⑩ 페트병에 물을 가득 넣어 얼리면 페트병이 커진다. 한겨울에 수도관에 설치된 계량기가 얼어서 터진다. 겨울철에 물을 담아 둔 장독 안의 물이 얼어 장독이 깨진다. 등

3 ⑩ 액체인 물이 기체인 수증기로 상태가 변한다.

1 채점 기준

⑴	'얼음 – 고체, 물 – 액체, 수증기 – 기체'를 모두 정확히 씀.	3점
⑵	**정답 키워드** 모양 | 일정하다 | 차갑다 | 단단하다 등 '일정한 모양이 있다.', '차갑고 단단하다.' 등과 같이 물이 얼음일 때의 특징 두 가지를 정확히 씀.	6점
	물이 얼음일 때의 특징 한 가지만 정확히 씀.	3점

2 물일 때보다 얼음일 때 높이가 더 높은 것으로 보아 물이 얼어 얼음이 되면 부피가 늘어남을 알 수 있습니다.

채점 기준

⑴	'<'을 정확히 씀.	2점
⑵	**정답 키워드** 부피 | 늘어나다 '물이 얼어 얼음이 될 때에는 부피가 늘어난다.'와 같이 내용을 정확히 씀.	6점
	'물이 얼어 얼음이 될 때에는 부피가 변한다.'와 같이 부피가 어떻게 변하는지에 대해서는 쓰지 못함.	3점
⑶	**정답 키워드** 페트병 | 커지다 | 계량기 | 터지다 | 장독 | 깨지다 등 '페트병에 물을 가득 넣어 얼리면 페트병이 커진다.', '한겨울에 수도관에 설치된 계량기가 얼어서 터진다.', '겨울철에 물을 담아 둔 장독 안의 물이 얼어 장독이 깨진다.' 등과 같이 물이 얼 때 부피 변화와 관련된 예 두 가지를 정확히 씀.	8점
	물이 얼 때 부피 변화와 관련된 예 한 가지만 정확히 씀.	4점

3 물이 끓을 때에는 물이 수증기로 상태가 변합니다.

채점 기준

정답 키워드 액체 | 물 | 기체 | 수증기 '액체인 물이 기체인 수증기로 상태가 변한다.'와 같이 물이 끓을 때 나타나는 물의 상태 변화를 정확히 씀.	6점
'액체인 물이 다른 상태로 변한다.'와 같이 '기체인 수증기로 상태가 변한다.'라는 내용을 포함하여 쓰지 못함.	3점

온라인 학습 단원평가의 **정답**과 함께 **문항 분석**도 확인하세요.

문항 번호	정답	평가 내용	난이도
1	④	물의 성질 알기	쉬움
2	②	수증기의 성질 알기	쉬움
3	③	손바닥 위에 얼음을 올려놓았을 때 나타나는 현상 알기	쉬움
4	②	고드름이 녹을 때 나타나는 변화 알기	보통
5	④	물이 얼 때 무게 변화와 부피 변화 알기	보통
6	①	물이 얼 때의 부피 변화로 생기는 현상 알기	보통
7	②	물을 이용하여 바위가 쪼개지는 까닭 알기	어려움
8	③	얼음이 녹기 전과 녹은 후의 무게 변화 알기	보통
9	②	얼음과자가 녹으면 용기 속이 가득 채워져 있지 않은 까닭 알기	보통
10	④	얼음이 녹을 때의 부피 변화와 관련된 현상 알기	어려움
11	②	물로 그린 그림이 시간이 지나면 사라지는 현상 알기	쉬움
12	④	증발이 일어날 때 물의 상태 변화 알기	쉬움
13	③	물의 증발과 관련된 예 알기	보통
14	①	물이 끓은 후에 나타나는 변화 알기	쉬움
15	①	물을 가열하여 끓일 때 나타나는 현상 알기	보통
16	⑤	물이 증발할 때와 끓을 때의 차이점 알기	어려움
17	④	주스와 얼음이 든 유리컵 표면에서 나타나는 변화 알기	보통
18	①	응결과 관련된 예 알기	보통
19	③	물이 수증기로 변하는 상태 변화를 이용하는 예 알기	어려움
20	②	물이 얼음이 되는 상태 변화를 이용하는 예 알기	보통

1 물은 액체 상태로, 일정한 모양이 없고 흐르는 성질이 있어 손으로 잡을 수 없습니다.

2 단단하고 차가운 것은 물의 고체 상태인 얼음에 대한 설명입니다.

3 손바닥 위에 얼음을 올려놓으면 얼음이 녹아 물이 됩니다.

4 고드름이 녹으면 액체인 물이 되고, 고드름이 녹아서 생긴 물이 땅에 떨어져 물이 마르면 기체인 수증기가 됩니다.

5 물이 얼면 무게는 변하지 않지만, 부피는 늘어납니다.

6 젖은 빨래가 마르는 것은 물이 증발하기 때문에 나타나는 현상입니다.

7 바위틈에 들어간 물이 얼면서 부피가 늘어났기 때문에 바위가 쪼개지는 것입니다.

8 얼음이 녹기 전과 녹은 후의 무게는 변하지 않습니다.

9 얼음이 얼면 부피가 늘어나기 때문에 늘어나는 부피만큼 얼음과자에 내용물을 적게 넣어야 용기가 터지지 않습니다.

10 냉동실에서 언 요구르트를 꺼내면 시간이 지나면서 요구르트가 녹아 부피가 줄어듭니다.

11 운동장에 물로 쓴 그림이 마르는 것은 증발 현상입니다.

12 운동장의 물이 수증기로 변하여 공기 중으로 날아갑니다.

13 얼음과자를 만드는 것은 액체인 물이 고체인 얼음으로 상태가 변하는 예와 관련이 있습니다.

14 물이 끓으면 액체인 물은 기체인 수증기로 변해 공기 중으로 날아가므로 물의 양이 줄어들고 물의 높이가 처음보다 낮아집니다.

15 물이 끓으면 물이 수증기로 변하여 공기 중으로 날아가기 때문에 물의 양이 줄어듭니다.

16 물이 끓을 때에는 증발할 때보다 빠르게 물이 수증기로 변합니다.

17 주스와 얼음이 담긴 유리컵 표면에는 주변에 있던 공기 중의 수증기가 응결하여 물방울이 맺힙니다.

18 가열한 냄비 뚜껑 안쪽에 맺힌 물방울은 냄비 안의 물이 수증기로 변했다가 차가운 냄비 뚜껑을 만나 응결해 다시 물로 변한 것입니다.

19 팥빙수를 만들 때에는 물이 얼음으로 상태가 변하는 것을 이용합니다.

20 인공 눈 만들기는 물이 얼음으로 상태가 변하는 것을 이용합니다.

3. 그림자와 거울

개념 확인하기 28쪽

1 ㉠ 2 ㉠ 3 ㉡ 4 ㉠ 5 ㉢

개념 확인하기 29쪽

1 ㉠ 2 ㉠ 3 ㉡ 4 ㉠ 5 ㉢

실력 평가 30~31쪽

1 빛, 물체 2 ㉠ 3 ③, ⑤
4 (1) – ㉠ – ② (2) – ㉡ – ① 5 ③, ④ 6 ③
7 ① 8 그림자 9 ㉡
10 ㉠ 예 작아진다. ㉡ 예 커진다.

1 그림자가 생기려면 빛과 물체가 필요합니다. 햇빛이 비치는 낮에는 물체 주변에 그림자가 생깁니다.

2 스크린 – 물체 – 손전등의 순서가 될 때 그림자가 생깁니다.

3 유리컵, OHP 필름은 투명한 물체이므로 연한 그림자가 생깁니다.

> **왜 틀렸을까?**
> 책, 손, 나무 의자는 불투명한 물체이므로 진한 그림자가 생깁니다.

4 유리컵은 빛이 대부분 통과하므로 연한 그림자가 생기고, 도자기 컵은 빛이 통과하지 못하므로 진한 그림자가 생깁니다.

> **더 알아보기**
> **불투명한 물체와 투명한 물체의 그림자**
> • 빛이 나아가다가 도자기 컵, 책, 손과 같은 불투명한 물체를 만나면 빛이 통과하지 못하므로 진한 그림자가 생깁니다.
> • 빛이 나아가다가 유리컵, 무색 비닐, OHP 필름과 같은 투명한 물체를 만나면 빛이 대부분 통과하므로 연한 그림자가 생깁니다.

5 종이컵의 그림자 모양은 종이컵의 모양과 같고, 그림자는 진하고 선명합니다.

6 종이의 모양대로 그림자의 모양이 생깁니다.

> **더 알아보기**
> **물체의 모양과 그림자의 모양이 비슷한 까닭**
> • 빛이 직진하기 때문입니다.
> • 직진하는 빛이 물체를 만나서 물체를 통과하지 못하면 물체의 모양과 비슷한 그림자가 물체의 뒤쪽에 있는 스크린에 생깁니다.

7 태양이나 전등에서 나온 빛은 사방으로 곧게 나아갑니다.

8 물체를 놓는 방향이 달라지면 그림자의 모양이 달라지기도 합니다.

9 물체와 스크린을 그대로 두었을 때 그림자의 크기를 작게 하려면 손전등을 물체에서 멀게 합니다.

> **더 알아보기**
> **손전등의 위치를 조절해 그림자의 크기를 변화시키기**
> • 물체와 스크린을 그대로 두었을 때 그림자의 크기를 크게 하는 방법: 손전등을 물체에 가깝게 합니다.
> • 물체와 스크린을 그대로 두었을 때 그림자의 크기를 작게 하는 방법: 손전등을 물체에서 멀게 합니다.

10 스크린과 손전등은 그대로 두고 물체를 손전등에서 멀게 하면 그림자의 크기가 작아지고, 물체를 손전등에 가깝게 하면 그림자의 크기가 커집니다.

개념 확인하기 32쪽

1 ㉠ 2 ㉡ 3 ㉡ 4 ㉡ 5 ㉢

개념 확인하기 33쪽

1 ㉠ 2 ㉡ 3 ㉡ 4 ㉠ 5 ㉡

실력 평가 34~35쪽

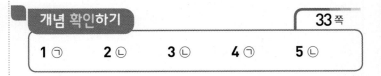

1 ㉢ 2 ① 3 ② 4 똑바로 5 ㉡, ㉢
6 ㉡ 7 ② 8 ③ 9 ② 10 ④

1 실제 인형은 왼쪽 팔을 들고 있는데, 거울에 비친 인형은 오른쪽 팔을 들고 있습니다.

2 거울에 비친 글자의 모습은 실제 글자와 좌우가 바뀌어 보입니다.

3 거울에 비친 물체의 모습은 실제 물체와 크기, 색깔은 같지만 좌우가 바뀌어 보입니다.

4 구급차의 앞부분에는 좌우로 바꾸어 쓴 글자가 있는데, 이것은 자동차를 운전하는 사람이 뒷거울을 보고 뒤쪽에서 오는 구급차를 알아보게 하기 위해서입니다.

5 거울에 비친 물체는 실제 물체와 좌우는 바뀌어 보이지만, 색깔은 같습니다.

6 빛이 나아가다가 거울에 부딪치면 빛의 방향이 바뀝니다.

△ 빛의 반사

7 빛이 나아가다가 거울에 부딪쳐서 빛의 방향이 바뀌는 것을 빛의 반사라고 합니다.

8 100 m 달리기를 한 다음 기록을 확인할 때에는 초시계 등이 필요합니다.

9 미용실에서 머리 모양을 볼 때 거울을 이용한 경우는 ② 입니다.

10 자동차 뒷거울로 뒤에 오는 자동차를 볼 수 있고, 자동차 뒤의 도로 상황을 알 수 있습니다.

서술형·논술형 평가 36쪽

1 (1)

(2) ⑩ 빛이 직진하기 때문이다. 빛이 곧게 나아가기 때문이다. 등

2 (1) 좌우

(2) 동

(3) ⑩ 자동차의 뒷거울에 구급차의 앞부분의 모습이 비춰 보일 때 좌우로 바꾸어 쓴 글자의 좌우가 다시 바뀌어 똑바로 보이기 때문이다.

1 빛이 직진하기 때문에 물체 모양과 비슷한 그림자가 물체의 뒤쪽에 있는 스크린에 생깁니다.

채점 기준		
(1)	그림자 모양 '⌐'을 정확히 그림.	2점
(2)	**정답 키워드** 빛 | 직진하다 | 곧게 나아가다 등 '빛이 직진하기 때문이다.', '빛이 곧게 나아가기 때문이다.'와 같이 빛의 성질과 관련지어 정확히 씀.	6점
	'빛 때문이다.'와 같이 빛의 성질과 관련지어 정확히 쓰지 못함.	3점

2 거울에 비친 물체의 모습은 상하는 바뀌어 보이지 않고 좌우만 바뀌어 보입니다.

채점 기준		
(1)	'좌우'를 정확히 씀.	2점
(2)	'동'을 정확히 씀.	2점
(3)	**정답 키워드** 뒷거울 | 좌우 | 똑바로 보이다 '자동차의 뒷거울에 구급차의 앞부분의 모습이 비춰 보일 때 좌우로 바꾸어 쓴 글자의 좌우가 다시 바뀌어 똑바로 보이기 때문이다.'와 같이 거울의 성질과 관련지어 정확히 씀.	6점
	'글자를 알아보기 쉽기 때문이다.'와 같이 '자동차 뒷거울'을 사용하여 내용을 쓰지 못함.	3점

온라인 학습 단원평가의 **정답**과 함께 **문항 분석**도 확인하세요.

단원평가 37~39쪽

문항 번호	정답	평가 내용	난이도
1	⑤	그림자의 의미 알기	보통
2	②	그림자가 생기는 위치 알기	쉬움
3	③	그림자가 생기는 조건 알기	보통
4	④	투명한 물체와 불투명한 물체의 그림자의 차이점 알기	어려움
5	②	물체의 모양과 그림자의 모양 알기	쉬움
6	①	물체의 모양과 비슷한 그림자가 생기는 까닭 알기	보통
7	④	물체를 놓는 방향이 달라지면 그림자는 어떻게 되는지 알기	보통
8	③	물체를 놓는 방향에 따른 그림자의 모양 변화 알기	보통
9	③	그림자의 크기를 변화시키는 실험의 준비 과정 알기	쉬움
10	②	그림자의 크기를 변화시키는 방법 알기	보통
11	①	물체와 스크린을 그대로 두고 손전등을 움직였을 때 그림자의 크기 변화 알기	어려움
12	②	글자를 거울에 비췄을 때 모습 알기	보통
13	①	거울에 비친 물체의 특징 알기	보통
14	③	실제 모양과 거울에 비친 모양이 같은 도형 알기	어려움
15	③	빛이 지나가는 길에 거울을 놓았을 때 변화 알기	어려움
16	⑤	빛의 반사 알기	쉬움
17	②	거울의 이용 목적 알기	쉬움
18	③	거울을 이용하는 예 알기	쉬움
19	④	거울을 이용하는 예 알기	보통
20	②	자신의 모습을 보기 위해 거울을 사용하는 예 알기	보통

1 직진하는 빛이 물체를 통과하지 못하면 물체의 모양과 비슷한 그림자가 생깁니다.

2 그림자는 물체의 뒤쪽에 생깁니다.

3 빛 – 물체 – 스크린 순서가 될 때 그림자가 생깁니다.

4 투명 플라스틱 컵은 대부분의 빛을 통과시킵니다.

5 종이의 모양과 그림자의 모양이 같습니다.

6 빛이 직진하는 성질 때문에 물체의 모양과 비슷한 그림자가 생깁니다.

7 손전등의 빛을 받는 면의 모양대로 그림자가 생기므로, 물체를 놓는 방향이 달라지면 그림자의 모양이 달라지기도 합니다.

8 물체와 빛의 방향이 정해졌을 때 컵을 놓은 방향에 따라 그림자의 모양이 달라집니다.

9 손전등과 스크린 사이에 비행기 모양 종이를 놓고, 손전등 으로 빛을 비춰 스크린에 비행이 모양 종이의 그림자가 생기도록 합니다.

10 물체의 위치와 손전등의 위치를 조절하면 물체와 손전등 사이의 거리에 따라 그림자의 크기를 변화시킬 수 있습니다.

11 손전등을 동물 모양 종이에 가깝게 하면 그림자의 크기가 커집니다.

12 거울에 비친 글자의 모습은 실제 글자와 좌우가 바뀌어 보입니다.

13 거울에 비친 물체의 모습은 실제 물체와 크기와 색깔은 같고, 좌우가 바뀌어 보입니다.

14 좌우의 모양이 같은 도형은 거울에 비친 모양과 실제 모양이 같습니다.

15 빛이 거울에 부딪치면 거울에서 빛의 방향이 바뀝니다.

16 일정한 방향으로 나아가던 빛이 거울에 부딪치면 빛이 나아 가던 방향이 바뀝니다.

17 거울로 자신의 모습을 볼 수 있고, 뒤를 돌아보지 않고 뒤에 있는 물체를 볼 수도 있습니다.

18 ③은 세수할 때 얼굴을 보기 위해 세면대 거울을 이용 하는 모습입니다.

19 어두운 밤길에 손전등을 비추는 것은 빛을 이용하는 예 입니다.

20 무용실 거울, 미용실 거울, 화장대 거울은 자신의 모습을 볼 때 사용합니다. 자동차 뒷거울은 다른 자동차의 위치를 보거나, 자동차 뒤의 도로 상황을 볼 때 사용합니다.

4. 화산과 지진

1 화산은 땅속 깊은 곳에 암석이 녹은 마그마가 지표 밖으로 분출하여 생긴 지형입니다.

2 설악산은 산꼭대기에 뾰족한 산봉우리가 많습니다.

> **왜 틀렸을까?**
> ① 설악산은 화산이 아닌 산입니다.
> ② 설악산은 산꼭대기에 분화구가 없습니다.
> ③ 설악산은 산꼭대기에 뾰족한 산봉우리가 많습니다.
> ⑤ 설악산에서는 화산 활동이 일어나지 않습니다.

3 화산의 산꼭대기는 움푹 파여 있으며, 분화구가 있는 곳도 있습니다. 설악산과 지리산은 화산이 아닙니다.

4 화산 모형 윗부분에서 연기가 피어오르며, 흘러나온 마시멜로는 시간이 지나면 굳습니다.

5 화산 활동 모형실험에서 흘러나온 마시멜로는 실제 화산 분출물 중 용암에 해당합니다.

> **더 알아보기**
> **화산 활동 모형실험과 실제 화산 비교**
>
>
>
> | 화산 활동
모형실험 | 실제 화산 |
> | --- | --- |
> | 연기 | 화산 가스 |
> | 흐르는 마시멜로 | 용암 |
> | 굳은 마시멜로 | 용암이 굳어서
된 암석 |

6 화산 가스는 기체 상태의 화산 분출물입니다.

> **더 알아보기**
> **화산 분출물**
> • 뜻: 화산이 분출할 때 나오는 물질
> • 종류: 화산 가스, 용암, 화산재, 화산 암석 조각 등
>
> ⌃ 용암   ⌃ 화산재
> ⌃ 화산 가스   ⌃ 화산 암석 조각

7 화강암은 맨눈으로 구별할 정도로 알갱이의 크기가 큽니다.

8 현무암은 제주도와 울릉도에서 볼 수 있고, 화강암은 속리산과 설악산에서 볼 수 있습니다.

9 화산 분출물이 마을이나 농경지를 덮어 산불을 발생시키고, 호흡기 질병을 유발하는 것은 화산 활동이 주는 피해입니다.

10 화산재는 태양 빛을 차단하여 동·식물에게 피해를 주고, 날씨의 변화에도 영향을 미칩니다.

1 우드록을 이용한 지진 발생 모형실험입니다.

2 우드록에 계속 힘을 주면 우드록이 소리를 내며 끊어지고, 손에 떨림이 느껴집니다.

> **더 알아보기**
>
> **우드록이 끊어질 때의 떨림과 실제 자연 현상(지진) 비교**
>
>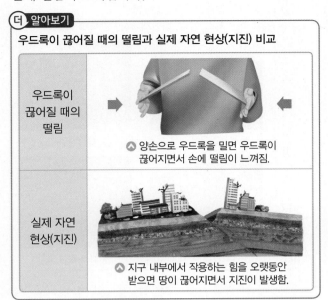
>
> | 우드록이
끊어질 때의
떨림 | ▲ 양손으로 우드록을 밀면 우드록이
끊어지면서 손에 떨림이 느껴짐. |
> |---|---|
> | 실제 자연
현상(지진) | ▲ 지구 내부에서 작용하는 힘을 오랫동안
받으면 땅이 끊어지면서 지진이 발생함. |

3 우드록을 양손으로 미는 힘은 지구 내부에서 작용하는 힘에 해당합니다.

4 지진은 오랜 시간 동안 작용하는 힘에 의해 발생합니다.

5 규모가 크다고 해서 무조건 지진의 피해가 큰 것은 아니며, 규모 7.5인 지진이 규모 4.6인 지진보다 더 강합니다.

6 지진의 규모, 발생 연도, 발생 지역, 피해 내용 등을 조사합니다.

7 세계 여러 곳에서 지진이 발생하여 인명 및 재산 피해가 일어났습니다.

8 지진의 규모가 비슷해도 내진 설계, 지진 대피 훈련 등에 따라 피해 정도가 차이 납니다. 일본과 에콰도르에서 규모 7.0 이상의 지진이 발생하여 인명 피해가 일어났습니다.

9 부상자가 있는지 확인하여 구조 요청을 하는 것은 지진 발생 후에 해야 할 일입니다.

10 건물 안에서는 계단을 이용하여 빠르게 밖으로 나가며, 밖에서는 머리를 보호하고 건물과 벽 주변에서 떨어집니다.

> **더 알아보기**
>
> **지진 발생 시 대처 방법**
> • 산에서는 되도록 빨리 내려오고, 산사태에 주의합니다.
> • 열차 안에서는 손잡이나 기둥을 잡아 넘어지지 않도록 합니다.
> • 집 안에서는 전기와 가스를 차단하고, 밖으로 나갈 수 있도록 문을 열어 둡니다.
> • 승강기 안에 있을 때는 모든 층의 버튼을 눌러 가장 먼저 열리는 층에서 내린 후 계단을 이용합니다.

서술형·논술형 평가 **48쪽**

1 (1) 마그마
(2) 예 화산의 생김새가 다양하다. 화산의 경사나 높이가 다르다. 화산은 마그마가 분출한 흔적이 있다. 등

2 (1) ㉡
(2) 예 모든 층의 버튼을 눌러 가장 먼저 열리는 층에서 내린 후 계단을 이용해 대피한다.
(3) 예 부상자가 있는지 확인하여 응급 처치를 한다. 계속해서 재난 방송을 청취한다. 등

1 화산은 마그마가 분출하여 생긴 지형입니다. 화산은 생김새가 다양하고, 경사나 높이 등이 다르며, 공통적으로 마그마가 분출한 흔적이 있습니다.

채점 기준		
(1)	'마그마'를 정확히 씀.	2점
(2)	**정답 키워드** 생김새 | 다양하다 | 경사나 높이 | 다르다 | 마그마 | 분출 흔적 등 '화산의 생김새가 다양하다.', '화산의 경사나 높이가 다르다.', '화산은 마그마가 분출한 흔적이 있다.' 등의 내용을 정확히 씀.	6점
	세계 여러 지역에 있는 화산을 비교하여 알 수 있는 점을 한 가지만 정확히 씀.	3점

2 건물이나 벽 주변에 가까이 있으면 낙하물 등으로 위험할 수 있으므로 멀리 떨어져야 하고, 지진이 발생하면 승강기에서 내려 계단을 이용하여 대피합니다. 지진이 발생한 후에는 부상자를 응급 처치하고, 여진이 발생할 수 있으므로 계속해서 재난 방송을 들으면서 대비해야 합니다.

채점 기준		
(1)	'㉡'을 정확히 씀.	2점
(2)	**정답 키워드** 모든 층의 버튼 | 가장 먼저 열리는 층 등 '모든 층의 버튼을 눌러 가장 먼저 열리는 층에서 내린 후 계단을 이용해 대피한다.'와 같이 내용을 정확히 씀.	6점
	승강기 안에서 지진이 발생했을 때의 대처 방법을 썼지만, 표현이 부족함.	3점
(3)	**정답 키워드** 부상자 | 응급 처치, 재난 방송 | 청취 등 '부상자가 있는지 확인하여 응급 처치를 한다.', '계속해서 재난 방송을 청취한다.' 등의 내용을 정확히 씀.	6점
	지진이 발생한 후 해야 할 일 두 가지 중 한 가지만 정확히 씀.	3점

온라인 학습 단원평가의 **정답**과 함께 **문항 분석**도 확인하세요.

단원평가

49~51쪽

문항 번호	정답	평가 내용	난이도
1	③	화산(백두산)의 특징 알기	쉬움
2	③	화산과 화산이 아닌 산의 특징 알기	보통
3	④	세계 여러 지역에 있는 화산의 공통점 알기	보통
4	①	화산 활동 모형실험에서 식용 색소의 용도 알기	보통
5	⑤	화산 활동 모형실험과 실제 화산 분출물 비교하기	쉬움
6	①	화산 분출물의 특징 알기	어려움
7	③	현무암과 화강암의 알갱이 크기 비교하기	어려움
8	⑤	화강암의 특징 알기	보통
9	②	화산 활동이 우리에게 주는 피해 알기	보통
10	④	화산 활동이 우리에게 주는 이로운 점 알기	보통
11	④	지진의 뜻 알기	쉬움
12	②	지진이 발생했을 때 나타나는 현상 알기	쉬움
13	②	지진의 특징 알기	보통
14	②	지진 발생 모형실험과 실제 자연 현상 비교하기	어려움
15	①	규모의 뜻 알기	쉬움
16	②	지진의 규모 알기	어려움
17	⑤	지진 피해 사례 알기	보통
18	⑤	지진에 대비해 건물 짓는 방법 알기	쉬움
19	⑤	지진이 발생하기 전 대비하는 방법 알기	보통
20	⑤	지진이 발생했을 때 대처 방법 알기	보통

1 백두산의 산꼭대기에는 큰 호수가 있습니다.

2 화산은 마그마가 분출하여 생긴 지형으로, 화산의 크기와 생김새는 다양합니다.

3 화산의 크기와 생김새는 모두 다르며, 산꼭대기에 분화구가 있는 것도 있습니다. 설악산은 화산이 아닙니다.

4 용암을 나타내기 위해 식용 색소를 사용합니다.

5 굳은 마시멜로는 실제 화산 분출물 중 용암이 굳어서 된 암석에 해당합니다.

6 화산 분출물에는 기체인 화산 가스, 액체인 용암, 고체인 화산재와 화산 암석 조각 등이 있으며, 화산 암석 조각의 크기는 매우 다양합니다.

7 현무암과 화강암의 알갱이 크기가 다른 것은 마그마나 용암이 식는 속도와 장소가 다르기 때문입니다.

8 화강암은 마그마가 땅속 깊은 곳에서 식어서 만들어진 암석으로 알갱이의 크기가 큽니다.

9 태풍이 불고 비가 많이 내리는 것은 화산 활동과 관계가 없습니다.

10 화산재는 오랜 시간이 지나면 땅을 기름지게 하여 농작물이 잘 자라도록 해 줍니다.

11 땅이 끊어지면서 흔들리는 것을 지진이라고 합니다.

12 바람이 세게 부는 것은 지진이 발생하여 나타나는 직접적인 현상이 아닙니다.

13 최근 우리나라에서도 규모 5.0 이상의 지진이 여러 차례 발생하고 있습니다. 우리나라도 지진에 안전한 지역이 아니므로 지진에 대비하는 자세가 필요합니다.

14 양손으로 미는 힘은 지구 내부에서 작용하는 힘에 해당합니다.

15 규모는 지진의 세기를 나타내는 단위입니다.

16 규모의 숫자가 클수록 강한 지진입니다.

17 규모 6.1인 지진이 발생하여 인명 및 재산 피해가 일어났습니다.

18 건물을 지을 때 지진 발생에 대비해 건물을 설계해야 합니다.

19 지진이 발생하기 전에 가구나 그릇 등을 넘어지지 않게 고정하고, 깨지기 쉬운 물건은 높은 곳에 두지 않습니다.

20 지하철에 있을 때 지진이 발생하면 먼저 몸을 보호하고, 흔들림이 멈추면 안내 방송에 따라 대피합니다.

5. 물의 여행

개념 확인하기 52쪽

1 ㉠   **2** ㉠   **3** ㉡   **4** ㉠   **5** ㉡

개념 확인하기 53쪽

1 ㉠   **2** ㉡   **3** ㉡   **4** ㉠   **5** ㉠

실력 평가 54~55쪽

1 ①   **2** ②   **3** ㉢   **4** ③   **5** ②
6 ④   **7** ①   **8** ㉠   **9** ④, ⑤
10 (1) ○ (2) ○

1 실험에서 고체 상태의 얼음이 녹아 액체 상태의 물로 변하는 것과 같은 물의 상태 변화를 확인할 수 있습니다.

2 컵 안의 물이 나타내는 것은 지구의 강, 바다 등입니다.

3 물은 머무르는 장소나 위치에 따라 상태가 바뀝니다.

4 물이 상태를 바꾸며 육지와 바다, 공기, 생명체 등 여러 곳을 끊임없이 돌고 도는 과정을 물의 순환이라고 합니다.

5 물의 순환 과정을 통하여 물의 상태는 끊임없이 변합니다.

> **왜 틀렸을까?**
> ① 물은 없어지지 않고 순환합니다.
> ③ 지구에 있는 전체 물의 양은 변하지 않습니다.
> ④ 물은 장소나 위치에 따라 상태가 다릅니다.
> ⑤ 비, 눈 등이 내리지 않으면 쓸 수 있는 물의 양이 줄어듭니다.

6 생선을 보관할 때는 얼음을 이용하여 보관합니다.

7 와카워터, 해수 담수화 시설 등은 물 부족 현상을 해결하는 데 도움을 줍니다.

8 인구 증가와 산업 발달로 이용할 수 있는 물이 줄어들고 있습니다.

9 빗물 저금통에 모은 빗물로 화단에 물을 주거나 청소를 합니다.

10 물을 잠그고 비누칠을 해야 물을 절약할 수 있습니다.

서술형·논술형 평가 56쪽

1 (1) 구름
  (2) ⑩ 식물의 몸속을 이동하다가 잎을 통하여 공기 중으로 되돌아간다.
  (3) ⑩ 물은 상태를 바꾸며 끊임없이 이동한다.
2 (1) ⑩ 부족
  (2) ⑩ 인구 증가와 산업 발달로 물 이용량이 늘고, 물이 심하게 오염되었기 때문이다.
  (3) ⑩ 양치할 때 컵을 사용한다. 샴푸나 세제를 많이 사용하지 않는다. 등
3 ⑩ 물이 높은 곳에서 낮은 곳으로 떨어지는 높이 차이를 이용한다.

1 물은 상태를 바꾸며 육지, 바다, 공기, 생명체 사이를 끊임없이 돌고 돕니다.

채점 기준		
(1)	'구름'을 정확히 씀.	2점
(2)	**정답 키워드** 잎 | 공기 중 등 '식물의 몸속을 이동하다가 잎을 통하여 공기 중으로 되돌아간다.'와 같이 내용을 정확히 씀.	6점
	공기 중으로 되돌아간다는 내용을 썼지만, 어디를 통하여 되돌아가는지는 쓰지 못함.	3점
(3)	**정답 키워드** 상태 | 이동 등 '물은 상태를 바꾸며 끊임없이 이동한다.'와 같이 내용을 정확히 씀.	6점
	물방울의 여행의 특징을 썼지만, 표현이 정확하지 않음.	3점

2

채점 기준		
(1)	'부족'을 정확히 씀.	2점
(2)	**정답 키워드** 인구 | 산업 | 오염 | 물 이용량 등 '인구 증가와 산업 발달로 물 이용량이 늘고, 물이 심하게 오염되었기 때문이다.'와 같이 내용을 정확히 씀.	6점
	보기의 단어를 모두 사용하여 물 부족 현상이 나타나는 까닭을 썼지만, 표현이 정확하지 않음.	3점
(3)	**정답 키워드** 양치 | 컵 등 '양치할 때 컵을 사용한다.', '샴푸나 세제를 많이 사용하지 않는다.' 등과 같이 내용을 정확히 씀.	6점
	우리가 실천할 수 있는 물 부족 현상의 해결 방법 두 가지 중 한 가지만 정확히 씀.	3점

3

채점 기준		
	정답 키워드 높은 곳 | 낮은 곳 | 높이 차이 등 '물이 높은 곳에서 낮은 곳으로 떨어지는 높이 차이를 이용한다.'와 같이 내용을 정확히 씀.	8점
	전기를 만들 때 물을 이용하는 방법을 썼지만, 표현이 정확하지 않음.	4점

온라인 학습 단원평가의 **정답**과 함께 **문항 분석**도 확인하세요.

문항 번호	정답	평가 내용	난이도
1	⑤	물의 이동 과정을 알아보는 실험 결과 알기	보통
2	①	물의 이동 과정을 알아보는 실험 내용 알기	보통
3	④	물의 순환의 의미 알기	쉬움
4	④	물의 상태 알기	보통
5	③	물의 순환 과정 알기	보통
6	③	수증기의 응결 현상 알기	보통
7	②	물의 상태 알기	쉬움
8	③	물의 순환 과정의 특징 알기	보통
9	④	물방울이 머무는 장소에 따른 상태 알기	보통
10	②	식물에서의 물의 상태 알기	어려움
11	③	생명 유지에 물이 이용되는 모습 알기	쉬움
12	③	생활 속에서 물을 이용하는 예 알기	보통
13	⑤	물 부족 현상의 원인 알기	어려움
14	①	물 부족 현상을 해결하기 위한 방안 알기	어려움
15	④	물 부족 현상을 해결하기 위한 장치 알기	어려움
16	⑤	머니 메이커의 특징 알기	보통
17	③	빗물을 모으는 장치 알기	쉬움
18	④	물 모으는 장치를 설계할 때 고려할 점 알기	보통
19	②	일상생활에서 물을 절약하는 방법 알기	쉬움
20	③	일상생활에서 물을 절약하는 방법 알기	쉬움

1 실험을 통해 플라스틱 컵 뚜껑 밑에 물방울이 맺히는 과정을 관찰할 수 있습니다.

2 컵 안의 물방울은 비와 이슬 등을 나타냅니다.

3 물의 순환이란 물이 상태를 바꾸며 육지와 바다, 공기, 생명체 사이를 끊임없이 돌고 도는 과정입니다.

4 공기 중에는 물이 주로 기체 상태의 수증기로 존재합니다.

5 지구를 순환하는 물은 없어지거나 새로 생기지 않기 때문에 물의 양은 변하지 않습니다.

6 수증기가 응결하면 구름이 됩니다.

7 물이 얼면 고체 상태의 얼음이 됩니다. 이슬, 안개, 빗물은 액체 상태이고, 수증기는 기체 상태입니다.

8 물은 상태가 변하면서 순환하지만, 지구 전체에 있는 물의 양은 변하지 않습니다.

9 식물의 뿌리에서 액체 상태의 물을 흡수하고, 흡수한 물은 잎을 통해 기체 상태의 수증기로 나갑니다.

10 식물의 뿌리에서 액체 상태의 물을 흡수하고, 흡수한 물은 잎을 통해 기체 상태의 수증기로 나갑니다.

11 ①은 불을 끌 때 물을 이용하는 모습, ②는 씻을 때 물을 이용하는 모습, ④는 전기를 만들 때 물을 이용하는 모습입니다.

12 마실 때, 농작물을 키울 때, 공장에서 물건을 만들 때, 물건과 주변을 깨끗하게 만들 때는 물을 이용하지만 계단을 올라갈 때는 물을 이용하지 않습니다.

13 인구 증가와 산업 발달로 물의 이용량이 증가하고, 물이 심하게 오염되어서 이용할 수 있는 물의 양이 줄어들고 있습니다.

14 손을 씻을 때 이용한 물을 모아 두었다가 화단에 물을 주는 것처럼 이용한 물도 재활용할 수 있습니다.

15 와카워터는 공기 중 수증기의 응결 현상을 이용하여 물을 얻는 장치로, 모은 물은 깨끗해서 마실 수 있습니다.

16 머니 메이커로 땅속의 물을 퍼 올려 물을 얻고, 주로 밭에 물을 줄 때 사용합니다.

17 빗물 저금통에 빗물을 모아 화단에 물을 주거나 청소할 때 이용합니다.

18 물 모으는 장치를 설계하기 전에 설치하고 싶은 장소, 물 모으는 방법, 필요한 재료, 모양과 크기 등을 생각해야 합니다.

19 설거지할 때나 세수할 때 물을 받아서 하면 물을 절약할 수 있습니다.

20 빨래할 때는 적정량의 세제를 사용합니다.

온라인 학습 단원평가의 **정답**과 함께 **문항 분석**도 확인하세요.

단원평가 (전체 범위)　　60~63쪽

문항 번호	정답	평가 내용	난이도
1	④	식물 잎의 생김새 알기	쉬움
2	③	물속에 잠겨서 사는 식물의 특징 알기	보통
3	④	연꽃잎의 특징 알기	쉬움
4	②	지느러미엉겅퀴의 특징을 활용한 예 알기	쉬움
5	⑤	물이 액체 상태일 때의 특징 알기	보통
6	③	물이 얼기 전과 언 후의 특징 알기	어려움
7	②	얼음과자가 녹기 전과 녹은 후의 특징 알기	어려움
8	⑤	증발과 응결의 개념 알기	보통
9	④	도자기 컵의 그림자가 선명하고 진한 까닭 알기	보통
10	②	투명한 물체의 그림자의 특징 알기	쉬움
11	③	스크린, 물체, 손전등 사이의 거리에 따른 그림자의 크기 변화 알기	어려움
12	①	거울을 사용할 때의 좋은 점 알기	보통
13	②	화산의 특징 알기	쉬움
14	②	화산과 화산 분출물의 특징 알기	보통
15	④	지진으로 인한 피해 알기	쉬움
16	②	지진 발생 시 장소별 대처 방법 알기	어려움
17	②	응결 현상 알기	보통
18	③	생활에서 물을 이용하는 예 알기	보통
19	⑤	세계 여러 나라에서 물이 부족한 까닭 알기	보통
20	④	해수 담수화 시설의 특징 알기	보통

1 토끼풀 잎은 둥근 모양이고, 잎이 세 개씩 붙어 있습니다.

2 물속에 잠겨서 사는 식물의 뿌리는 땅속에 있고, 줄기가 물의 흐름에 따라 잘 휘어집니다.

3 연꽃잎은 물에 젖지 않습니다.

4 철조망은 줄기와 잎에 가시가 있는 지느러미엉겅퀴의 특징을 활용하여 만든 것입니다.

5 물은 담는 그릇에 따라 모양이 달라지므로 일정한 모양은 없으나 부피는 일정합니다.

6 물이 얼어 얼음이 되면 부피는 늘어나지만, 무게는 변하지 않습니다.

7 얼음과자가 녹아 물이 되면 부피가 줄어듭니다.

8 증발은 액체가 기체로 변하는 것이고, 응결은 기체가 액체로 변하는 것입니다.

9 도자기 컵은 불투명하여 빛을 통과시키지 못하기 때문에 진하고 선명한 그림자를 만듭니다.

10 빛이 안경알, 유리컵, 투명 플라스틱 컵 등의 투명한 물체를 만나면 연한 그림자가 생깁니다.

11 스크린과 물체는 그대로 두고, 손전등을 물체에서 멀리 하면 그림자의 크기는 작아집니다.

12 거울을 통해 물체를 보면 크기와 색깔은 같게 보입니다.

13 화산은 꼭대기에 분화구가 있는 것도 있고, 없는 것도 있습니다.

14 시나붕산은 인도네시아의 화산입니다. 화산 가스는 기체 물질입니다.

15 땅이 끊어지면서 흔들리는 것을 지진이라고 합니다.

16 건물 안에서는 계단을 이용하며, 산에서는 되도록 빨리 내려옵니다. 극장 안에서는 가방과 같은 소지품으로 머리를 보호합니다. 학교 안에서는 선생님의 지시에 따라 넓은 장소로 이동합니다.

17 공기 중의 수증기가 구름이 될 때 응결 현상이 일어납니다.

18 일기를 쓸 때는 물을 이용하지 않습니다.

19 인구 증가와 산업 발달로 물의 이용량이 증가하고, 환경이 오염되어서 이용 가능한 물이 줄어들고 있습니다.

20 바닷물에서 소금 성분을 제거하여 마실 수 있는 물로 바꾸는 장치는 해수 담수화 시설입니다.

영어 알파벳 중에서 가장 위대한 세 철자는
N, O, W
곧 지금(NOW)이다.

The three greatest English alphabets are N, O, W,
which means now.

월터 스콧

언젠가는 해야지, 언젠가는 달라질 거야!
'언젠가는'이라는 말에 자신의 미래를 맡기지 마세요.
해야 할 일, 하고 싶은 일은 지금 당장 실행에 옮기세요.
가장 중요한 건 과거도 미래도 아닌 바로 지금이니까요.

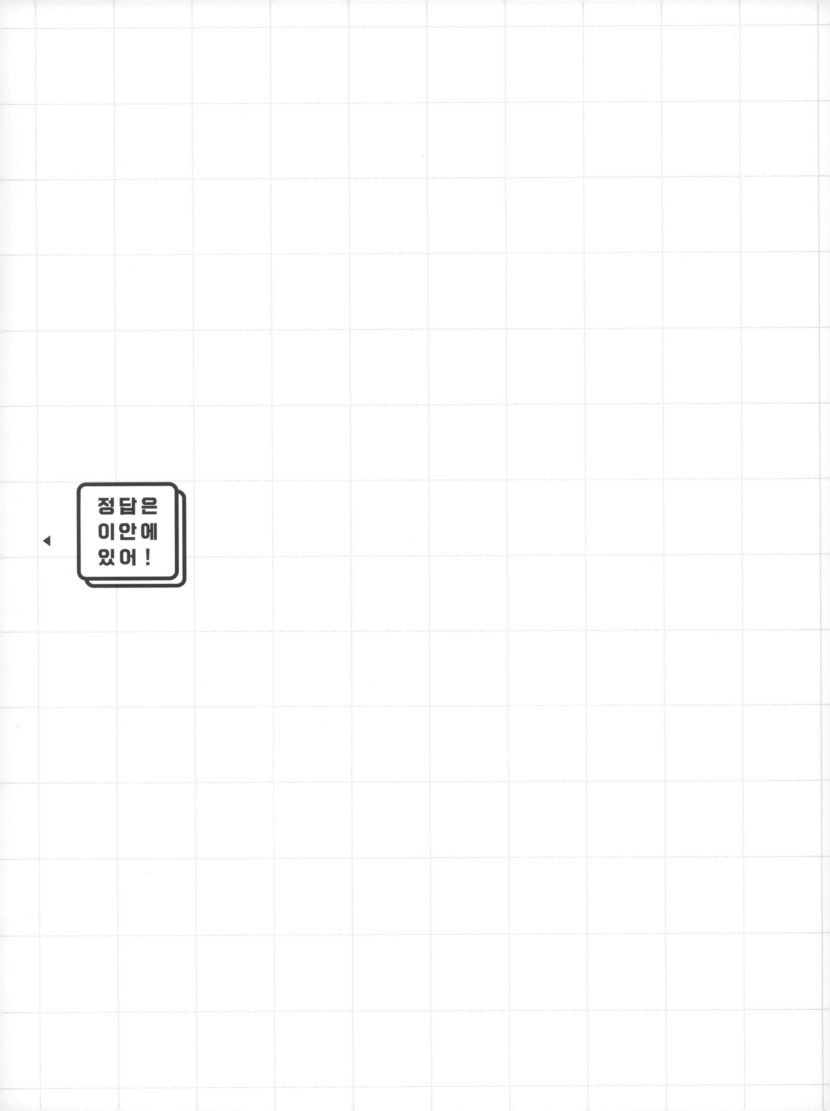

정답은
이안에
있어!

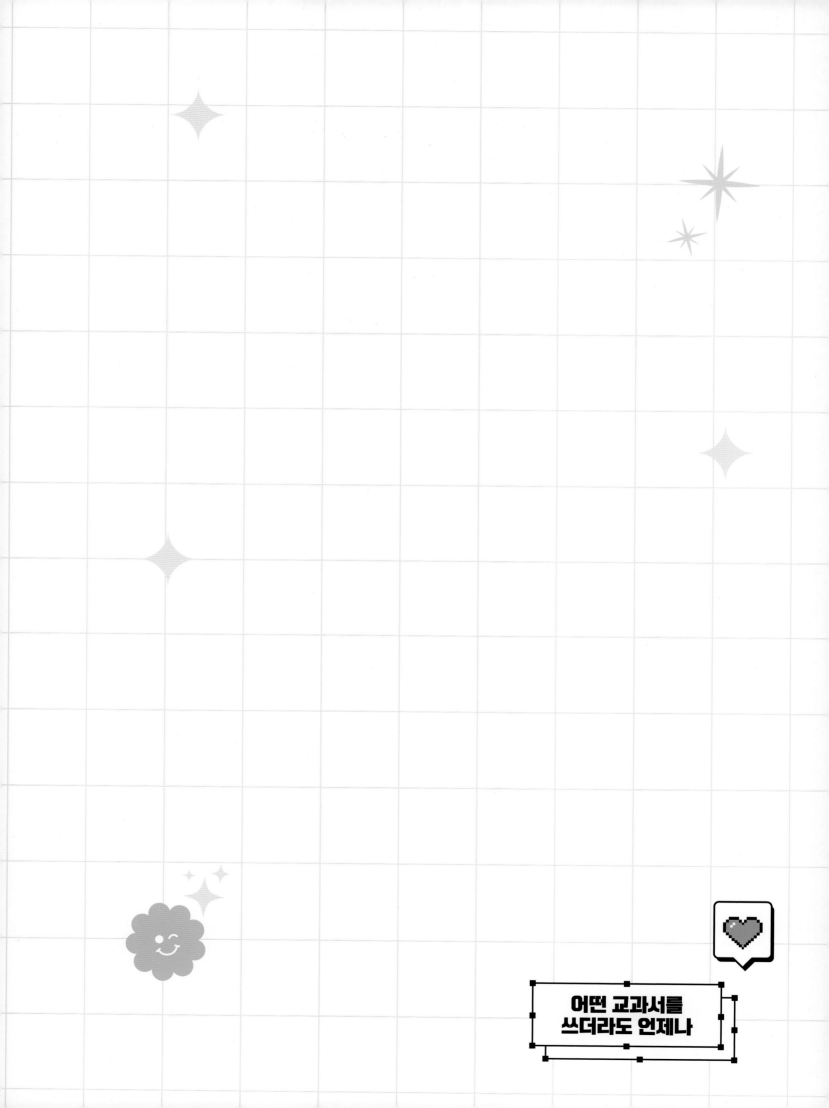

어떤 교과서를
쓰더라도 언제나

우리 아이만
알고 싶은
상위권의
시작

최고를
경험해 본 아이의 성취감은
학년이 오를수록
빛을 발합니다

완 성

최고수준

초등수학

5-2

은제

* 1~6학년 / 학기 별 출시
동영상 강의 제공